U0310101

北京文化史

顾　军 朱耀廷 主编

格致之路

—— 古都北京的科技文化

李颖伯 著

中 华 书 局

图书在版编目(CIP)数据

格致之路:古都北京的科技文化/李颖伯著. —北京:中华书局,2015.6
(北京文化史)
ISBN 978-7-101-10590-2

Ⅰ.格… Ⅱ.李… Ⅲ.科学技术-技术史-北京市 Ⅳ.N092

中国版本图书馆 CIP 数据核字(2014)第 282134 号

书　　名　格致之路——古都北京的科技文化
著　　者　李颖伯
丛 书 名　北京文化史
丛书主编　顾　军　朱耀廷
责任编辑　杨春玲　林玉萍
出版发行　中华书局
(北京市丰台区太平桥西里 38 号　100073)
http://www.zhbc.com.cn
E-mail:zhbc@zhbc.com.cn
印　　刷　北京天来印务有限公司
版　　次　2015 年 6 月北京第 1 版
2015 年 6 月北京第 1 次印刷
规　　格　开本/700×1000 毫米　1/16
印张 14　插页 2　字数 250 千字
印　　数　1-3000 册
国际书号　ISBN 978-7-101-10590-2
定　　价　35.00 元

谨以此书献给尊敬的朱耀廷教授（代序）

朱耀廷教授于2006年就开始策划北京文化史分类研究丛书的启动和项目申报工作，作为此丛书的第一任主编，在组织写作队伍、编订写作大纲、校订书稿等事务上耗费了大量心血。可惜天不假年，大厦倾颓，朱耀廷教授于2009年5月罹患癌症，2010年5月去世，在其生前此丛书只出版了两部，成为其终生遗憾。我辈作为朱耀廷教授事业上的后继者，继承其遗志，克服困难，坚持将此丛书全部编撰完成，并付梓面世，以此慰藉先生在天之灵。

朱耀廷教授生平

朱耀廷（1944—2010）：北京联合大学应用文理学院历史系教授。1969年毕业于北京大学历史系中国史专业，国务院享受政府特殊津贴专家。主要研究方向为元史、北京文化史。主要社会兼职有北京市哲学社科规划办历史专家组成员，中国人才研究会常务理事等。主要作品有《成吉思汗传》、《元世祖忽必烈》等。

《北京文化史》丛书编委会

2013年7月

目　录

前　言

作为城市，北京从周武王克商时分封在北方的两个小诸侯国——燕和蓟开始，已有三千多年的历史。秦始皇统一中国后，这里由于和北方游牧民族接壤，各民族之间战争频繁，北京地区逐渐成为军事重镇，无论哪个民族建立的政权，北京都是本地区的政治经济文化中心，因而成为兵家必争之地。从辽代开始，这里又逐渐发展为多民族统一国家的政治中心，曾有多个民族在这里建立政权。在三千多年的历史中，这里曾发生过多次战争，每次战争都给城市造成严重破坏，但都没能使这座文明古都衰落，而是促使其更加发展壮大，并且在新时代愈加繁荣。这样的历史名城，在中外历史中都是极为罕见的。

在成为国都之前，北京始终是北方的行政中心。而成为国都之后，北京作为全国政治、军事、文化中心，对全国的影响更大。作为文化中心，北京聚集了全国大批的优秀人才，也吸引了许多国外学者，这就更加促进了北京文化的发展。来自不同地域的学者，共同创造了辉煌的北京文化，并促进了科学技术的进步。早期，北京地区由于距离黄河文明的发祥地中心区比较远，所以在科学技术方面，相对于黄河流域甚至后来的长江流域都是落后的。辽代以后特别是元代，北京地区的科学技术进步迅速，取得了许多举世瞩目的成就。如数学、天文学和历法都是当时世界领先水平。但到了明末，由于闭关自守的政策和封建保守思想的束缚，北京乃至全国，科学技术发展缓慢，开始落后于欧洲。其最终结果是导致清末国力衰弱，西方列强凭借先进科学技术武装的军队，加紧了对中国的瓜分。这期间虽有个别有识之士看到了学习西方科学技术对于国家的重要性，但由于当时的保守势力过于强大，使得现代科技在我国的传播仍然极其艰难。从明末清初的“西学东渐”开始，新旧思想的斗争始终没有停止，这一斗争在北京的表现尤为突出。

北京的科技发展，是与中国科学技术的整体水平分不开的。尤其是从辽代开始逐渐成为国都之后，北京的科学技术水平就是全国的缩影。所以，在研究北京的科学技术历史时，也必然与中国古代科技史分不开。按照传统习惯，人们通常把古代科技体系分为天、算、农、医四部分。因为这几方面的知识和我们祖先的生产生活关系最密切，是人们在艰苦的生活环境中与自然斗争所获得的最初的知识。天学是指与天文和历法有关的学问，包括长期观察日、月、星辰的运行规律及其与气候变化之间的关系，并根据天体运行规律来决定季节并指导农业生产和安排生活，这也是所有农耕民族最初获得的知识，因为农业耕作必须顺应季节变化；算学包括各个方面的计算方法和理论，我国古代算学的突出特点是以实用为目的，其经典著作大都是一些实际问题的算法的集成，由于天学离不开计算，所以最早的天文学著作《周髀算经》其实也是一部数学著作；农学对于一个农耕民族来说，必然是最先积累的科学知识，包括对植物的栽培与对动物的驯化、土地性质与农作物的关系和耕作制度的探索等；医学则是与人们的生命和健康长寿紧密相关的学问，在其发展的初期，尚处于蒙昧状态的先民，只能把人的生老病死归于上天的安排，从而产生了巫术，事实上医学的发展始终没有离开科学与巫术的斗争。

科学技术的进步与科学思想的进步是密切相关的，因为科学技术是人类与大自然斗争的武器。先民在长期的生产、生活实践中发明出的许多原始技术和总结出的原始知识积累，与人类文明一样古老。而原始技术中所包含的科学知识的萌芽，即是人类最早的科学思想。而先进的科学思想反过来又能更好地促进科学技术的进步。因此，在论及科学技术历史时，除了介绍各个时期的科技成果外，很重要的一部分内容就是研究科技思想的发展。

本书将北京的科技史按四个大的阶段划分：秦汉以前、秦汉至辽代以前、辽金元时期和明清时期。之所以这样划分，是从北京地区在当时的政治地位和在全国范围内所起的作用来考虑的。秦汉以前的北京地区是相对独立的小诸侯国,生产力水平不高,科技水平也处于原始状态;秦汉至辽代以前实行郡县制,北京始终是该地区的行政中心,是北方重要的军事重镇,为兵家必争之地,连年征战使得这里的人口组成处于经常变化的状态,也促进了多民族文化的交流,这自然也包括科学技术方面的交流;辽金元时期的北京均为北方少数民族所建立的政权的所在地,这一时期也是北京由北方军事重镇向国家政治中心转变的关键时期,同时多民族的交融和广泛的国际交流,也使得北京地区的科学技术吸收了许多异域的成果;明、清数百年间,北京作为多民族国家的首都,众多国内的优秀学者云集于此,科技发展较快,特别是明末开始的“西学东渐”,更加速了北京对西方现代科学技术成果的引进和吸收。虽然从时间上可以分为四个阶段,但是各阶段的科技发展水平不同、发展速度不同,涉及的内容亦有很大差别。内容比较丰富的是北京成为首都之后的几个朝代,尤其是明清时期。

北京地区位于华北平原的西北部边缘,西部是太行山,北面和东面为燕山,东南方向是毗邻渤海的平原。因为很像半封闭的海湾,所以有人形象地称之为“北京湾”。这里的山前台地和平原低地适宜人类生活。由于在西部和北部的崇山峻岭中有通往蒙古高原和松辽平原的天然峡谷,所以北京小平原还是南来北往的交通要道。也正因为如此,北京地区的古代文化就不可避免地受到北方与中原文化的影响。其范围应该是以京津地区为中心,北面可达辽宁西部和内蒙古长城地带,南面包括河北、山东的一部分。本书所说的“北京”就是指上述地区,历史上这一区域受北京的影响是明显的。事实上,从春秋战国时期开始,上述地区之间的交往就十分频繁。战国七雄之一的燕国建都于北京地区,虽然其在七国之中的国力相对较弱,但地域相对辽阔,国土面积在七雄之中是比较大的,其范围按《战国策·燕策》所记“东有朝鲜、辽东,北有胡林、楼烦,西有云中、九原,南有呼沱、易水,地方二千余里”。按这里所说的地理范围,应包括今北京、天津、河北省的北部、辽宁省和内蒙古自治区的一部分地区。历史上,燕国与赵国、齐国时而联合,时而战争,所以这一区域内的相互影响是很突出的。尤其是北京成为国都之后,作为直隶的河北省受北京的影响更大。另一方面,本书所涉及的科学家,也并不一定都是北京人。他们或在上述地区工作,或在中央政府机构中任职(特别是北京成为首都之后),或者是上述地区的人士,只要在科学技术或工程领域取得成绩,他们的成果都将被认为是北京科技史的重要组成部分。此外,秦汉以前的学术成果中,有许多没有留下作者姓名或作者的生平不详,而这些成果又是后世学者研究的出发点,所以本书也适当加以介绍。

第一章　秦代以前北京的科学技术

第一节　远古时期的北京科技

科学是反映自然、社会、思维等客观规律的分科的知识体系。技术是人类在利用自然的过程中积累起来，并在生产劳动中体现出来的经验和知识。人类科学技术的进步，总是从知识的积累开始，而且最初这种知识是具有经验性质的、笼统和零散的，当然也不可能分科。原始知识的积累与原始社会的形成，几乎是同步发生和发展的。然而由于人类的幼年非常漫长且艰苦，所以知识积累的速度缓慢。人类的历史从制造工具开始，从五十万年前的“北京人”文化到距今一万八千年的“山顶洞人”文化，几十万年的漫长时期都属于旧石器时期。这一时期人类最主要的发明是石器即石制的工具，这时的石器特点是打制而成，即使用最简单的制作方法制造石质工具。与此同时，也还有用于不同目的的，以木、骨、角、蚌为原材料的器具。我国的新石器时期约始于公元前六千年至公元前五千年，新石器时期在知识方面的进步，是以磨制石器为代表的，这样的加工手段使得工具更加精细，也更便于使用。此时开始出现了原始农业、家畜饲养和相当熟练的制陶技术。由于农业生产的需要，有关天文、气象方面的知识也开始积累并逐渐发展。并且大量的劳作为科学知识的积累创造了条件。例如，制造石器必然会引发人们的思考：什么样的形状才能更方便使用，以及怎样加工才能提高效率等力学和机械学的问题；陶器的制作必须观察和控制火的温度，这是热力学知识的萌芽;在建造原始的房屋时,必须考虑如何才能使房屋的结构稳固以及更好地防风、遮雨、避寒,这应该是原始的力学和建筑学方面的知识。不过,这些都是今天我们按现代科学来划分的,最初的人类不可能有这样的分类。

考古学家把以打制石器为主要工具的文化,称为旧石器时代文化。旧石器时代又分为早、中、晚三期。北京地区旧石器时代早期遗址是周口店“北京人”遗址,属于中期文化遗址的代表是周口店地区的“新洞人”遗址以及平谷、密云、怀柔、延庆等地的文化遗存,“山顶洞人”遗址和王府井遗址均属于旧石器时代晚期。

旧石器时期,“北京人”打击石器的出现,反映了我们祖先开始认识到了工具的意义。能否制造工具,是人和动物之间的本质区别。因此打击石器的出现,应该是人类知识积累的开始。周口店出土的旧石器以小型为主,基本类型包括刮削器、尖状器和砍斫器。刮削器用石片制作,体积较小,可用于刮削兽皮、切割兽肉;尖状器用石片或带尖石块制成,类似三角形,是加工难度较大的一种,可用于割剥兽皮、挖掘植物根茎;砍斫器有多种形式,基本依砾石或石片原形打制出刃口,主要用于砍伐树木、制作木棒等工具。除此以外,在遗址中还有石核、石片、石锤、石砧、石锥、石球和雕刻器等。按照现代的研究方法进行试验,可将这些石器的制造方法分为三类:第一,碰砧法,即手握扁平石块,在石砧上碰击,打制成石片。这种方法一般用于砂岩,用此法生产石片比较容易,石片角一般都在120°以上,碰下来的石片多宽而厚。第二,锤击法,就是手握石锤在石块平面的边缘处打击成型。这种方法多用于燧石、砂岩和脉石英的加工,产生的石片角一般在95°—105°,石片长而且薄。这种方法比第一种复杂,因为被加工的石片必须有一个适宜于打击的平面。第三,垂直碰击法,就是首先置一大鹅卵石为石砧,石砧上放一脉石英,用一只手握住,另一只手握一鹅卵石为石锤,然后用石锤垂直砸击脉石英,使被加工物两极受力产生石片。用这种方法生产的石片窄而长。

从对考古发现的石器的研究可以看出,“北京人”通过打制石质工具,开始积累了最早的知识。从已经发现的近十万件石器中,可以了解到当时的石器制造水平。“北京人”制造石器的主要原料是采自河滩地的脉石英、砂岩、石英岩、燧石等,也有些取自花岗岩山坡上的水晶。使用的制作方法主要是打击法,并能注意到因石质的不同而采用不同的制作方法，例如砂岩多采用碰砧法，脉石英则多使用垂直碰击法，锤击法对于各种不同类型的石料都适用。他们还注意到各种加工方式产生的石器形状不同，而不同的形状又适用于不同的场合。例如从最初的砍斫器到石斧的进步，显然包括了对于尖劈原理最原始的感性认识。人们根据不同的需要，来决定器物的形状，进而选择合适的石料和加工方法。这其中蕴涵了人类最初的有关物理学方面的知识萌芽。同时还可以推测，人们通过有目的的选料和打制工具，也积累了有关石材的硬度、韧性和脆性的知识。例如我国的石英和石英岩分布广泛，硬度也比较高（可达 7°），可分为水晶（结晶）和脉石英（块体）两类，其中脉石英的数量更多，所以出土文物中有大量的以脉石英为原材料的石器。到旧石器晚期的“山顶洞人”，其加工手段就更加多样，技术水平也更高。这可从出土的各种材料制成的装饰品中得以证明，例如穿孔的兽牙、海蚌壳、石珠、小砾石以及刻画过的骨管等，这些都是很精致、美观的。其中小石珠直径最大的 6.5 毫米，用白色石灰岩制成，为不规则的多面体，经过磨和钻而成。可见当时的加工技术已比“北京人”时期提高了不少，说明当时的生产水平和经济条件已有了很大提高。

“北京人”已经具备管理火的能力。人类使用火的意义是重大的。恩格斯说火的使用“第一次使人支配了一种自然力，从而最终把人同动物界分开”①。北京人用火是很早的，这可从大量的考古发掘资料得到证明。“北京人”遗址中发现的用火遗迹很多，尤其在第四层发现的灰烬层很厚，其中最厚处达 6 米，灰烬里不仅发现了烧骨和烧石，而且还发现了大量哺乳动物的骨骼化石。旧石器时期，用火已相当普遍，周口店“新洞人”遗址中就发现有大量灰烬层和动物烧骨。灰烬层由洞口向洞室延伸，一般宽约 1.1 米、厚 0.9 米，最宽处达 2 米左右，厚 1 米多，呈黑褐色或棕红色。灰烬中也含有动物化石、少量植物种子、石器和被火烧过的石头。在旧石器时期，火对人类生存和生理方面的进化起到了至关重要的作用。火光减轻了人类对黑暗的恐惧感，还能完成在黑暗状态下无法进行的工作；火可以将食物加温变熟，食用熟食使消化过程缩短。磨擦取火技术的掌握，不仅意味着告别了茹毛饮血的生活，更说明先民已经认识到一些物理现象之

---

①恩格斯《家庭、私有制和国家的起源》，《马克思恩格斯选集》第四卷，人民出版社，1972 年版。

间的简单联系。通过磨擦可以产生热，甚至可以取火，对于这一现象的利用，标志着先民从生活经验中已经感受到了能量转换规律，尽管他们的头脑里并未意识到这一规律的存在。

总而言之，打击法制造石器和磨擦取火这两项最原始的劳作，是祖先认识自然、利用自然、改造自然的开始，知识的原始积累也发轫于此时期，世界上各个民族莫不如此，“北京人”当然也不例外。

新石器时期，石器制造技术方面的进步主要表现在磨制技术和钻孔技术的提高。北京地区新石器时代早期考古发现主要有：怀柔县北部山区宝山寺乡转年村西白河的第二级阶地上的转年遗址，平谷县城东北的上宅遗址，平谷县城西北的北埝头遗址，房山区镇江营村的镇江营一期文化遗址和位于门头沟区东胡林村的东胡林人墓葬。新石器时代中期的文化遗存主要有：镇江营二期文化遗存，昌平雪山遗址的雪山一期文化（相当于中原仰韶文化最繁盛时期）和密云燕落寨遗址。新石器时代晚期已经到了距今五千年至四千年的时候，中原地区已进入龙山文化时期，北京由于其特殊的地理位置，受到河北、山东、山西、东北地区文化的影响，呈现出多样性特性。上宅新石器遗址发现有石磨盘和石磨棒，还有带孔的石饰件。一件石鸮形饰件，为黑色滑石质，整体呈三棱锥形，有一贯孔为其双眼。另一石猴形饰件，也为黑色滑石质，形状如小猴，头部雕刻出眉、眼、耳、鼻、口，下部雕成蝉形身躯，肩部为一横向穿孔①。北埝头新石器时代遗址发现有磨石、磨盘和石斧等，其中石斧两面磨光或通体磨光。在一石饼上有两面钻的孔痕迹，但未钻透。另一菱形薄片坠饰上有对钻孔两个，孔径 0.2 厘米②。当时的钻孔技术主要有钻穿、管穿和琢穿三种。其中钻穿和管穿都是利用湿砂粒为磨料进行的，方法是将湿砂粒置于开孔处，然后用木棒或竹管在其上反复旋转，使湿砂粒与加工面摩擦，从而形成孔洞，这样的加工原理至今我们还能在某些加工领域见到。

新石器时期出现了原始农业和家畜饲养。农业是从原始人对野生植物的驯

---

①北京市文物研究所、平谷县文物管理所上宅考古队郁金城等《北京平谷上宅新石器遗址发掘简报》，《文物》1989 年第 8 期。

②北京市文物研究所、平谷县文物管理所北埝头考古队赵福生等《北京平谷北埝头新石器时代遗址调查与发掘》，《文物》1989 年第 8 期。

化与培育开始的，最初的作物是禾本科植物。农业被称为人类的第一次革命，社会分工因农业生产的发展而出现，社会提供的剩余农产品越多，手工业的专业化程度就越高，如制陶、琢玉、雕刻和金属冶铸等行业，均为农业发展到一定水平之后才出现。

第二节　北京地区原始农业的出现

农业是使人类从不稳定的游猎生活走向定居的聚落，并进而形成氏族社会的决定性因素。学界一般认为，古人类由狩猎、采集的生活方式过渡到定居的农业生活方式，是从新石器时代开始的，北京地区也不例外。考古发现可以证明，六千年前北京地区已存在原始农业，但并不发达，社会经济是农业和渔猎的混合形态①。北京地区是我国最早进行农业生产的地区之一，这也可以从一系列考古发现来证明。平谷县的上宅遗址、北埝头遗址和镇江营新石器时代遗址，都发现了大量的石器、陶器、房屋基址，以及石磨盘和石磨棒。这说明六七千年前生活在北京地区的人类，已经能够制造石器、陶器，从事农业生产并过着定居生活。比北埝头聚落遗址大得多的河北省武安磁山遗址，除出土了大量的石斧、石铲、石磨盘、石磨棒等农业生产工具和粮食加工工具外，还从中发现专用于储存谷物的灰坑八十多个。这说明当时的农业生产规模已经比较大，并且有相当可观的收成。除了农业以外，人们也进行狩猎和饲养牲畜，尤其以马为主要牲畜。如《左传》昭公六年“冀之北土，马之所生”，就是证明。甲骨文中也有晏国向商朝贡马的记载。另外，在属于夏家店下层文化的一些遗址里，还发现了细石器和兽骨，说明畜牧和狩猎也占有一定地位。可见，当时是农耕、狩猎和饲养牲畜并存的一种经济形态。

夏商时期，北京地区农业有所发展。从考古发掘出的资料可以证明，当时北京地区的居民已经过着以农业为主的定居生活了。到西周初的燕国时期，由于这里地处华北平原北端，北部山区的河流从此经过，为农业种植提供了良好的水利资源，所以农业发展较快。作物主要有黍、稷、豆、麻等。农业生产工具多为石

①于德源《北京古代农业的考古发现》，《农业考古》1991年第1期。

器、蚌器和骨角器。

农业生产的安排，与季节、气候等天时条件和水、土等地利条件的关系密切。随着社会的进步，农业生产规模不断扩大，促进了人类对季节变化等自然规律探索的自觉性，也促进了人类对土壤性质的分析研究。人们对于天时的认识，大概是从为了掌握季节变化开始的。因为对农耕民族来说，只有按照季节建立的耕作制度才是最有效的，而季节变化总是与天象相关。于是就产生了观察天象以决定季节而制定的原始历法，以及观察自然界动植物生命现象与季节气候的周期变化之间的关系的原始的物候学知识。成书于春秋战国时期的古历书《夏小正》与《月令》就是这方面的重要文献。它们都是按顺序记载一年十二个月中每月的物候、星象变化以及相应的农事活动。在这样的著作中，是将天文、气候与农业等方面的知识放在一起的，这很自然，因为与农业耕作有关的知识，当时主要就是气候变化的规律以及与此相关的天文学知识，所以并不是像现在这样，把学科分得很细，当时所有的学术著作都是直接根据生产实践经验所做的总结。在地利方面，当时有所谓"土宜"之说，即关于什么样的土壤适宜种植什么农作物的学问。"土宜"一词始见于《周礼・地官》："大司徒以土宜之法，辨十有二土之名物。"与此同时，由于黄河流域早在四五千年前已经形成了统一的国家，地域辽阔，为了掌握全国的土壤情况，必须进行有组织的土地调查活动，这也促进了地理学的发展，例如成书于战国时期的《尚书・禹贡》，就是很好的地理文献。它将九州的土壤按颜色分为黑、黄、赤、白、青，按性状分为壤、坟、埴、垆、涂泥等，并将各地土壤分为白壤、黑坟、赤埴坟、涂泥、青黎、黄壤、白坟、坟垆等类型，如冀州白壤（盐渍土）、兖州黑坟（灰棕壤）、青州白坟（灰壤）等，作为考察作物土宜和布局的依据。战国晚期还有另一篇论述土壤与农业生产关系的文献《管子・地员篇》。它根据土色、结构、有机质、盐碱性和肥力等性质，结合地形、水文、植被等自然条件，将土壤分为上土、中土和下土三个等级，每等再分为六类，共计十八类，同时还指出植物分布与高度有关，是一部全面论述土地与植物生长关系的著作。这说明当时我国农业生产的规模已经相当大，先民们对农学的研究不仅非常细致，而且也是卓有成效的。

到燕昭王时期，燕国逐渐强大。燕昭王即位初期，由于受到中原地区政治、经济、文化的影响，开始施行改革政策。在郭隗的建议下，于易水旁高筑黄金台广纳天下贤士，因而有“乐毅自魏往，邹衍自齐往，剧辛自赵往”。这些贤才成为燕国施行改革政策的中坚力量，使燕国实质上进行了一场封建化运动，使奴隶主势力受到打击，新兴地主阶级力量得到发展，形成了经济快速发展的局面。以至于苏秦称赞燕国“南有碣石雁门之饶，北有枣栗之利，民虽不佃作而足于枣栗矣，此所谓天府也”[①]。在生产工具方面，由于冶铁技术的进步，当时燕国的农业耕作已使用铁制农具，燕地考古出土的铁制农具有锄、镰、镬等。与此同时，耕牛也开始逐渐推广，更进一步推动了本地区农业的发展。

铁器的使用，对于农业生产的作用是重大的。北京地区铁器的使用比较早，大约从公元前 14 世纪前后的商代即有铁器出现。例如 1977 年在北京平谷刘家河发掘的一座商代墓葬中，发现一件铁刃铜钺，虽然铁刃为陨铁锻打而成，但可据此说明当时已经使用铁器。考古发掘中，在燕国境内发现铁器的地点共四十一处[②]，其中以河北省兴隆县和易县东南燕下都遗址出土最为丰富。这些都说明当时北京地区铁制工具使用的广泛程度。在农业方面出土的铁制农具，主要是犁、镬、锄、镰、铲、臿、耙、斧、三齿镐、二齿镐等。铁制农具的应用，使得人们能够更大量地开垦农田。当时北京地区的农作物主要有黍、稷、稻，产量丰富，燕文侯时国库已有大量贮存。据《战国策》记载，苏秦说燕文侯曰：燕“地方二千余里，带甲数十万，车七百乘，骑六千匹，粟支十年”。可见当时燕国的国力已较强大，这些当与先进的铁制农具的使用有关。

第三节　制陶技术

陶器大约出现于一万年前的新石器时期的早期，这可从北京地区考古发掘的新石器时代早期文化遗存中得到证明。属于这一时期的考古发现，有转年遗址、上宅遗址、北埝头遗址、镇江营一期文化遗址和东胡林人墓葬。北京地区发现的人类最早的陶器出土于转年遗址，该遗址位于怀柔县北部山区宝山寺乡转年村西白河的第二级阶地上，共计出土各类遗物一万八千余件，其中有最原始的

---

①《战国策·燕策》。

②李晓东《战国时期燕国铁器略说》，转引自曹子西主编《北京通史》第一卷。

陶器。这里的陶器质地疏松，硬度较低，陶土中羼杂大量的石英颗粒，表面粗糙，颜色不纯，一般为黑色或褐色。器身极少装饰，以素面为主，仅个别器物在口沿外附加泥条堆纹或凸纽装饰。器形有桶形罐和盂。

上宅遗址和北埝头遗址同属于上宅文化。上宅文化的陶器，全部为手工制作，器壁较厚。器表多呈红褐色，也有灰褐色和黄褐色。多数羼杂有砂粒和滑石，质地疏松。由于采用露天烧制，不可能达到较高的温度，所以颜色不匀，有些器物的外表为红色而里面是黑色。器物多数表面有纹饰，主要是抹压条纹、压印之字纹和蓖点纹。种类有盆、杯、罐、碗、舟形器，还有一件鸟首形镂孔器。这一时期的陶器造型还出现了艺术品，如形象写实的陶猪头和响球等。这时期陶器的主要用途是作盛储器和炊煮器。炊煮器为体形较大的深腹罐，是上宅文化的代表器物。

镇江营一期文化的陶器，制作十分简陋，多数是以泥片或泥条对接而成，器壁较厚，陶土中夹有云母颗粒，器表以素面无花纹为主。也可分为盛储器和炊煮器两大类。其与上宅文化陶器不同之处在于器形较为丰富，例如炊煮器配以三个支脚，这样更便于釜下燃料的燃烧和加热，反映了当时人们对于食物加热技术的认知程度。

雪山一期文化遗存出土了大量陶器，但种类不多，主要是红色、红褐色的罐、钵。罐的腹部都带有两个器耳，个别钵的表面绘红色条带形花纹装饰。而同一时期中原发达地区的彩陶在北京很难找到，说明此时北京地区在制陶技术方面较中原地区相对落后。到新石器时代晚期，由于各地区之间文化交流频繁，北京地区的制陶技术发展较快，尤其是日常生活中使用的陶器变化较大。此时的陶器多数用轮制法生产，器壁薄，器形规整。器表呈灰色或黑色，以方格纹、绳纹或篮纹装饰，有的还附加堆纹用于加固。炊煮器有甗、斝等，体积较大，有盖并带有三个空心足，例如加砂红陶甗，整体细长，上部为盆形，下部为有三个空心足的分裆鬲，这种结构更有利于食物的加热，说明当时的陶器制作工艺又有了相当大的进步。盛储器有罐、盆、鼎、杯、豆等，多为平底。此外，还发现了陶纺轮。这是纺线的工具，说明当时已经有了纺线的技术。

制作陶器的陶土一般就地取材。最初人们只取泥土中较纯者直接烧制，所以杂质含量较多。后来在实践中摸索到了淘洗方法，并能按实用要求加入各种羼和料。因此考古学家又将陶器分为细泥陶、泥质陶和夹砂陶等。细泥陶和泥质陶可作食器或容器，夹砂陶由于在陶土中加入了砂粒可以防止烧裂，故适合作炊器。在加工方法上，最初是用手捏成型，后来发展为泥条盘筑法，即先把泥撮成泥条，再将泥条盘筑成型，然后从里外两个方向加工，使之压紧并使表面光滑。这两种均属于手工方法。再后来有了陶轮（一个转动的圆盘），先是慢轮，后改进为快轮，就可以直接在轮上拉坯成型了。

从考古发掘的陶器器形看，新石器时代前、后期的变化是明显的。以用于食品加工和盛放食物的陶器为例，镇江营遗址出土的炊煮器一般为夹云母陶器的釜或盆，用三个陶制支脚支撑，以便下面烧火煮熟釜中食物。而到了新石器时代晚期（大约距今五千至四千年前）的龙山时代，陶器中已经有了甗和斝，例如前面提到的加砂红陶甗，整体瘦长，上部为盆形，下部为分裆鬲，而且通体装饰有细线绳纹；又例如加砂褐陶斝，体型较陶甗肥大，下部各分裆鬲的角度和距离也更适合于加热食物。此时的陶器多用轮制法生产，器壁薄而且器形规整，器表呈灰色或黑色，用方格纹、蓝纹或绳纹装饰，有时还附有堆纹加固。

西周时期燕地的制陶业是我国制陶业发达地区之一，用于生产、生活的陶器品种已非常丰富，如鬲、簋、鼎、甑、豆、壶、瓮等。材质为灰、红陶并多以绳文为装饰，特别是发现了在陶器表面雕刻的仿青铜器纹样，十分精美。由此可见，当时北京地区制陶技术的水平以及制陶业的规模。春秋时期的陶器，主要是仿青铜礼器的陶鼎、豆、壶、盘、匜、盨、簋等。

制陶业的发展，也为青铜的冶铸提供了技术支持，因为我国青铜时代的青铜器几乎都是用陶范铸造的。

第四节　天文和历算

对于天的认识，我们的祖先大概是从传说中的帝尧命羲和"观象授时"制定最初的历法开始的。为了了解季节变化，就必须观测天象，无论是农耕民族或游牧民族都是如此，这大概就是天文学的起源了。发源于黄河流域的文明是与农业经济分不开的，为了适时耕作，就必须顺应气候的变化规律。原始社会时期，部族首领必须掌握气候变化的规律以指导人民劳作，所以观天象以决定四时就是部族首领的任务，以至于后来到封建时期成为皇帝的专利。《尚书·尧典》有这样的记载：

> 乃命羲和，钦若昊天，历象日月星辰，敬授民时。分命羲仲，宅山禺夷，曰旸谷，寅宾日出，平秩东作，日中星鸟，以启仲春；厥民析，鸟兽孳尾。申命羲叔，宅南交，平秩南讹，敬致，日永星火，以正仲夏；厥民因，鸟兽希革。分命和仲，宅西，曰昧谷，寅饯纳日，平秩西成，宵中星虚，以殷仲秋；厥民夷，鸟兽毛毨。申命和叔，宅幽都，平在朔，日短星昴，以正仲冬。厥民隩，鸟兽氄毛。帝曰：咨，汝羲暨和，朞三百有六旬有六日，以闰月定四时成岁。

这段话的意思是：帝尧曾令羲和、羲叔、和仲、和叔四人，分驻四方，观察星辰上升情况，确定四季。鸟、火、虚、昂都是古代星宿的名称，日中、日永、宵中、日短，是记述这四星上升的时间；旸谷、南交、昧谷、幽都是地名。我国的历法大约起源于四千多年前的新石器时期。传说在黄帝时期已有历法，颛顼时已设立称为“火正”的官员，专门负责对大火星（即心宿二，天蝎座α星）进行观测，以黄昏时分大火星正好从东方地平线上升起之时，作为一年的开始。当时使用的历法为《颛顼历》，颛顼是传说中的我国古代部族首领，号高阳氏，生于若水，居于帝丘（今河南濮阳东南），曾任命重为南正之官，掌管祭祀天神，又任命黎为火正，掌管民事。该历以每年的十月为月首，一年有十二个月，置闰月于年终，称为“后九月”，即实际上的第十三个月。以365.25日为一回归年，以十九年七闰为闰法。

商代有关天文和历法方面的资料，可从甲骨卜辞中找到。甲骨卜辞中已经有日、月、星这些文字，还可以找到关于日食和月食的记载。同样，根据甲骨卜辞的分析，可以推断当时的历法为一年十二个月，大月三十天，小月二十九天，并有了置闰月以调整一年天数的办法。在早期的卜辞中，闰月放在一年的最后一个月，即“年终置闰”法。在晚期的卜辞中可以发现，闰月放在应该置闰的那一年的某个月，即所谓“年中置闰”法。这种历法既不同于以太阳运行一周为一年的阳历，也不同于按月亮圆缺（即朔望）为基础的纯阴历，而是“以闰月定四时成岁”的阴阳合历，即历年取回归年（365.2425日），历月则取朔望月（29.5306日）。由于这两个数值都不是整数，历法家在制历时把这两个周期协调起来，使得每月初一为朔，每历年中的节气又要符合实际气候以利于安排农业生产。这里的“岁”指阳历，“年”指阴历，为了协调两者的关系，使用了置闰月的方法。关于季节的记载，甲骨文中已有春、秋二字。商代的记日方法，已经是十个天干和十二个地支相配合的记日法，甚至在出土的甲骨残片上可以找到完整的干支表。在河南安阳县西北小屯村发掘的殷墟甲骨卜辞中，就是用干支记日法。有一块武乙时期（约公元前13世纪）的牛胛骨，上面刻有完整的六十甲子。甲骨文中还有描述一天中各时段的文字，如日、夕、朝、旦、昃、暮等。“旦”即清晨，“夕”指晚上，“中日”为中午，“昃日”是下午，“昏”为黄昏。还可以找到描述天气现象的字：风、雨、雪、云、雹、霾、霰等。由此可见，在商人们已经很注意观测天象和气候的变化，从而积累了天文历法以及有关天气现象的知识。

生活在黄河流域的华夏民族以农耕为主。农业耕作是需要顺应天时的，为了生产的需要，先民很早就知道观测天象和四季的变化并且坚持不懈地探索和总结。所以到夏、商、周时期，就已经有了比较完善和系统的相关知识，以至于普通百姓都能根据天象来判断气候了。因此，我们的祖先自觉、主动地认识大自然，应该是从观测天象开始的。明末学者顾炎武在《日知录》中说：“三代以上，人人皆知天文。‘七月流火’，农夫之辞也；‘三星在天’，妇人之语也；‘月离于毕’，戍卒之作也；‘龙尾伏辰’，儿童之谣也。”其中“七月流火”出自《诗经·豳风·七月》，其中的火，也称大火，是星名，即心宿。周代六月心宿在天中，到七月才向西流。“三星在天”出于《诗经·唐风·绸缪》，三星也指心宿。“月离于毕”出自《诗经·小雅·渐渐之石》。毕，为毕宿，月离于毕是月亮走到毕宿的意思，据说出现这种现象时，将有大雨。而“龙尾伏辰”则出自《左传》，说的是晋国进攻虢国、虢公出奔的事情，其内容也与天文、历法有关。由此可见，我们的祖先对天象的观测是很早的，而且有详细的记录，并能与季节、气候结合，用于记事、安排生活和指导农业劳作。所有这些与天象有关的叙述，都是古代劳动人民长期观测天象积累的成果，甚至影响到后来的文学著作，历史书籍也有记载。《尚书·洪范》：“庶民惟星，星有好风，星有好雨。”孔传：“箕星好风，毕星好雨。”后人把“好恶”之“好”改为“好坏”之好，于是“箕风毕雨”就成了歌颂统治者的用语了。我们的祖先通过长期连续的观测，还绘制了大量的星图。中国的星图可以追溯到新石器时期，在世界上独树一帜，具有自己的传统和特色。

我国传统历法的一个重要特点是二十四节气的设置。大约在公元前7世纪的春秋时期，就已经产生了节气的概念，并在历法中使用。由于当时华夏大地尚未统一，所以各诸侯国所用历法中设置的节气也不同，二十四节气的确立，大约在公元前3世纪末的秦汉之交。今天我们还有许多农业和生活谚语是与节气有关的。为了决定节气，就需要测量，当时使用圭表测量日影的长度。圭表发明于春秋初期，可用于决定春分、夏至、秋分、冬至四个节气的日期，以后又不断充实发展，直至确定二十四节气。二十四节气实际上反映了太阳运动与地球上四季变化之间的关系，人们只要知道现在处于什么节气，就能大致了解这一段时间的气候状况，并以此指导农田劳作。历法的制定是与星象的观测分不开的，在历法尚不完善的古代，人们只能“审天者查列星而知四时，推历者视月行而定晦朔”①。随着天象知识的积累，人们开始把天空分为若干区域，所谓三垣二十八宿就是这时候出现的。

三垣即紫微垣、太微垣和天市垣。紫微垣是北极星周围约36°的星区，也就是我国黄河流域夜间恒星常见不没的北方天区部分。太微垣位于紫微垣的西南天区，天市垣在紫微垣之东南。

二十八宿也称二十八舍或二十八星，是恒星系统之一。最初是为了观测日、月、五星运动，以赤道附近的二十八个星座为标志划分的区域。二十八星的某些名称在殷商甲骨文字中已经出现，其完整体系的形成至迟在春秋末期。二十八星最早见于《周礼·考工记》《吕氏春秋》《淮南子》等书，如《周礼·春官》说冯相氏“掌十有二岁，十有二月，十有二辰，二十有八星之位，辨其叙事，以会天位。冬夏致日，春秋致月，以辨四时之叙”。冯相氏是官名，掌天文星象历法之推步。成书于公元前4世纪的《甘石星经》，曾记载二十八星的名称、距度和星表，但此书已佚。根据湖北曾侯乙墓出土的一件漆箱盖子上画的二十八宿图可以推断，这种划分方法在公元前5世纪已经形成。

二十八宿的名称，从西向东的排列有东方七宿：角，亢，氐，房，心，尾，箕；北方七宿：斗，牛，女，虚，危，室，壁；西方七宿：奎，娄，胃，昴，毕，觜，参；南方七宿：井，鬼，柳，星，张，翼，轸。

---

①《吕氏春秋·贵因篇》。

古代天文学家还按照每年日月交会位置，沿黄道把周天分为十二部分，称为十二次，也称为十二星次或十二纪。十二次各有专名，现在使用的十二次名称出自《汉书·律历志》。古代星象家还把天象和地面的一些区域相配合，这就是分野。再按天赤道从东向西把周天分为十二等分，用地平方位的十二支(子、丑、寅、卯、辰、巳、午、未、申、酉、戌、亥)命名，称为十二辰。二十八宿、十二次、十二辰、分野的对应关系见下表：

十二次	二十八宿	十二辰	分野	州
星纪	斗、牛、女	丑	吴越	扬州
玄枵	虚、危	子	齐	青州
娵訾	室、壁	亥	卫	并州
降娄	奎、娄、胃	戌	鲁	徐州
大梁	昴、毕	酉	赵	冀州
实沈	觜、参	申	晋	益州
鹑首	井、鬼	未	秦	雍州
鹑火	柳、星、张	午	周	三河
鹑尾	翼、轸	巳	楚	荆州
寿星	角、亢	辰	郑	兖州
大火	氐、房、心	卯	宋	豫州
析木	尾、箕	寅	燕	幽州

周代已经普遍使用十二地支来计时了，把一天分为十二时辰，使计时更加定量化。最早的计时器是漏刻，起源于新石器时代，可能是受陶器砂眼漏水的启发。传说漏刻是黄帝发明的，但已不可考。史籍中有记载的是周代专门设置的，称为“挈壶氏”，负责时间的计量，特别是在军事行动中对军力的调动、部署负有重要责任的官职。《周礼·夏官》记有“挈壶氏，掌挈壶以令军井……皆以水火守之，分以日夜。及冬，则以火爨鼎水而沸之，而沃之”。说明到了冬天，要用火把鼎里的水烧沸，再注入壶中，以免因天冷水冻结而不能下漏。最初的刻漏大概只是可以提挈的壶，于壶底或下部的边沿开一小孔。有军事行动时，挈壶氏负责找一口水井，将壶盛水后悬于井上，并观测壶中水量以决定时间。以后为了方便与

准确地观测，在壶中立一杆上有刻度的箭，观察壶中水位时，便可以水淹在那一刻度为准了。但由于水对箭杆有附着力，会影响观测的准确性，所以又加以改进，用木或竹做成小托（称为箭舟），把箭改为一个标尺立于箭舟之上，再在漏壶上面加一带孔的盖，标尺从孔中露出。随着水位的下降，标尺也下降，这样就可以比较清楚地读出刻度数了。这种后来称之为“单壶沉箭法”的计时器还有许多缺点，例如因水位变化而使水压随之变化，进而影响水漏出的速度，造成计时不准。后世继续改进，使这一计时器在很长一段历史时期内是世界上最准确的计时工具，大约在公元 1 世纪的西汉中期，漏刻的精确度已经高于 14 世纪欧洲的机械钟。漏刻一直延续到清代还在使用，今天我们还能在故宫博物院的交泰殿看到实物。

第五节　古代的铸造技术

从龙山文化以后，北京地区进入青铜文化时代。夏商两代北京地区的青铜文化，考古学界称之为“夏家店下层文化”。这一名称来源于内蒙古自治区赤峰夏家店的考古发现。这一文化区域范围很广，北越西喇木伦河，南逾拒马河，东至辽河，包括今河北北部、京津地区、辽宁西部、吉林西南部等燕山南北的广阔地区。北京地区的夏家店下层文化遗址有昌平雪山村雪山文化遗址第三期、昌平下苑、丰台榆树庄、房山琉璃河、密云燕落寨、平谷刘家河等。

青铜技术的出现约始于马家窑文化时期，二里头文化时进入早期青铜器时代，商代晚期和西周达到鼎盛。到战国时期，由于铁器的广泛使用，青铜器在社会生活中的主导地位渐渐被铁器所取代。北京地区有关青铜器的考古发现很多，显示出相当高的青铜冶炼和铸造技术，并具有较大的生产规模。

从技术方面讲，青铜铸造的工艺过程可分为八步：(1)制模（包括器物表面需要花纹时的花纹刻制），(2)用制好的模翻制泥范，(3)用原模制成泥芯，(4)泥芯与泥范阴干后进行高温烘烤并整修，(5)将陶范与范芯组装并固定，(6)浇注铜液，(7)拆去范、芯并清理，(8)加工、修整、打磨毛刺。这种技术成熟于商代晚期。另外，对于较复杂器物的铸造采用分铸法，这种方法在商代早中时期，我国古代冶铸匠师就已发明了。青铜铸造工艺到商代殷墟时期已广泛应用，并出现一个以后铸法为其主流的高潮。由于后铸法的主要目的是为取得复杂的器形，故随着铸造技术的提高，到商末和西周早期，已多数为浑铸法所取代。自春秋中期起，以先铸法为主流的分铸法（分铸接和铸焊两种）盛行于整个青铜冶铸业。这一时期的分铸法，已不再限于解决某些技术问题，而是作为一种大批量生产的工艺方法与组织形式得以长期沿用。北京琉璃河西周燕国墓地出土的青铜器群，70 件中仅有 4 件使用了分铸法。其中三件是提梁卣，提梁与卣体均采用动连接分铸法。另一件为簋，采用了先铸法，两耳先铸，再和器体铸接。由此可见，该青铜器群以浑铸法为主。殷墟青铜器群大量采用的榫卯式后铸法，这一时期已不多见。更为引人注目的是，在不使用分铸法的情况下，仍然铸出十分精美的青铜礼器。琉璃河出土器物中的攸簋、伯矩鬲和乙公簋是其典型。

铸造技术中很重要的一点是：铸件在灌注之后的冷却和凝固过程中，由于金属的液体态收缩和凝固收缩，往往在最后凝固的地方，出现缩孔或缩松。为了防止缩孔或缩松，现代工艺的处理办法是采用顺序凝固或同时凝固的原则。所谓顺序凝固，是在远离冒口或浇口部分至冒口或浇口之间，建立一个递增的温度梯度，沿此方向顺序凝固，这样冒口或浇口的金属液就可以不断补缩。所谓同时凝固，是使各部分的温差尽量小，以达到同时凝固的目的。这样生产的铸件不易产生热裂，冷却后残留应力和变形较小，而且不必设置冒口，不但简化了工艺，还节省金属。经分析研究可以推断，琉璃河出土的青铜器采取的是同时凝固工艺制作的，这也是商周青铜礼器的特点。因为并未发现有冒口设计，从整个器形上看，铸件的壁厚是均匀的，这样可以达到同时凝固之目的。要使铸件壁厚均匀，就要在器形设计上仔细考虑，例如鼎足多为透体中空，所有大鼎的耳部均做出深凹槽，斝的柱帽为较小的菌状，鋬耳与器壁厚度接近。器壁厚度均匀，就意味着在凝固过程中各部分温差较小，因而满足了同时凝固的条件。为了达到上述要求，就需要使器物的内腔形状随外形而变化，所以在器物比较厚的地方使用了盲芯。琉璃河出土的 17 件青铜鼎中，除一小鼎外，足内均有盲芯。这充分反映出当时工匠们已经掌握了复杂的铸造技术，同时也能够据此判断，当时人们对铸造中金属液凝固过程中的收缩规律已经有所了解，并能巧妙地利用器物的壁厚来控制温度。

北京琉璃河西周燕国墓地出土的青铜器群，考古断代大多数都定在西周早期的成康年间。对其中的18件(鼎4件,簋6件,鬲2件,爵、尊、盉、觯、卣和盘各1件)进行X射线检验,结果表明,有16件在铸造时使用了金属芯撑。金属芯撑可上溯到商代,北京平谷刘家河出土的青铜甗,经观察发现,铸造时使用了铜芯撑,是使用铜芯撑较早的商代器物之一。西周早期,铸器使用金属芯撑已经是一种成熟的工艺规范。其实它的工艺并不复杂,但作为一种工艺规范被确立,在铸造业的作用是很重要的,它对进一步保证合范精度、提高青铜器铸造质量和成品率起到了十分重要的作用。这一工艺在春秋战国时期,甚至发展成为在青铜器上铸镶红铜纹饰,以产生新的艺术效果,可见其在我国古代青铜冶铸技术中所占的地位①。由以上几个方面的分析可见,先秦时期燕地的青铜铸造技术是相当先进的。当然,我们以上的分析是按现代科学技术的框架进行的。三千年以前的人类还没有也不可能从理论上认识这个问题,更不可能具备系统的物理学知识。可想而知,我们的祖先一定是经过了无数次的试验与无数次的失败之后,才逐渐掌握了这项技术,并铸造出华丽、精美以至令三千年后的参观者都惊讶不已的传世之宝。

春秋时期铜铸造技术已经很完善,人们甚至已经了解到铜与其它金属的比例不同,其性质也会不同,这是最初的关于合金的知识。当时就有所谓"六齐"的说法。《周礼·考工记》有记载:"金有六齐,六分其金而锡居一,谓之钟鼎之齐;五分其金而锡居一,谓之斧斤之齐;四分其金而锡居一,谓之戈戟之齐;三分其金而锡居一,谓之大刃之齐;五分其金而锡居二,谓之削杀矢之齐;金锡半,谓之鉴燧之齐。"这是关于合金的最初的知识,也是世界上第一份铜锡合金配方表。青铜中含锡17%-20%则坚硬,可作斧斤;兵器需要比斧斤更锐利,所以含锡量在20%以上;刀剑(大刃)和削(即匕首和小刀之类)需要较高的硬度,因此把锡的含量提高到25%-29%;而作为礼器的钟和鼎,只需美观或发声悦耳就可以,锡的含量在15%左右正合适。这些合金成分的比例关系,显然都是经验数据,因为当时不可能有系统的理论,这些数据的获得只能依靠大量的实践积累。古人在获得这些知识之前,必然经过了无数次的试验,其工作的繁杂和艰苦,是难以想

①周建勋《商周青铜器铸造工艺的若干探讨》,北京市文物研究所《琉璃河西周燕国墓地》1973—1977,文物出版社。

象的。近世有人认为东西方文化差异之一是中国传统思维的笼统性与西方的解析性之差异,中国传统文化与思维方式是整体的和综合性的,因而是混沌的或笼统的。与此相反,西方人很早就注意分类和解析的研究方法,因而西方的科学技术比我们得到更迅速的发展。其实并非如此,我们从“金有六齐”就可以看出,我们的祖先从一开始就十分注意对事物的分类研究,其他的例子还有许多,例如《尚书·禹贡》对九州土壤的分类,以及以后的《九章算术》把数学问题的归类研究,都是很好的说明。事实上,人类认识自然界的过程,都是从笼统到越来越细的分科研究的。但是当学科门类划分到非常细的时候,人们反而会注意各分科之间的联系,并进行综合性的研究,这是普遍规律。

铁器的出现要比青铜器晚。从冶铁技术方面看,早期的冶炼方法是低温固体还原法(即块练法)。用比较低的温度将铁矿石加热还原,成为疏松的海绵状金属体,再经多次锻打得到锻铁。随着对温度控制能力的提高,进一步发展了高温液体还原法,即将矿石在高温下还原,炼出铁水,用来浇铸各种铸件。在古燕国境内出土的大量铁器中,有相当大的一部分是经过高温液体还原法冶铸的铸件。河北兴隆出土的战国铁范,是由含碳量为4.45%的标准白口铁制成的,铁范外形轮廓与铸件形状相似,壁厚均匀,这样可使各部分的散热、收缩一致,增加了范的使用寿命,此外,这些铁范中的大多数为复合范,其结构相当复杂,可以铸造形状比较复杂的器物。这也说明了当时冶炼技术的成熟程度。如此合理的结构设计,令两千多年后的人们吃惊,因为当时并没有完备的物理学知识,只能依靠不断的实践。可以想象,一定是在经历了无数次失败之后,才有可能总结出这样的经验。铁范的优点在于可以多次使用(陶范只能使用一次),而且铸件表面光滑、品质比较好;以铁范铸造铁器可以大大提高生产效率,由此也可以看出当年的生产规模。同样让我们惊讶的是,在位于北京附近的河北易县燕下都也发现了一个范围很大的铁器遗址,遗址内可分为宫殿区、墓葬区、居民区和手工业作坊区,在遗址内的十余个地点发现了铁器,还有三处冶铁作坊遗址,最大的一处约有9万平方米,出土各种铁器四百余件和一百多件铜器。还发现有大批碎铁块、铁渣和大量铜渣以及陶范。说明这里曾经是一处具有相当大规模的制造铜器和铁器的作坊,也反映出当年燕国地区冶铸业的发达程度和规模。除了燕下都和兴隆两处外,在燕国境内发现的战国时期铁器的地点也比较多,而且铁器的种类丰富，有生产工具、武器、刑具和其它物品。属于生产工具的有锄、镰、斧、镢、凿、铲、锤、锛、削、锥、刮刀等，武器有矛、戟、剑、镞、匕首、刀、鏊、镈、胄甲片、铠甲片，刑具有铁颈索和脚镣。所有这些都反映出，战国时期以蓟城为中心的燕国地区，铁器的使用已经相当普遍。

对于部分出土兵器的检测表明，战国后期一些地区已经采用渗碳钢技术。这种技术可使人们制造出更为坚韧和锋利的工具，这无疑对军事和经济都会产生巨大影响。这些兵器中，有进攻性的，也有防御性的，其中最重要的一件兵器是44号墓中发现的一件铜铁合铸的铜弩机，这在当时是一种新式武器，制造技术复杂，可以体现当时的铸造水平。特别是在21号遗址中发现了制造这种弩机的陶范，说明当时使用的弩机有可能为当地制造，因而更进一步证明当时的北京地区已经具有相当高的技术水平。

第六节 人类早期的医学

远古时代的医学和巫术是分不开的。当时的人类尚未掌握科学知识，对自己的身体也不甚了解，因此对于疾病和死亡充满了恐惧心理，于是占卜、祭祀、祈祷等活动就出现了。这说明尚处于原始蒙昧状态的先民还没有能力全面认识大自然和充分了解自己的身体，所以只有祈盼神灵保佑了。到了奴隶社会，由于统治者的需要，使原始的迷信逐渐发展成为宗教，并与政治结合。这时，一些有较高知识水平的人，成了当时被称为巫或史的人物。在他们那里，天象的变化被说成是上天意识的某种警示，人的疾病和生死也是受某种超自然力量的控制。迷信者认为，这种存于冥冥之中的神秘力量，是人类的主宰。当时的巫以歌舞来祀神，医治疾病的方法是向神祈祷和许愿，或用符咒来诅咒假想的病魔，即所谓“祝由”和“禁咒”。由于人的疾病和生死是不可避免的，所以这种巫术活动便很容易传播，如《黄帝内经·素问》：“古之治病者，唯其移情受气，可祝而已也。”然而在生产生活中，人们也逐渐积累了许多与医疗和药物有关的知识和经验，这些知识和经验与宗教迷信无关。相传神农氏在尝百草过程中，就发现了某些植物的药用功效，被后世尊为中药学的鼻祖。这些经验在民间广泛流传，而且也影响到了统治者。于是《周礼·天官·冢宰》中记有医师、食医、疾医、疡医、兽医等官职，分别为掌管医务政令、负责王室的营养卫生、治疗百姓的内科和外科疾病及治疗牲畜疾病等。而同时,《周礼·春官·宗伯》中也记叙了掌管各类祭祀活动职位的设置情况,这些人就是所谓的"巫祝"。可见,当时对于有关生命和健康方面的问题,是科学与迷信并存的局面,这种局面一直延续了很长时间。

早期的医学理论与巫术之间的斗争即科学与迷信的斗争,医学理论也在斗争中不断充实和逐渐建立起自己的理论体系。最初的理论是通过与病痛长期的斗争总结出来的,人们当时已经总结出疾病与季节、气候的关系,以及诊治病人的方法和工作程序。如《周礼·天官·冢宰》说疾医"掌养万民之疾病。四时皆有疠疾,春时有痟首疾,夏时有痒疥疾,秋时有疟寒疾,冬时有嗽上气疾。以五味、五谷、五药养其病,以五气、五声、五色视其死生。两之以九窍之变,参之以九藏之动。凡民之有疾病者,分而治之,死终则各书其所以而入于医师"。可见人们已经知道春天易得头痛的疾病,夏天常生疥癣,秋天常有寒疟的疾病,冬天容易得气喘疾病。还知道对于各种疾病应以五味、五谷、五药来疗养。诊断时先以五气、五声、五色来观察病人的病势,测知是否有治好的希望,然后观察九窍的开闭是否正常,再用脉诊测知九藏活动的情形,断定病情。凡是百姓有病,疾医们应分别为之治疗。不治而亡的,要分别记载死亡的情状并报告医师。此外,还有采集药物的规定,对外科疾病的治疗程序、对医生的考核办法等,都有详细记载。我们从甲骨卜辞中可以看到,商代先民已经认识到致病的原因大概有四个方面:一是天帝、祖先,二是鬼神,三是妖邪,四是气候变化。而气候变化在当时也被认为是受天神支配,所以总的看来,当时人们认为疾病是由于一种超自然的力量造成的,这也是科学不发达时期人类盲目服从大自然的反映。

在与疾病作斗争的过程中,先民们对自己的身体结构、状态和情绪与疾病之间的关系,已逐渐摸索出一些规律。也就是说,人们开始把自己的身体看作是大自然的一部分来研究疾病形成的原因了,此时便有了最早的医学理论。这样的理论大致形成于春秋时期,例如《吕氏春秋·达郁》:"凡人三百六十节、九窍、五藏、六府。肌肤欲其比也,血脉欲其通也,筋骨欲其固也,心志欲其和也,精气欲其行也。若此,则病无所居,而恶无由生矣。病之留,恶之生也,精气郁也。"针对人体的实际情况及对疾病的长期观察,还总结出许多有关致病因素方面的理论。认为导致人体生病的原因,并非鬼神等非自然因素,而是与人的自身状况(包括情绪、饮食起居等)以及环境因素有关的。在《吕氏春秋·尽数》中,还记有"大甘、大酸、大苦、大辛、大咸五者充形,则生害矣。大喜、大怒、大忧、大恐、大哀五者接神,则生害矣。大寒、大热、大燥、大湿、大风、大霖、大雾七者动精,则生害矣。……流水不腐,户枢不蝼,动也,形气亦然。形不动,则精不流;精不流,则气郁。郁处头,则为肿为风;……凡食,无强厚味,无以烈味,重酒,是以谓之疾首。食能以时,身必无灾。凡食之道,无饥无饱,是之谓五藏之葆"。所有这些,都说明先人为了探求致病的原因,除了仔细观察饮食起居等生活方式与疾病的关系外,还与大自然的变化规律相结合,将自身置于大自然之中,探寻防病治病的方法。这已经是完全脱离鬼神的科学精神了,与巫术有着本质的区别。将自身置于大自然中,视天、地、人为一个和谐的整体,天人合一的思想是中国古代哲学的一个重要特征,也是中国文化与西方文化最显著的区别。

第七节　建筑技术

建筑技术的进步,首先是与人类渴望对居住环境的改善分不开的。先民从岩洞到穴居到建造土木结构的房屋,经历了漫长的岁月。由于我国古代建筑以土木为主,因而不如以石料为主的建筑耐久,再加上改朝换代时人为的破坏,大多数古代建筑今天我们已经见不到,只能从考古发现和有关文献资料来研究。在北京地区平谷北埝头的上宅文化类型遗址上,发现了新石器时期的人类住宅遗址。有房屋11座,多为不规则的椭圆形,一般直径在4米以上,是直接挖在生土上的半地穴式建筑。北埝头文化遗址位于泃河支流错河南岸的一片台地上,台地高出河面7米左右。这样一个既靠近水源又比较安全的地方是适于居住的,由此也可以看出当时人们已经掌握房屋选址和建造半地穴式建筑的技术。

至于完全建在地上的建筑,据文献记载,古燕国已有相当规模的宫殿和园囿。如燕昭王为郭隗建的黄金台[①],以及同样为招贤纳士而建的碣石宫、展台,都是当时的著名建筑。此外还有宁台、元英和磨室,也都常见于史书[②],具有相

①《战国策·燕策》。
②《天府广记》有"燕王宫殿有宁台、元英、磨室,见《史记·乐毅传》。正义曰,元英、磨室:宫在幽州蓟县西二里,宁台之下又有碣石宫,在蓟县三十里,宁台之东"。

当规模。这些建筑早已不存在，我们无法考察其建筑结构及其规模，但是从出土的丰富多彩的燕国瓦当看[1]，当时的建筑技术已具有较高水平，与国内其他地区出土的同类文物相近。河北易县燕下都出土的建筑材料有板瓦、筒瓦、半瓦当、垂脊瓦、垂脊饰件、脊瓦、脊饰件、砖栏杆砖、长方形薄砖、矩尺形薄砖等。以筒瓦为例，其尺寸大型的长度可达 76 厘米至 93 厘米，小型的也有 40 厘米，瓦的尺寸如此之大，可以想象当时房屋建筑的规模是相当可观的。用筒瓦尺寸衡量一座房屋的大小，虽然不能完全以今天的比例推测，但根据瓦的尺寸，可推想其重量，根据其重量也不难想象出木质屋架的规模，因此房屋尺寸显然是具有相当大的规模了。据研究，筒瓦是用圆坯法制造的。圆形瓦坯制好后，用刀从外到内切割成大小相等的两块筒瓦。其材质主要是泥质灰陶和加砂灰陶两种，外表装饰以绳纹、篱笆点纹、交叉点纹、弦纹、三角蝉翼纹等。有些筒瓦还带有瓦钉孔，前檐筒瓦则带有不同纹饰的半瓦当[2]。同一地区出土的战国时期陶出水口，其造型不仅反映了当时制陶业的发达，也同样能够想象出，使用如此精致出水口的建筑该有多么宏伟壮丽：河北易县燕下都的出土文物中还有一非常精美的铜铺首，除了说明当时燕国的铜加工技术水平已经很高之外，也表明建筑的等级一定很高，因为如此精致的建筑附件是不可能装配在一般建筑之上的。河北平山三汲出土的战国中晚期中山国的兆域图，为厚约 1 厘米的长方形铜板，背面有铺首一对，正面为金银嵌成的兆域图。此图是关于陵墓的平面图，中为王堂，两边为哀后堂、王后堂、大夫人堂等，有官垣环绕。图间有文字说明，详注各部分名称、长度，共四百四十三字。此器当即古书所谓“金版”。铭文中言“其一从，其一藏府”，可知版原有两件，一件从葬，一件藏于府库，此即从葬之物，在青铜器中是仅存孤例，对研究建筑史、制图史也极具价值。所有这些，都说明当时燕国地区的建筑无论从建筑规模或建筑技术方面都是相当先进的。

建筑设计、施工和规范化方面，周代已经十分完善。《周礼・考工记》有这样的记载：“匠人建国，水地以县，置槷以悬，眡以景，为规识日出之景与日入之景。昼参诸日中之景，夜考之极星，以正朝夕。匠人营国，方九里，旁三门，国中九经

---

①《北京考古集成》，《燕文化简论》，第 302-311 页。

②石永士、王素芳《燕文化简论》，《内蒙古文物考古》1993 年第 1、2 期。

九纬，经途九轨。左祖右社，面朝后市，市朝一夫。”这段话中的槷是古代观测日影用的标杆，高八尺。这段话的意思是：匠人建造国城，以水悬的方法测量平地，以悬绳正柱，用于观察日影以定四方，其方法是日出时影指西方，日入时影在东方，若以日出或日入影长为半径以柱为中心画圆，日人之影和日出之影的端点皆在此圆上。即二影之影长相等，东西方向即可由此而定。而日中时之影必指向正北。当时的标准，国城的形状为正方形，边长九里，每边开三个城门。城中主要道路有九经九纬，每条路可容九辆车并行。王宫的前面（南面）为朝，后面为市，左边是祖庙，右边是社，朝和市各方百步。由此看来，周代在建筑方面不但已经掌握了测量方位的方法，而且还以“标准化文件”的形式加以规定。这种自周代就确立的制度，一直影响到以后数千年的封建社会，例如“左祖右社，面朝后市”的规定在以后的各封建王朝中都是严格遵守的，元代的大都城和明清北京城就是典型。这种规定不仅包括技术方面的，而且出于礼制的考虑，甚至对“国”的形状、尺度、干道宽度及城市布局都规定得十分详细。至于城内各类建筑的规定就更加详细了，所有建筑按照等级都给出了严格而明确的规定。例如《周礼·考工记》：“王宫门阿之制五雉，宫隅之制七雉，城隅之制九雉。”这里的雉是计量单位，高一丈长三丈为一雉。我国的大屋顶建筑形式大约也是从这时候开始的，因为《考工记》里有“四阿重屋”之说，即四面坡的屋顶，这是后来大屋顶的原始形状。大屋顶几乎是中国传统建筑的代名词。其形成的主要原因是，我国古代建筑以土、木为主要材料，再在用泥土堆起来的土台上立木搭建房屋的构架，然后再砌墙、覆瓦、安装门窗。土和木都怕雨淋，为了保护下面的地基、木构件和墙壁，才有了大屋顶结构。屋顶的坡度不是不变的，而是设计成具有一定弧度的斜面，以使雨水向下冲时流得更远，具有进一步保护的作用。这样的形状，不仅实用，而且美观，在我国古代建筑中，无论南方北方，莫不如此。

第八节　先秦时期科学思想的特点

这一时期的科学成果虽然不算很多，但在科学技术发展史上的作用却是至关重要的。在这一时期形成的科学思想，奠定了我们国家科学技术发展的基础，决定了我们科学技术体系的特色。

早期的科技知识是在生产和生活实践中积累的，所以是实用的。见诸文献记载的也都具有明显的针对性，例如用于青铜冶铸的“六齐”理论，就是根据具体的应用场合来决定材料的性能，进而决定合金中各种成分的比例的一种行之有效的经验总结。又如把各地的土壤按其性质进行分类，并与适合耕种的作物和耕作方法结合起来，以求得最好的收成。这些建立在将自然界万物按某种规律分类研究的方法，是人类认识大自然的普遍法则，世界上各个民族都是如此，我国也不例外。随着人类对大自然认识的不断深入，后来的许多学术著作也都是按这个原则分类研究某个学术问题的，因而出现了越来越多的学科。但是仔细分析就会发现，我们的科学技术发展道路与西方国家是有许多不同的。如与我国春秋战国同时期的古希腊，也有过类似的学术繁荣，出现了一批知名的大学者，如毕达哥拉斯、亚里士多德等。但具体分析他们的研究成果就会发现，当时华夏地区的学者大多关心政治学和伦理学，涉及自然科学的内容也多是紧密联系生产生活实际的实用技术，而对于自然界自身的规律关心较少。春秋时期，学术界曾经出现过百家争鸣的局面，学术思想活跃，但涉及自然科学和生产技术的太少。根据史料可知，当时也有少数学者在自然科学方面有深入的研究，例如墨子的著作中就包括许多自然科学方面的成果。他的研究涉及数学、物理学、力学、光学等许多领域。他利用共鸣有放大声音的效果，设计了在地下埋一个瓮来探测敌人动静；光学方面，则有众所周知的小孔成像原理以及平面镜和凸面镜的实验等。而儒家代表孔子对于自然科学则不太关注，他在回答樊迟问稼时说：“上好礼，则民莫敢不敬；上好义，则民莫敢不服；上好信，则民莫敢不用情。夫如是，则四方之民襁负其子而至矣，焉用稼。”可见孔子最关心的是属于政治方面的事情。到了汉代，由于最高统治者推行儒家学说，使得从事自然科学研究和技术工作的人的社会地位并不高，也在一定程度上限制了科学技术的发展。

秦代以前形成的我国古代科学体系，主要是天、算、农、医四类，它奠定了我国古代科学技术体系的基本框架。这些都是与一个以农耕为主的民族的生产生活紧密相关的。人们通过生产实践总结得到的科学知识，是非常实用的。伴随着百家争鸣浪潮而出现的早期科学思想，已经摆脱了远古时期的万物有灵观念，从而形成了最早的无神论思想。这些实用的科学知识可在《考工记》《墨经》等著作中看到。但即使是这样一些非常实用的知识，也无处不在地反映出为政治服务的倾向。如《考工记》把工、农的作用列于“国有六职”之中,后来被收入《吕氏春秋》的早期农学著作,则更是首先从政治方面论证重视农业之重要性,然后才是具体的耕作技术。在谈具体耕作技术的《任地》《辨土》之前,先有《尚农》一篇,是这样说的:“故先圣王所以导其民者,先务于农。民农非徒为地利也,贵其志也。民农则朴,朴则易用,易用则边境安,主位尊。民农则重,重则少私义,少私义则公法立,力专一。民农则其产复,其产复则重徙,重徙则死处而无二虑。舍本而事末则不令,不令则不可以守,不可以战。民舍本而事末则其产约,其产约则轻迁徙,轻迁徙则国家有患,皆有远志,无有居心。民舍本而事末则好智,好智则多诈,多诈则巧法令,以是为非,以非为是。”可见这时的学术思想无论从政治或生产生活看都是注重实用性的,并且始终是把政治放在第一位,因为古代中国的学者总是把治国安邦作为奋斗目标的,这一特点一直影响着后代的学者。也正因为如此,《考工记》后来被编入《周礼》成为经典,而它的科学意义却被淹没了。汉代以后独尊儒术,墨家因所倡导的兼爱思想与儒家的政治伦理观念不同而被排斥,纯粹以研究自然本质为主的科学家的地位始终不高。古希腊的学者则不然,有人曾称亚里士多德学派为逍遥学派。据说该派学者常常是在林荫或河畔边散步边讨论学问的。这种“逍遥”的学术空气与当时的政治环境不无关系,因为当时正是古希腊奴隶制经济繁荣发展的时期。而我国春秋时期的学者是生活在连年战争、动荡的环境之中的,他们所考虑的问题当然首先是社会的何去何从,以及如何才能使得国家安定、强大的问题。

就天、算、农、医这四大古代科学体系而言,春秋时期已经初步形成,并为以后的发展打下基础。观象授时是中国古代最高统治者最关心的事情,以此为目的进行天象观测的天文学家通过长时间的观测,形成了最初的宇宙图景,所取得的数据也为以后的历法制定打下了基础,又为汉、晋之际兴起的各家关于宇宙模式的理论提供了基本依据。天文学的进步当然离不开数学的支持,因为对星象的观测最终要数量化,在计算过程中更离不开方位的概念,因而伴随天学的形成和发展的同时,也形成了我们独特的数学体系。另外,在生产技术方面也可以想象出是离不开数和形的概念的。这一时期虽然没有留下专门的数学著作,但已经可以看到后来以《周髀》和《九章》为中心的古代数学体系的若干萌芽了。在农学方面,这一时期的著作已经完整地提出天时、地利和人力三要素思想,并有了比较深入的研究。实际上，通过对全国土地的测量和分析，也促进了地学的产生和发展。医学方面的贡献则主要是冲破巫术的羁绊，形成了自然病因理论，这为以后形成的以《内经》和《金匮》为基础的中医理论体系打下了基础。

就北京地区而言，虽然在经济、文化、科技方面的发展不及中原地区迅速，但总体上是与黄河流域核心区的发展同步的。由于北京地区处于北方，又是农耕民族和北方游牧、狩猎民族交叉地带，有更多的交流机会，不论是商品交易还是战争都会促进这一地区的多民族文化的交流。不但如此，就黄河流域文明内部而言，这种交流也是很多的。以早期北京地区的封国燕和蓟而言，受华夏其他地区的影响也是很大的。公元前11世纪中叶周克商之后，为了维护中央王朝的统治，陆续封建诸侯，以为中央政权之屏障。这些诸侯国以与周王室同姓的姬姓和与周王室通婚的姜姓为主。燕国即建于这一时期，国都在今北京附近的琉璃河。琉璃河出土有燕都城遗址、贵族墓葬区、车马坑和精美的随葬青铜器。其中两件出土于1193号大墓的有铭文的青铜器上记载了周王褒扬太保、册封燕侯、授民授疆土的史实。出土的青铜器大多铸造于西周成王到昭王时期，从这些青铜器的器型风格、铭文和墓葬礼制可以看出，燕国在西周早期与周王室有着频繁的文化和政治往来。此外，由于周初为了控制和安抚被征服的商遗民，也实行了一些针对商遗民的特殊政策。从西周早期燕国青铜器的形制、花纹、装饰方式以及铭文中的父母名讳(如父乙、父癸)看，都具有商代风格。这些青铜器有些可能是在西周王畿的作坊铸造，有些也可能是在燕国铸造的，因为在琉璃河遗址也曾出土了用于铸造的陶范，说明燕国也有自己的铸铜作坊。燕国的工匠一定也十分熟悉西周王畿的铸造技术和艺术风格。由此可见，从古以来北京地区的科学技术就是与中原地区有着密切的联系的。在北京尚未成为全国的政治文化中心之前就是如此，到后期即辽代以后，北京的科技水平就逐渐成为全中国的代表。北京特殊的地理位置，造成了这一特点。正因为如此，当我们研究北京科技发展史时，就必须以中国的科学技术发展为背景。

第二章 成为统一国家都城之前的北京

秦统一六国，仍以咸阳为国都。地方行政采用郡县制，原燕国的疆土被分解为六郡。其北部地区的行政区划，仍按燕国旧制，即沿长城一线，自东向西，仍设置上谷、渔阳、右北平、辽西和辽东五郡。蓟及其以南地区至燕下都武阳一带，新置广阳郡，治蓟。今天的北京地区分属于上谷、渔阳、右北平和广阳。秦代的蓟城虽然只是一郡的治所，但它仍是原燕国地区的军事、政治、经济、文化中心。西汉初年，今北京地区被封为燕国，以蓟为都城。东汉时期这里划归幽州，州牧以蓟为驻地。魏晋十六国时期，在北朝将近四百年的历史中，由于各民族冲突不断，蓟城人口变化很大，形成了多民族融合的局面。隋唐五代时期，始终有许多少数民族定居在这里，不同民族的文化在这里得到交流。

总之，从公元前 222 年秦灭燕统一六国，到公元 1012 年辽建南京的一千二百多年漫长岁月里，北京地处北方多民族交界地区，战争连年不断，因此无论哪个民族占有统治地位，这里始终是军事重镇。而在经济、文化和科学技术方面，与中原地区相比则相对落后。但是这一时期是中国古代科学体系形成的关键时期，特别是汉、唐两朝，国力强盛，科技进步很快，取得了一大批值得我们骄傲的成果。这些成果中也有幽燕儿女的贡献。

第一节 天文历算

如前所述，中国古代科学可分为天、算、农、医四大学科。而四科之中，天学具有独特的地位。将宇宙万物看作不可分割的整体，是古代中国人的自然观。主张天人合一的中国人，认为皇帝是受命于天的最高统治者，因而天就具有自然的和人格的双重意义。于是历朝都把天文观测看作是重要而且神圣的事情，这样神圣的事情自然是需要由皇帝亲自主管的。在科学尚不发达的时代，各类天文现象尤其是日、月食等，往往被赋予上天对人的某种警示的含义。这就使得天文观测并不仅仅是为了了解自然，还具有更重要的政治目的，于是天文工作就成了中央政府工作中非常重要的一部分，任何一朝都有规模宏大的天文台和庞大的负责天象观测的专门机构。

秦代是我国历史上第一个统一的封建王朝，秦始皇推行中央集权制，在实行车同轨、书同文并且统一全国度量衡的同时，又在全国颁行统一的历法，即《颛顼历》。《颛顼历》以十月为岁首，年终置闰。秦代时间不长，从秦始皇统一中国(前221)到被西汉取代(前209)仅十二年，所以汉初仍采用《颛顼历》。但到汉武帝时，《颛顼历》渐渐与天象不符，于是司马迁等人建议改历。汉武帝太初元年(前104)下令从全国征募二十余人，经过实际测量和计算，提出十八种方案。最后决定使用邓平提出的八十一分法，即每月有$29\frac{43}{81}$天，每年有$365\frac{385}{1539}$天，这就是《太初历》，这是一部在天文学史上很有影响的历法。到西汉末年又推行刘歆根据《太初历》改编的《三统历》，已经不仅仅包括根据日月运动推算望朔和二十四节气的方法，还包括推算日月食和预测行星位置的方法。此后各朝都不断地改造历法，使之更接近于实际。由于新历法的推算离不开大规模的天文观测，这也大大推动了测天仪器制作的进步和相关科学的发展。

天文和算学在中国古代是相提并论的，因为最初的数学计算正是源于对天象观测数据的处理。例如刘徽在他的《九章算术注原序》中说："……算在六艺，古者宾兴贤能，教习国子，虽曰九数，其能穷纤入微，探测无方。至于以法相传，亦犹规矩度量，可得而共，且特难为也。当今好之者寡，故世虽多通才达学，而未能综于此耳。……徽寻九章，有重差之名。……凡望极高，测绝深，而兼知其远者，必用重差，勾股则必以重差为律。……以径寸之筒南望日，日满筒空，则定筒之长短为股率，以筒径为勾率，日去人之数为大股，大股之勾即日径也。虽夫圆穹之象，犹日可度，又况泰山之高与江海之广哉。"这段文字说明，人们实际上已经掌握了相似三角形的有关理论，并以此来进行实际测量了，只是没有也不可能提出与今天一样的理论体系，因为这些方法显然是在大量的实际测量的基础上，经过总结、归纳而得出的。这也说明了我国古代天学和数学的亲密关系，甚至直到清朝的阮元（1764－1849）编写《畴人传》时，也是将天文学家和数学家放在一起的。由于古代中国的几何学不发达，在平面几何中尚未引入角度的概念，因此在直角三角形中，只有线段与线段之间计算关系，这就是众所周知的表示直角三角形各个边之间关系的勾股定理。在这些理论中不涉及边与角的关系，所以在计算行星位置时我们的祖先是使用内插法，这是与西方古代天文学的重要区别。

最初的天文观测是与原始农业生产密切相关的。但是在我国特殊的人文环境中，天文观测还有另外的含义。自古以来，历代君王都把自己比作天子，要在各个方面努力宣扬君权神受的思想，以说明皇帝是代表上天的意志来治理人世的。因此颁布历法被视为顺应天意、代天“敬授民时”的重大举措，是皇权的重要象征。如《宋史·律历志》有这样的话：“古者，帝王之治天下，以律历为先；儒者之通天人，至律历而止。历以数始，数自历生，故律历既正，寒暑以节，岁功以成，民事以序，庶绩以凝，万事根本由兹立焉。”[①]因此各朝均十分注重天文观测与历法的制定，且不断对前朝历法进行修正，从上古直到清末，我国总共出现过102种历法[②]。这是因为，古代无论多么精密的观测仪器都会有误差，只能计算出当时认为最精确的、最符合实际的历法；但随着时间的推移，各种误差会逐渐积累到与实际天象相差更大的程度，于是就要重新修订。各朝都设直属于朝廷的、专管观天象、掌历法的职官，例如夏代见于《尚书·尧典》的羲和，汉代掌管天文历法的是太史令，隋唐时期则归司天台管理，宋元时称司天监，明清又改名为钦天监。总之，对于天象的观测和历法的制定，是受到历代统治者的极度重视的。此外还应注意，我国古代总是把“律”和“历”放在一起的。这里的“律”，并非法律，而是乐律，即产生乐音的法则或规律。在以管产生乐音时，声音是由管内空气柱的长度决定的，所以管长与所产生声音的频率有关，因而律又是与尺度相关的音高标准。律管还有一个功能，即作为候气的仪器，如《礼记》郑玄注“律，候气之

---

①《历代天文律历等志汇编》八，中华书局，1976，第2441页。

②《中国历史大词典》“阴阳历”词条，上海辞书出版社，2000，第1262页。

管，以铜为之”。这虽然并无科学依据，但确实是我国古代曾经使用过的方法。

律管的制定是在对音高有了相当深入的研究之后才可能完成的，因此可以说，我们的祖先很早就掌握了管长和频率之间的关系。具体地说，蔡邕《月令章句》的“黄钟之宫长九寸，孔径三分，围九分，其余皆稍短，但大小不增减”。决定了“黄钟”的长度后，使用“三分损益法”可以依次决定其他音的管长。若以黄钟为音阶的“宫”，则取九寸的三分之二（即减三分之一，长度为六寸）得到“林钟”（即音阶的“徵”），再以六寸乘以三分之四（即增加三分之一，得到八寸的管长）得到“太簇”（即音阶的“商”）。这样反复操作，可以很快得到宫、商、角、徵、羽这五个音阶。接下来就是变宫和变徵两个音阶，共为七音。继续按三分损益法计算，可以得到十二律。成书于公元前2世纪的《吕氏春秋》已经提到十二律了，这说明古人不但在很早以前就已经掌握了音高和管长的关系，而且还总结出了一套行之有效的计算方法。凡以宫声为主的调式，称为“宫”（宫调式）。以其他各声为主者，则称为“调”，如商调、角调等，统称宫调。以七声配十二律，可得十二宫、七十二调，合称八十四宫调。

十二律是十二个不完全相等的半音律制，按现代科学理论说，这十二个音的频率不能构成一个等比数列，因此变调很不方便。要实现方便的变调，需要使用平均律，十二个音的频率构成一个等比数列，今天我们所见到的键盘乐器，都是按平均律制造的。需要特别指出的是，这个问题的解决也是由我国著名学者朱载堉完成的，但那是明朝后期的事情，本书将在后面详述。本章所要说明的是，古代中国曾将十二律与十二个月、十二次以及方位对应，从而有所谓“候气”之说。月份、律吕、方位的对应关系如下表所示：

月份	一	二	三	四	五	六	七	八	九	十	十一	十二
律吕	太簇	夹钟	姑洗	仲吕	蕤宾	林钟	夷则	南吕	无射	应钟	黄钟	大吕
方位	寅	卯	辰	巳	午	未	申	酉	戌	亥	子	丑

所谓候气，《后汉书·律历志》说：“候气之法，为室三重，户闭，途衅必周，密布缇缦。室中以木为案，每律各一，内庳外高，从其方位，加律其上，以葭莩抑其内端，案历而候之，气至者灰去，其为气所动者其灰散，人及风所动者，其灰聚，殿中候，用玉律十二。”其中“葭莩”是芦苇茎中的薄膜，将其制成灰，置于十二律管

内。冬至气至而黄钟管内葭灰动。唐诗有“中宵忽见动葭灰，料得南枝有早梅。四野便应枯草绿，九重先觉冻云开。阴冰莫向河源塞，阳气今从地底回。不道惨舒无定分，却忧蚊响又成雷”。可见诗人也将这种判断季节的方法用于文学作品中了。我们还可在《后汉书·礼仪志》中发现这样的记载：“日冬至，晷影极长。或吹黄钟之律闲竽，或撞黄钟之钟，或度晷影，或击黄钟之磬，或鼓黄钟之瑟，轸间九尺，二十五弦。宫处于中，左右为商、徵、角、羽；或击黄钟之鼓。”这是对冬至日的仪典的描述。十二律的名称本属于乐律，为什么要与十二个月相配，至今并未发现有什么科学道理，也没有发现乐律与天文现象的关系。若仅从名称上看，或许与物候有关。因为《史记·律书》有记载：“律中黄钟，黄钟者，阳气踵黄泉而出。其于‘十二子’为子。子者，滋也。言万物滋于地下也。”还有如“夹钟，二月也。言阴阳相夹厕”，“三月，律中姑洗。姑洗者，言万物洗生”……。不过应该说明的是，我国古代决定一个音的高低并非只是使用竹管，也有使用弦的长度来定音高的。因为固定张力的弦，其频率与其长度有关。通常之所以使用管，大概是因为用管来候气的缘故吧。但是从音乐角度考虑，各种调式可以反映的情绪是很早以前就知道了的。例如晋代陶潜《咏荆轲》诗：“渐离击悲筑，宋意唱高声。萧萧哀风逝，淡淡寒波生。商音更流涕，羽奏壮士惊。”说明早在战国时期，燕国的人们已经善于使用音乐来表达思想感情了。

在谈到天文和历算时，应该首先回顾我国古代对于宇宙的认识。我国古代关于宇宙模式的理论主要有三家，即盖天说、浑天说和宣夜说，其中盖天说在周、秦时已盛行并于汉代形成完整体系。早期盖天说的基本概念是“天圆地方”，即“天圆如张盖，地方如棋局”。但春秋时即有人提出“四角不掩”的疑问，即半圆球形的天盖与方形大地在四周如何弥合的问题，于是将地修改为“复盘”的形状，即基底是方形，而地面逐渐隆起成拱形，这样就可以与半球形的天吻合而避免“四角不掩”的矛盾了。盖天说认为天穹的中央比四周高出六万里，大地的中央也比四周高出六万里，天地之间的距离为八万里。天在上，地在下。日月星辰随天盖而运动，其东升西没是因远近所致，并非没入地下。

浑天说一般被认为源于先秦、成于汉代，主要代表人物是张衡。其说以为天地形状如鸟卵，天包地如卵包黄，天一半在地上，一半隐于地下，南北两极固定于天之两端。日月星辰皆绕两极轴旋转。《开元占经》卷一所引《张衡浑仪注》很能说明浑天说的基本思想："浑天如鸡子。天体圆如弹丸，地如鸡子中黄，孤居于内。天大而地小。天表里有水，水之包地，犹壳之裹黄。天地各乘气而立，载水而浮。周天三百六十五度又四分度之一，又中分之，则一百八十二分之五覆地上，一百八十二分之五绕地下。故二十八宿半见半隐。其两端谓之南北极。北极乃天之中也，在正北，出地上三十六度。然则北极上规径七十二度，常见不隐；南极天之中也，在南入地三十六度，常伏不见。两极相去一百八十二度半强。天转如车毂之运也，周旋无端，其形浑浑，故曰浑天也。"与盖天说相比，浑天说已经把天和地都看作球形，尽管它把天想象为一个球体，而且日月星辰均附着在天体上面，但在天文数学方面却大大前进了一步，从而使得人们对日月星辰运行规律的测量、推算成为可能。

宣夜说也是源于先秦、定型于汉代，以东汉的郄萌为代表，他说："天了无质，仰面瞻之，高远无极，眼瞀精极，故苍苍然也，譬如旁望远道之黄山而皆青，俯察千仞之谷而黝黑，夫青非真色，而黑非有体也。""日月众星，自然浮生虚空之中，其行止皆须气焉。……迟疾任性，若缀附天体，不得尔也。"这个学说认为天本身是没有形状、体积和颜色的，众星飘浮于虚空之中，均靠气的作用而运动。不过今天我们能够见到的文献太少。

这三家天论的目的都是为了解释天文观测到的天体运动规律，都把天作为物质客体来考察，具有朴素唯物论思想。三家天论也都很不完整，并有许多自相矛盾的地方。但这毕竟是我们的祖先试图探究宇宙奥秘的大胆尝试，后世学者由此出发逐渐形成了我国古代的天学体系。其实不论哪一种理论，其目的都在于探索宇宙的构造和天体运行规律，从而制定出符合客观实际的历法，而编制正确无误的历法的主要目的乃是指导农业耕作，这是一个农耕民族赖以生存的基础。例如唐代制定开元历时得出的结论是"所以重历数之意，将欲恭授人时，钦若乾象，不在于浑、盖之是非"①。

天文历算和数学的关系紧密。越来越精确的天象观测，不但与不断改进的测量仪器和测量方法有关，而且对于观测数据的处理也有赖于计算方法的进步。因此一部新历法的确立，往往伴随数学的新进展。历史上两部数学名著《周髀算

---

①《新唐书·天文志》。

经》和《九章算术》，都成书于汉代，而《周髀算经》其实是一部天文数学著作。它在天文学方面的作用主要是“天象盖笠，地法覆盘”的说法，以及天与地之间的距离（即天的高度）、地的曲率等设想和推算方法，从而将盖天说具体化。《周髀算经》是总结长期天象观测数据的一部学术著作，其成书正是盖天说理论体系已经建立的时候。书中所谓的“日影千里差一寸”就是利用日影长度和勾股定理所得的结论，甚至由此出发还能计算出“天”的高度。当然这里是以天与地为两个平行的平面为前提的，与事实并不相符，当然我们不能苛求古人，人类对于天体的认识总是逐步深入的。我们由这句话似乎还可以感受到先民在取得这一结论时，所付出的劳动是多么巨大。这些结论是必须经过大量的实测数据的处理才能获得的，而为了获得这些数据，就必须在相距数千里的若干个观测点同时进行观测和记录。如此巨大的工程，如此大规模的系统测量和研究，除了必须具有辽阔的疆土为基础外，还要有精确度一致的、规格统一的多部测量仪器，还必须有集中统一的部署和具有出色组织才能的领导者才能完成。尽管假设天与地为两个平行的平面这个前提不符合实际，但确实是前人在长期对周髀（长度为八尺，垂直立于地面的一根杆）的日影长度测量的基础上总结而得到的。《周髀算经》指出“天离地八万里”，也就是说，当假设天、地为两个平行的平面时，二平面的距离是八万里。这样一来，如果将一根长八尺的竿子垂直立于地面，每当正午太阳固定在天上某个位置时，日影的长度会随季节而变化，同时也会因立竿的位置不同而不同。具体数据是把竿沿南北方向移动一千里，则日影相差一寸。越向北移日影越长，越向南移则日影越短，利用勾股定理就可以计算出天高于地面八万里。《周髀算经》虽然是一部天文学著作，但数学内容丰富，所以也把它归入数学著作一类。例如“商高言数”说：“数之法出于圆方，圆出于方，方出于矩，矩出于九九八十一。故折矩以为勾广三，股修四，径隅五。既方其外，半之一矩，环而共盘，得成三、四、五。两矩共长二十有五，是谓积矩。”说明数是从哪里来的，从“数之法出于方圆”这句话引出了 $3^2+4^2=5^2$ 这个公式。关于日影千里差一寸的说法在古代中国是被公认的，《淮南子·天文训》有这样的话：“欲知天之高，树表高一丈，正南北相去千里，同日度其阴，北表二尺，南表尺九寸，是南千里阴短寸，南二万里则无影则直日下也。”当然这段话在今天看来也是有问题的，即使天地为两个平行平面，也不可能在很大的范围内遵守千里一寸的规律，这是古人观测的局限性所至。该书还在叙述日月星辰在天上运行时，提出了“天极”和“衡周”的假设，并把它们与四季变化联系起来。所谓衡周即太阳绕北极星的视运行轨道，并且画了七层，即七个同心圆。《周髀算经》指出，当太阳沿各衡周之间的轨道运行时，它和北极的距离便会因季节而异，冬至点最靠外圈，夏至点最靠内圈。除了太阳外，月亮和其他星辰也都在这个范围内运行，并且初步形成了二十八宿的体系。所以有人甚至把周髀和盖天说等同，如蔡邕所说的“言天体者有三家：一曰周髀，二曰宣夜，三曰浑天”①，把“盖天”换成了“周髀”。

秦统一六国后，颁行全国的历法是《颛顼历》。该历一直使用到公元前104年，被西汉的《太初历》取代（汉武帝太初元年始颁行，故名）。汉代使用过的历法除《太初历》外，还有《三统历》（前7年）和《四分历》（85年）。三国时期的吴国从223年起推行《乾象历》，魏国则从237年开始使用《景初历》。此后一直到581年的三百多年间，华夏大地战争不断，南北方朝代更迭频繁。如前所述，最高统治者总是把观天象和制定历法视为自己的专利，因而也出现了许多历法，如《元嘉历》《大明历》《正光历》《甲子元历》《天和历》《天保历》等。581年隋朝统一后虽然仅存三十七年，仍于584年颁布《开皇历》，608年又改用《大业历》，并于604年编制一部《皇极历》（未颁行）。唐朝是我国封建社会的一个强大朝代，版图辽阔，经济繁荣，科学技术进步很快，国际交往频繁，因此在科技的国际交流方面也比较多，例如当时就吸收了古代印度的天文学成就，为制定历法做出过贡献。在二百八十九年间共使用过四部历法，即《戊寅历》《麟德历》《大衍历》和《长庆宣明历》。五代时期的几个短暂朝代总共五十三年，其间也先后推行《正象历》《调元历》和《钦天历》等历法。北宋有《明天历》《观天历》《纪元历》，南宋有《统天历》和《开禧历》。

以上所列各种历法，在北京科学技术史中值得注意的是：《四分历》《大明历》《天和历》《天保历》《开皇历》《皇极历》《戊寅历》和《大衍历》，因为在这几部历法的制定过程中，包括了本书开始时所说的地域范围内的学者。

《四分历》是东汉时制订的历法，于章帝元和二年（85年）由编䜣和李梵等编制，并推行全国。其中李梵是清河（今属河北省）人，曾任治历官。通过观察，他

---

①《中国历史大词典》“宣夜”词条，上海辞书出版社，2000，第2296页。

发现月球运行的不等速现象。在《四分历》中增加了二十四节气昏旦中星、昼夜刻漏、晷影长度及黄赤道的变换等算法，还测定了二十八宿的黄道距度，将冬至点由牵牛初度移至斗 21.25 度，为后世历法所遵循。该历以三百六十五又四分之一日为一回归年，故称“四分”。一朔望月为 $29\frac{499}{940}$日。

这里所说的“距度”是一个天文学名词。二十八宿中，各宿所包含的恒星都不止一颗，从每一宿中选出一颗，作为精确测量天体坐标时的标准，称为“距星”。每个星宿的距星与下一个星宿的距星之间的“赤经差”称为本星宿的“赤道距度”，简称“距度”。由于存在岁差，所以各宿的距度并非常数，而是不断变化的。

《大明历》的创制是与祖冲之父子分不开的。祖冲之(429—500)，字文远，祖籍范阳(今河北省涞水县)，是南北朝时期杰出的科学家，在数学、天文历法和机械制造等领域均有卓越贡献。他生活在南朝的宋、齐两个朝代。西晋末年，由于北方连年战乱，黄河流域人民大量南迁。祖冲之的先辈大概是这时候迁往南方的，他的曾祖父曾经在东晋为官，祖父和父亲也在刘宋时做过官。祖冲之在天文历法方面的成就主要是制订了新的历法《大明历》。当时使用的历法是何承天编制的《元嘉历》，祖冲之发现按《元嘉历》推算冬至时太阳的位置与实际相差三度，冬至、夏至时刻差一天，五星出没时间差四十天等错误。为了修正错误，他经过艰苦的计算和观察，于宋孝武帝六年(462)编成《大明历》。《大明历》在当时是比较先进的，它的先进之处在于引进了岁差和改革闰法。

所谓岁差是指春分点在黄道上的西移。由于日、月和行星的吸引，地球自转轴的方向发生缓慢而微小的变化，因此相邻两年的春分时刻，从地球上看，太阳并不在同一位置，而是每年都向后(向西)移动。由于春分点的移动，二十四节气的位置也都在移动。提出岁差这个概念的是东晋天文学家虞喜，何承天通过长期的观测证实了岁差的存在，并得出一百年差一度的初步结论。而首先把岁差考虑到历法的计算中的是祖冲之。由于考虑了岁差，回归年(周岁)和恒星年(周天)才有了区分。回归年是太阳连续两次经过春分点所需要的时间，又称为太阳年，恒星年是太阳连续两次经过某一恒星所需要的时间。回归年比恒星年要短二十分二十三秒。虞喜认为岁差每五十年后退一度，祖冲之确定的岁差是每四十五年十一个月相差一度。这个数据其实也并不十分精确，但是把岁差引入历法，从而使历法的编制更趋科学，才是其真正的意义。

在闰法的改革方面，祖冲之推算出一回归年为 365.24281481 日，误差仅 50 秒左右。因而提出在三百九十一年中设置一百四十四个闰月的新闰法。我国历史上使用过的一百多种历法中，除沈括的《十二气历》和太平天国的《天历》外，都是阴阳合历。它的历年取回归年(365.2425 日)，历月则取朔望月(29.5306 日)，为协调这两个周期，使每月的初一为朔，使每历年中的节气符合实际的地球运行规律以利农业生产，如第一章所述，早在殷商时期就采用置闰月的方法了，当时是在十九年中设七个闰月。但十九年七闰法误差太大，每二百多年就要多出一天，从而影响到其他数据的准确性。在祖冲之之前，北朝曾有人于东晋义熙八年(412)提出过改革方案，即在六百年中设置二百二十一个闰月，但未能实施，祖冲之在此基础上提出了更为精确的新闰法。

祖冲之在天文学方面的成就还有许多，例如他首次在历法计算中引进了"交点月"。所谓交点是指黄道(太阳在天球上运行的路线)与白道(月亮在天球上运行的路线)的交点，交点月是月亮沿白道运行时，由一个黄白交点环行一周的时间。他推算出的交点月是 27.21223 日，和现代数据 27.21222 日仅差不到一秒。这使日食和月食的预测准确，因为日食和月食(统称交食)都发生在黄白交点附近。他用《大明历》推算元嘉十三年(436)到大明三年(459)年这二十三年发生的四次月食的时间和太阳在天空的位置，结果完全符合实际。祖冲之测定的木星(我国古称岁星)公转周期是 11.858 年，也十分接近现代数值 11.862 年。

尽管《大明历》非常先进，但由于守旧派的反对，并没有立即颁行。祖冲之去世后，他的儿子祖暅继续努力，终于在梁武帝天监九年(456)正式颁布实施，其时已是《大明历》编成近五十年之后的事了。

《天和历》为北周时历法。北周武成元年(559)议造周历，天和元年(566)采用甄鸾制订的历法，名为《天和历》，使用十三年。此历以 $365\frac{5731}{23460}$ 日为岁实(相当于现代天文学的回归年)，以 $29\frac{153991}{290160}$ 日为朔策(相当于现代天文学的朔望月)。闰周(即设置闰月的周期)用三百九十一年置一百四十四闰，与祖冲之的《大明历》置闰法相同。甄鸾是北周中山毋极(今河北无极)人，字叔遵。北周时为司隶校尉、汉中郡守，信佛教，通释典及天文历算，著作很多。曾注《九章算术》《周髀算经》《张丘建算经》《孙子算经》《数术记遗》，编撰《七曜历算》《七曜本起历》，撰《五曹算经》《五经算术》《笑道论》等。

与北周的《天和历》同时代的是北齐宋景业编撰的《天保历》，成于天保元年(550)，使用二十八年。该历以日为岁实，日为朔策，近点月为日，缺交点月数值。

宋景业是北齐广宗(今河北广宗东南)人，东魏武定初，任北平太守。北齐时授散骑侍郎，封长城县子，受诏撰《天保历》。

隋初于开皇四年(584)使用《开皇历》。隋文帝统一南北，欲以符命耀天下，道士张宾迎合其意，自谓洞晓星历、盛道代谢之征，遂得宠，被任为华州刺史，并奉命与刘晖、董琳、刘佑、马显、郑元伟等共修新历，称《开皇历》。但该历粗疏简陋，不如此前南朝何天承所制《元嘉历》。所以仅用十二年。当时指出《开皇历》缺陷的历学家有刘孝孙和刘焯等人。刘孝孙是隋广平(今河北永年东)人，北齐武平七年(576)就创新历，但未颁行。入隋，供职于司天监。开皇四年隋颁行《开皇历》，他与刘焯共同指出其不知岁差、不用定朔的缺陷。但受到太史令刘晖等人的阻挠，并左迁掖县丞。张宾死后，刘孝孙再次上书批评《开皇历》，又为刘晖扣压，留直太史，累年不调，曾抱书抬棺哭诉阙下。文帝曾下令校验各家历法，十四年经校验证明《开皇历》错误很多。而再议新历时，仍未采用他的历法，直到悲愤而死。他的遗稿由张胄玄删订后，才于开皇十七年得以颁行。

张胄玄，隋渤海蓨县(今河北景县)人。初授云骑尉，参议律历。开皇十四年(594)参加制定新历，将刘孝孙遗稿稍作修改，删除朔法，于开皇十七年颁行。仁寿四年(604)刘焯献《皇极历》，因张胄玄与太史令袁充反对而未能施行。大业四年(608)，张胄玄又根据刘焯意见修订新历法，名《大业历》，并于次年颁行直至隋亡。大业历以$365\frac{10363}{42640}$日为岁实，$29\frac{607}{1144}$日为朔策。采用四百一十年有一百五十一闰的闰周。岁差为八十三年逆行一度。《隋书·张胄玄传》指出《大业历》与古历不同者有三：岁差之率与祖冲之、虞邝数值不同，立日行盈缩算法，考虑月球视差对交食的影响而立月球在黄道南北离黄白交点度数相等，以决定发生交食与否的方法。

还应该看到，张胄玄编制《大业历》时，有关行星运行的测定，也比以前有所提高，已经达到了非常精确的程度。长沙马王堆出土的帛书《五星占》，给出了秦始皇元年(前246)到汉文帝三年(前177)间，金星、木星、土星的准确位置，并推得它们的会合周期与恒星周期。经研究，木星的恒星周期为12年(应为11.86年)；土星的恒星周期为30年(应为29.46年)。木星的会合周期为395.44日，比今测值小 3.44 日；土星的会合周期为 377 日，比今测值小 1.09 日；金星的会合周期为 584.4 日，比今测值小 0.48 日。这些数值已十分接近现代的测量数据。而《大业历》时的数据则更精确，火星误差稍大，为 0.011 日；木星与土星的误差约为 0.002 日；水星误差 0.001 日；而金星则达到了密合的程度。

刘焯，隋信都（今河北武邑）昌亭人，字士元。他在编撰《皇极历》的过程中，发展了东汉刘洪以来对月球运行速度的研究，与杨伟、何承天等在制历方面的研究成果，采用了定朔的方法代替平朔，并根据北齐长子信观测日食现象的新发现，改进了推算交食的方法。刘焯在数学方面也有创新，为解决日月不均匀运动的问题，在数学方面还创立了等间距二次差内插法公式。用于推算日食所在、食之起讫、食分多少等。所用岁差数值也比较准确，为隋唐历法奠定了基础。

唐朝从建立的第二年（619）开始使用《戊寅历》（亦称《戊寅元历》），编撰者为唐朝傅仁均。其用张胄玄算法，又参照刘孝孙和刘焯之议，用定朔算历，不用上元积年。由于贞观十八年（644）预推出次年九月起有四个连续大月，随又改用平朔。此历行用到唐高宗麟德二年（665）为李淳风所编制的《麟德历》代替。

《大衍历》于开元十六年（728）正式颁行，它的设计者是僧一行，俗名张遂，巨鹿（今属河北省）人。在天文学和数学方面都有很深的造诣。在天文方面，他曾与梁令瓒一同制造黄道游仪，用以重新测定一百五十余颗恒星的位置。开元十二年（724），他主持天文大地测量，取得了很多实际数据，并纠正了前人的不少错误。这次著名的大地测量，由南宫说等负责实地勘查。范围极广，北到北纬 51 度左右的铁勒回纥部，南到北纬 17 度左右的林邑，中经朗州武陵（今湖南常德）、襄州（今湖北襄樊）、太原府（今山西太原）、蔚州横野军（今河北蔚县东北）等十余处。分别测量当地冬至、夏至、春分、秋分的日影长和北极高（纬度）。还在黄河南岸平原南北五百余里的范围内进行测量，测出了白马（今河南滑县旧滑县城）、浚仪（今开封）、扶沟、上蔡四处相互之间的距离。根据实际测量数据进行计算，得出“大率三百五十一里八十步而差一度”的结论，推翻了自周以来“王畿千里影移一寸”的说法。同时进行了子午线长度的测量，测得子午线弧长为一度 131.11 公里，与今天的数值相差 20.17 公里。这在我国历史上是第一次，也是世界上对子午线进行实测的开端。

《大衍历》于开元十三年（725）开始制订，开元十五年完成初稿。一行去世后由中书令张说和历官陈玄景于次年定稿，开元十七年颁行。岁实取365$\frac{743}{3040}$日、朔策为29$\frac{1613}{3040}$日。此历法的创新处在于：对日行盈缩的计算，发明不等间距二次差内插法；在对五星运动不均匀的改正计算时，采用了具有正切函数性质的表格，和含有三次差的近似内插公式；以黄道度数为媒介，从白道度数求赤道度数（九道术）和发现"视差"对交食影响而创立的"九服食差"法。《大衍历》还提出了正确定气的概念，指出每两个节气之间的黄道数相等而所走过的时间不等，并用来编制太阳运动表。《大衍历》共行用二十九年，开元二十一年曾传入日本，行用近百年。

以上是我国历代在天文历法方面研究改进的大概情况。为什么会有如此多的历法？因为人类对于天的认识是逐渐深入的。如《明史》卷三十一载："后世法胜于古，而屡改益密者，惟历为最著。""易曰'天地之道，贞观者也'。盖天行至健，确然有常，本无古今之异。其岁差盈缩迟疾诸行，古无而今有者，因其数甚微，积久始著。古人不觉，而后人知之，而非天行之忒也。"所以总的说来，"黄帝讫秦，历凡六改。汉凡四改。魏讫隋，十五改。唐讫五代，十五改。宋十七改。金讫元，五改。惟明之大统历，实即元之授时，承用二百七十余年，未尝改宪。成化以后，交食往往不验，议改历者纷纷……"

人类认识大自然的过程是逐渐精确和完善的，对于天体运动规律的认识也是如此，由比较粗略到比较精确。而对天体运行规律的研究，开始时则完全是由于生产、生活的需要。随着时间的推移，旧历法会由于误差的积累而越来越暴露出其不足，于是就迫使人们再去深入探索天体运行规律，制定更为精确的历法。

第二节　数学方面的成就

我国最早的两部数学巨著《周髀算经》与《九章算术》，都成书于汉代。其中《周髀算经》研究天，如前所述，主要讨论盖天说及其相关的计算方法，也就是说，是盖天派学者为了从数学角度论证其宇宙模式而写的一部著作。集战国与秦汉时期数学之大成的《九章算术》则以研究生活中常见的数学问题为主，是一部专门、分类的数学计算问题的著作，其内容比《周髀算经》要丰富，且体例完整，已初步具备数学教科书的格局，分为方田、粟米、衰分、少广、商功、均输、盈不足、方程、勾股九章。每一章都列有若干问题及算法，还包括与算法有关的解释，所有这些问题大部分都是生活、生产中遇到的，因而非常实用，全书列举246个例题。其中方田章共有38个问题，是关于田亩面积的计算方法的。包括正方形、三角形、梯形、圆形、环形、弓形、截球体的表面积的计算方法。还有关于分数的系统叙述，并给出四则运算及约分、通分、求最大公约数等运算法则。商功章包括28个问题，是有关各种工程问题的计算。涉及的工程类型有城、垣、沟、堑、渠、仓、窖、窑等。还有在不同的季节、土质、劳力情况下，如何计算工程所需土方和人工安排的方法。粟米章主要论述各种谷物、米饭的兑换比率及四项比例的算法。衰分章主要论述和商业、手工业以及社会制度有关的配分比例算法。少广章即开平方和开立方的算法。均输章也是关于分配比例方面的算法，只是结合当时的均输制度下赋役如何合理负担的问题。盈不足章主要论述盈亏问题的解法以及如何用盈不足术去解其他算术问题。方程和勾股两章是专门讨论数学问题的，即有关线性方程组的解法和有关直角三角形的问题。方程章共有18个问题，都是有关一次方程组的，其解法与今天所说的消元法相同，只是以算筹为工具，并叙述了具体的摆放方法，是对筹算这种我国古代特有的计算工具的发展。这一章还引入负数的概念，并给出正负数加减运算的法则。勾股章有24个问题，顾名思义，阐述与勾股定理有关的各种应用问题。

《九章算术》是我国古代最重要的数学著作，在我国数学史上被尊为“算经之首”，这是因为该书的出现，标志着传统数学体系的建立和传统数学特点的形成。每一题都分为问、答、术三部分，其中“问”即问题，“答”即答案，“术”即解题的算法。全书包括202个算法，后世数学家大多是从《九章算术》开始学习和研究数学的。

后世算学家常常在对这两部书的注释过程中，阐发自己的观点和研究心得，这也是我国古代学术著作的一种特有的形式。刘徽注《九章》是在魏陈留王景元四年(《隋书·律历志》有记载)，如本节开始部分介绍他在《九章算术原序》中说的那一段话，就是他对《九章》学习研究的心得。那一段话说明他认为数学如规矩度量是有法的，只要掌握了法，就可以推广，并没有什么神秘的地方。同时他也认为数学的应用范围是很广的，而且特别谈到重差的应用。接下来他还举例说明重差(即相似三角形的定理推论)的实际应用：假设用一圆筒望日，当看过去太阳正好与圆筒口径同大时，可把圆筒的长度看作是直角三角形的股，筒口直径即为直角三角形的勾，而人与太阳的距离则可看作一个更大的直角三角形的股，太阳的直径为其勾。虽然并不能仅仅由此就可以计算出太阳的直径或我们与太阳的距离，但这说明了算学与天学的关系。当然，这样的方法在用于大地测量时就更明显有效了，因为假如需要测量某座塔的高度，人是可以先测量出观测点与塔的距离的，这样就可以很方便地使用一个圆筒观测，然后依据勾股定理计算出塔高了。因此刘徽在《九章》的最后增添了“重差”一章，着重分析勾股定理与相似三角形相应边的比例问题。这很可能是三国时期在地理测量实践中推广了这一理论的反映。除此以外，《九章》还特别强调最基本数学概念的定义，如幂、方程、率、齐、同、正负、勾、股、弦等，其中一些定义一直沿用至今，足见其影响力。

这两部著作都以实用为目的。以现代数学的标准衡量，其系统性并不强，并不像今天的数学教科书那样，是建立在从公理出发的一系列逻辑推理之上的。这是我国古代数学与古希腊、阿拉伯等其他地区数学的主要区别。但由于非常实用，所以能够很快普及和流传，后代有许多学者就是将这些算法用于实际中，并不断丰富其内容，使其发展，进而形成我国古代特有的数学体系。后世学者为这两部书作注的很多，运用注释方式，借阐述前人的学说并发挥自己的创见，这是我国古代一种特有的学术研究方法，此法之使用不独于数学，其他学术领域亦如此。以下将就本书所涉及的地域内的学者及其贡献作简单介绍。

一、祖冲之父子的贡献

祖冲之在数学方面的成就，莫过于众所周知的推算出准确到小数点后七位的圆周率了。《隋书·律历志》有记载：“古之九数，圆周率三，圆径率一，其术疏舛。自刘歆、张衡、刘徽、王蕃、皮延宗之徒，各设新率，未臻折衷。宋末，南徐州从事史祖冲之更开密法，以圆径一亿为一丈，圆周盈数三丈一尺四寸一分五厘九毫二秒七忽，朒数三丈一尺四寸一分五厘九毫二秒六忽，正数在盈朒之间。密率：圆径一百一十三，圆周三百五十五。约率：圆径七，周二十二。又设开差幂、开差立，兼以正圆参之。指要精密，算氏之最者也。所著之书，名曰《缀术》，学官莫能究其深奥，是故废而不理。”这段文字说明了祖冲之在计算圆周率方面取得的非常漂亮的结果，即 3.1415927＞正数＞3.1415926。

这里的“正数”即圆周率的准确值。由于我们知道圆周率是不能以十进制小数的形式精确表示的，所以祖冲之给出了圆周率的上、下限，并且准确到小数点后第七位。这样的精确度在国外直到一千年后，才因阿拉伯数学家阿尔·卡西计算到小数十六位而被超出。他还给出了密率($\frac{355}{113}$)和约率($\frac{22}{7}$)。这个密率值为世界上首次提出，因而有人主张称之为“祖率”。在欧洲，德国人奥托和荷兰人安托尼兹得到同样的结果，也是一千年后的事情了。

祖冲之是怎样得到这样精确的结果的？由于他的著作《缀术》失传，所以无史料可考。只是有人推测，他是采用刘徽的“割圆术”和利用刘徽的不等式计算出盈朒二限的。若果然如此，则他要从圆的内接正六边形开始，逐步计算正十二边形、正二十四边形……直到正12288边形和正24576边形，依次计算边长和面积。这是对九位有效数字的加、减、乘、除和开方运算，其中近五十次的乘方和开方，有效数字多达十七八位。使用筹算法进行如此规模的运算，其复杂程度和工作量是难以形象的。

祖冲之之子祖暅[①]在数学方面也有杰出贡献。祖暅，字景烁，少承家学，在梁朝曾任员外散骑侍郎、太府卿、太守、材官将军等职。525年曾一度被北魏拘执。他曾参与《缀术》的写作，在推导球体积公式上有所突破。他的贡献有两项：一是从理论上完全解决了球体积的计算，二是明确提出了“夫叠棋成立积，缘幂势既同，则积不容异”这条著名的原理。当然，祖暅的成就是在前人工作的基础上取得的。在研究由曲面围成的立体体积时，刘徽曾多次利用比较截面的方法进行推导，例如由方柱求圆柱，由方锥求圆锥，由方台求圆台等。对于球体，刘徽提出了一个叫作牟合方盖立体来应用截面比较方法求积。这种方法的理论依据，就是祖暅提出的“缘幂势既同，则积不容异”这条著名的原理。这里的“幂”指的是截面积，而“势”则可解释为高。这条原理的意思就是：如果两个立体的任意等高截面的面积相同，则他们的体积必然相等。得出这样的理论，在欧洲也是一千多年后的事情。

祖暅在民间的影响也非常大，北齐颜之推撰《颜氏家训》中有这样的话：“算术亦是六艺要事，自古儒士论天道、定律历者，皆学通之。然可以兼明，不可以专

---

①关于祖暅的名字，古代文献记载较乱，有祖暅、祖暅之和祖亘等。

业。江南此学殊少,唯范阳祖暅精之,位至南康太守。河北多晓此术。"说明他的学识当时已经几乎家喻户晓了。

二、其他数学家及其著作

南北朝后期,北朝出现了一位有较大影响的数学家,即北周撰《天和历》的甄鸾。他博学善写,笃信佛教,通释典及天文历算。时武帝重儒崇道抑佛,他于天和五年(570)二月十五日上《笑道论》三卷,借《老子》"下士闻道大笑之"之义,批判道家方术,认为道教"以升仙为神,因而诳惑","以之匡政,政多邪僻;以之导民,民多诡惑"。其一生著作颇丰,涉猎面广。在数学方面他的水平并不算太高,但涉及的工作种类多,而且有些研究还带有开创性。其著作已如前述,其中《五经算术》二卷,为儒家经典《诗》《书》《易》《周礼》《礼记》《春秋》《论语》七经中有关算术的内容及其计算方法。他在书中对上述典籍中有关数学知识的原文作了详细的解释,唐代李淳风曾作注释。今本由明代《永乐大典》中辑出。全书共四十一条解释,卷上十六条,卷下二十五条。

甄鸾的另一部著作《五曹算经》五卷,则纯粹是为官吏编写的,为当时培训田、兵、集、仓、金五曹之下级官吏的简易应用数学教科书。共收入六十七个问题,通俗易懂,可算是最早的职业培训教材了吧。全书采用问题方式叙述,卷一"田曹"是关于田地面积的测量,卷二"兵曹"是有关军队给养计算的问题,卷三"集曹"是粟米的比例计算,卷四"仓曹"是关于粮食的征收、运输和储藏问题,卷五"金曹"是关于钱币丝绢等物的比例计算。

甄鸾的著作中有不少是为前代数学著作作注的,包括《周髀算经》《孙子算经》《张邱建算经》《夏侯阳算经》《数术记遗》《三等数》等,他在这些注释中保留了许多有价值的资料,特别是有些注释能帮助后世学者理解古籍。这是他在数学方面的主要贡献之一。现存的数学古籍中,有甄鸾注的只有《周髀算经》和《数术记遗》两种。如前所述,《周髀》和《九章》是我国历史上最早形成的两部数学著作,后人为之作注释的很多。最早为《周髀》作注的是赵爽。而甄鸾所作的注更细致,他为《周髀》作了88条注。这些注的特点是对所有需要计算的问题都进行了计算,还给某些问题的计算方法取了名字,如"求日高法"、"求二十四气损益法"等。

北魏时期的另一部数学著作是《张邱建算经》三卷，为北魏时张邱建撰。张邱建生平及成书年代不详，仅可从其自序题“清河张邱建”知其祖籍，北魏时清河即今之河北省清河县。该书大约成于5世纪中叶，唐代被列为国子监算学诸生必读的十部算经之一。比《张邱建算经》稍早的一部数学著作是《夏侯阳算经》，因此《张邱建算经》中的某些内容是与《夏侯阳算经》有密切联系的。张邱建在其自序中说：“夫学算者不患乘除之为难，而患通分之为难。”因此在序中就讲了约分、求等、通分和齐同术等问题。其中有些内容似乎取自《夏侯阳算经》卷上“明乘除法”的第一部分。又说：夏侯阳之方仓等术“皆未得其妙”，于是他“更造新术，推尽其理，附之于此”。

《张邱建算经》确实包括了不少新术。近代学者钱宝琮认为主要有以下几点①：最大公约数与最小公倍数的应用；等差级数问题；把原来《九章算数》中盈不足术解答的算数难题进行分析，获得了直接解答的方法；在《九章算数》的基础上又增加了两个开带从平方的问题，起到推广开带从平方的应用；“百鸡问题”。

关于求最大公约数与最小公倍数，可举该书卷上第10题为例：

今有封山周栈三百二十五里，甲、乙、丙三人同绕周栈行，甲日行一百五十里，乙日行一百二十里，丙日行九十里。问周行几何日会？

答曰：十日六分日之五。

术曰：置甲、乙、丙行里数，求等数为法。以周栈里数为实。实如法而得一。

用今天的数学语言来解释，“封山周栈”即环绕山的栈道，以栈道将山封起来。“等数”就是最大公约数。设“封山周栈”的长度为l，甲、乙、丙日行里数分别为x、y、z，它们的“等数”为 $w=(x,y,z)=30$，则本题的解即为 $\frac{l}{w}=\frac{325}{30}=10\frac{5}{6}$ 日。

等差级数问题共有7题，现以该书卷上第18题为例：

---

①钱宝琮《张邱建算经提要》，载其校点《算经十书》上册，中华书局，1963，第325-327页。转引自李迪《中国数学通史》上册，江苏教育出版社，1999，第234页。

今有十等人，甲等十人，官赐金依等次差降之。上三人先入，得金四斤，持出。下四人后入，得金三斤，持出。中央三人未到者，亦依等次更给。问各得金几何，及未到三人复应得金几何？

此题开头的文字有误，或许是辗转传抄所致。本意为有十人，按官级分为十等，以甲、乙、丙…表示。相邻各等所分金之差相等，前三人（即甲、乙、丙）共得四斤，最后四人（即庚、辛、壬、癸）共得三斤。中间三人未到，但也按此规律发给。问每人得到多少，及未到三人共得多少？

书中给出的答案是：

甲得$1\frac{33}{78}$斤，乙得$1\frac{26}{78}$斤，丙得$1\frac{19}{78}$斤，丁得$1\frac{12}{78}$斤，戊得$1\frac{5}{78}$斤

己得$\frac{76}{78}$斤，庚得$\frac{69}{78}$斤，辛得$\frac{62}{78}$斤，壬得$\frac{55}{78}$斤，癸得$\frac{48}{78}$斤。

用现在的数学知识求解此题，设总人数为n并分为三组，各组人数分别是n_1、n_2、n_3，有$n=n_1+n_2+n_3$，和为s_n，即第一组和为s_1（$=a_1+a_2+a_3$，a_i为第i人所得金数），第二组和为s_2（$=a_4+a_5+a_6$），第三组和为s_3（$=a_7+a_8+a_9+a_{10}$）。设公差为d，按书中所述算法，先求公差d，再求首项a_1，然后“以次每减差数”，即可求得各项。书中介绍的公差d算法如下：

以先入人数分所持金数为上率，以后入人数分所持金数为下率。二率相减，余为差实。并先后入人数而半之，以减几人数，余为差法。实如法而一，得差数。

据此可写出公式如下：

$$d=\frac{\frac{s_1}{n_1}-\frac{s_3}{n_3}}{n-\frac{n_1+n_3}{2}}$$

代入本题数值可得公差为$\frac{7}{78}$。

求首项的算法是:

并一、二、三,以差数乘之,以减后入人所持金数,余,以后入人数而一。又置十人减一,余,乘差数,并之即第一人所得金数。

据此可得如下公式:

$$a_1=\frac{s_3-(1+2+3)d}{n_3}+(10-1)d$$

计算结果得 $1\frac{33}{78}$斤,即甲(第一人)所得金数。算法中所说的"置十人减一"是针对本题而言的。通用的说法应为"项数减一",即 $n-1$。之所以"以次每减差数",是因为本题结果为一递减数列。

还用到下列公式[①]:

$$d=\frac{\frac{2s}{n}-2a_1}{n-1};\text{(卷上第 22 题)}$$

$$s_n=\frac{n(a_1+a_n)}{2};\text{(卷上第 23 题)}$$

$$n=2(m-a_1)+1;\text{(卷上第 32 题)}$$

$$n=\frac{2(m-a_1)+d}{d};\text{(卷中第 1 题)}$$

$$s_n=na_1+\frac{n(n-1)}{2}d;\text{(卷下第 24 题)}$$

$$\sum_{k=1}^{n}k=\frac{n(n+1)}{2}\text{。(卷下第 36 题)}$$

其中 m 为 n 项平均值。

《张邱建算经》中还有关于直接解答某些算术难题的例子,以卷中第 18 题为典型:

今有清酒一斗值粟十斗,醑酒一斗值粟三斗。今持粟三斛,得酒五斗。

①李兆华《中国数学史》,文津出版有限公司,1995,第 82—83 页,转引自李迪《中国数学通史》,江苏教育出版社,1999,第 238 页。

问清、醑酒各几何?

答曰:醑酒二斗八升七分升之四,清酒二斗一升七分升之三。

术曰:置得酒斗数,以清酒值数乘之,减去持粟斗数,余为醑酒实。又置得酒斗数,以醑酒值数乘之,以减持粟斗数,余为清酒实。各以二值相减,余为法。实如法而一,即得。以盈不足术为之,亦得。

因1斛=30斗,按上述直接算法,并根据本题数据可写出下式:

$$醑酒=\frac{5\times 10-30}{10-3}=\frac{50-30}{7}=\frac{20}{7}=2.8\frac{4}{7}(升),$$

$$清酒=\frac{30-5\times 3}{10-3}=\frac{30-15}{7}=\frac{15}{7}=2.1\frac{3}{7}(升)$$

这里以一个实际问题直接给出了结果表达式。若写成通用的形式可设甲商品的单价为p,乙商品的单价为q,且$p>q>0$,购得商品的数量分别为x、y,总共用金额为$M(>0)$,购得甲、乙商品总数为$N(>0)$。则有:

$$x=\frac{M-Nq}{p-q}\qquad y=\frac{Np-M}{p-q}$$

《张邱建算经》卷下最后为著名的"百鸡问题"(卷下第38题),是解不定方程组的问题:

今有鸡翁一,值钱五;鸡母一,值钱三;鸡雏三,值钱一。凡百钱,买鸡百只。问鸡翁、母、雏各几何?

答曰:鸡翁四,值钱二十;

鸡母十八,值钱五十四;

鸡雏七十八,值钱二十六;

又答:鸡翁八,值钱四十;

鸡母十一,值钱三十三;

鸡雏八十一,值钱二十七;

又答:鸡翁十二,值钱六十;

鸡母四,值钱十二;

鸡雏八十四,值钱二十八;

术曰：鸡翁每增四，鸡母每减七，鸡雏每益三。即得。所以然者，其多少互相通融于同价。别无术可究尽其理。

最后一段注解，可能是张邱建自己所加，以进一步说明此题只能这样求解，别无他法。但第一组解是如何求得的，并未说明。

本题未知数有三个，而仅能列出两个方程，所以是不定方程组。根据题意设鸡翁、母、鸡雏的数量分别为 x、y、z，则可列出如下方程组：

$$\begin{cases} x+y+z=100 \\ 5x+3y+\frac{1}{3}z=100 \end{cases}$$

根据书中介绍的方法，可直接写出解的一般形式：

$$\begin{cases} x=4+4t \\ y=18-7t(t=0,1,2) \\ z=78+3t \end{cases}$$

由于此题具有趣味性，所以在一些介绍计算机语言和初步程序设计的教科书中，多以此为例，讲解循环结构程序的设计。所得结果确实也仅此三组。

百鸡问题在历史上吸引了许多学者的关注，北周甄鸾在《数术记遗》的注文中列举了两道百鸡问题作为心算的实例，但也未说明其算理。北宋谢察微曾留下术草（但根据不甚明了），南宋杨辉曾提到两种解法，直到清代还有许多人研究。这个问题在世界上流传也非常广泛，印度的摩诃毗罗、婆什迦罗，意大利菲波那契和中亚的阿尔·卡西等人的著作中都有类似问题。其中婆什迦罗的百禽问题与《张邱建算经》的百鸡问题在形式上都一样。

第三节　农学方面的成就

秦帝国仅存在十五年就由汉朝取而代之。汉代国力强盛，为我国封建社会第一个鼎盛时期。其在农业技术方面的进步，主要是耕牛的普遍使用和逐渐形成的一整套精耕细作的耕作规范。汉武帝时推行于北方的代田法，是在同一地块上的作物种植位置，隔年代换的耕作方法。这是农学家赵过在总结农业生产经验的基础上提出的一整套耕作方法。该法的出现，说明了先民已经开始注意并研究如何更好地利用地力的问题了。与此同时，生产工具也有长足进步。在推广代田法时，还要求“用犁耕，二牛三人”一同耕作[①]。耕牛的使用，可以提高农业生产的效率，因此汉代在移民或救荒时，将牛和农具一同发给移民或灾民，由此也说明汉代对农业生产的重视。东汉永元十六年，政府为兖、豫、徐、冀（今河南、河北、山东等地）的“贫民无以耕者”发放“雇犁牛”钱，以帮助贫民用牛耕地[②]。根据考古发现，汉代已广泛使用铁制犁头。从已发现的犁铧看，一般大者长度可达 30 厘米，重 7.5 公斤左右。汉代的犁铧已经具有合理的犁壁，可以向一侧或两侧翻土。这样结构的农具，比欧洲早一千年左右。美国学者雷塞在《犁的形成与分布》一书中指出：“构成近代犁的特征部分，就是具有和犁铧结合在一起的呈曲面状的铁制犁壁。它是古代东亚发明的，并在 18 世纪传入欧洲。”除此以外，耧犁（耧车）也是汉武帝时发明的，发明人仍是创造代田法的赵过。此工具可同时完成开沟、下种、覆土三道工序，一次播种三行，并且行距一致、布种均匀，大大提高了播种的效率与质量。除此之外，汉代的农具还有锸、铲、镬、锄、磨、耙等。

西汉中期，燕地蓟城附近与中原地区的联系进一步加强，铁制农具如犁、镬、锄、铲、镰刀，甚至铁足耧车技术等均已在这里推广应用。当时蓟城附近的社会经济比较繁荣。根据考古发掘的资料，这里汉代古城遗址分布较密，说明人口增长较快、经济比较繁荣。考古发掘也有铁制农具出土，但与中原相比，从技术角度看仍显落后。20 世纪 50 年代初，在北京清河镇曾发现两件形制相同的汉代铁犁铧，铧身尖端稍反曲，两面都有菱形凸起的犁底槽，竖长 8 厘米，宽 11 厘米，底槽口 6 厘米。推测与之相配的木犁应当很小，显然是人力耕地时所用农具，而非畜耕农具[③]。这或许是当时燕地畜力不足之故，也说明西汉时这里的农业虽然有很大进步，但农民生活仍比较困苦，生产力仍赶不上中原地区水平。尽管如此，这一地区铁制农具的使用仍可上推到春秋时期，根据考古发掘可以说明这一

①《汉书·食货志》。

②《后汉书》卷四《和帝纪》。

③李文信《古代的铁农具》，《考古通讯》1954 年 9 期，转引自曹子西《北京通史》，中国书店，1994，第 165 页。

点，河北、辽宁一带发现的古代铁器从春秋时期已经不少，而且其中铁制农具所占比例是很大的。例如 1955 年石家庄发现的赵国遗址出土的铁制农具占全部农具的 65％；河北兴隆燕国遗址发现过一批制造铁器使用的铁范，其中用于铸造铁制农具的占 60％；辽宁抚顺莲花堡燕国遗址出土的农具中 85％是铁制。这些都说明了春秋战国时期燕国地区的铁制农具使用已经比较多，到秦汉及以后肯定会更加广泛。

东汉时期，冀州安平(今河北安平一带)人崔寔的农学著作《四民月令》，足以反映当时的农业水平，也是在我国古代农业发展史上占有重要地位的一部著作。崔寔(103？—170)，字子真，一名臺，字元始。生于豪门世家。其祖父崔骃，字亭伯，与班固、傅毅齐名。其父崔瑗，字子玉，精于天官、历数，并注重农业生产，为一代名儒，与马融、张衡等相友。崔寔在桓帝时曾两次任议郎，还做过五原太守，东汉时五原在今内蒙古自治区河套北部和达尔罕茂明安联合旗西部地区，他教当地人民种麻织布，又整顿边备使边疆安定，政绩卓著。在政治方面，他著有《政论》，针对当时社会，抨击“政令垢玩，上下怠懈，风俗凋敝，人庶巧伪”的局面。崔寔的《四民月令》成书于东汉延熹九年(166)左右，原书于南宋后已散失，是月令体农书。它反映了东汉晚期一个世族地主庄园在一年十二个月中，每月的家庭事务和经济活动，是我国最早的农家历。其中“四民”是指士、农、工、商，这是我国早期对各阶层人的分类。

该书涉及内容极其广泛，包括祭祀、家礼、教育及如何维持改善家庭和社会关系，粮、油、菜等农作物按照时令气候的耕种和收获，养蚕、纺织、织染、漂练、裁制、浣洗、改制等女红，食品加工与酿造，修治住宅与农田水利工程，野生植物尤其是药材的采集、加工，家用器物的收藏与保养等。此书虽然已佚，但从《齐民要术》所辑录的内容中也可以看出它的实用性和特点，例如“夏至先后各五日，可种牡麻”，“凡种大小麦得白露节可种薄田，秋分种中田”，“六月大暑，中伏后可收芥子”，“三月清明节后十日封生姜……”。把各种农事活动的时间安排得非常具体，可以直接用于一年四季的生活和生产劳作，甚至某些内容在今天仍然具有参考价值。该书最早记载了关于稻秧移栽(书中称“别稻”)和果树压条繁殖法等技术。书中还记载了大麻在雄株开花前将雄株拔去、雌株即不能结实的现象，说明崔寔进行过相当细致的试验，或者是对别人的经验进行了系统的归纳和总结，也表明当时人们已经认识到了植物性别与繁殖的关系。

值得注意的是,《四民月令》虽为月令体农书,讲究天时,但与先秦时期对于天的认识是不同的。《礼记·月令》中有这样的内容:“孟春之月,日在营室,昏参中,旦尾中,其日甲乙,其帝太皞,其神勾芒,其虫鳞,其音角,律中太簇,其数八,其味酸,其奥膻,其祀户,祭先脾。东风解冻,蛰虫始振,鱼上冰,獭祭鱼,鸿雁来……是月也,天气下腾,地气上腾,天地和同,草木萌动。王命布农事,命田舍东郊,皆修封疆,审端经术,盖相丘陵板险原隰土地所宜,五谷所殖,以教道民,必躬亲。”而在《齐民要术》所辑录的《四民月令》中有这样的描述:“正月地气上腾,土长冒橛,陈根可拔,急蓄强土黑墟之田;二月阴冻毕泽,可蓄美田缓土及河渚水处;三月杏华盛,可蓄沙白轻土之田;五月六月可蓄麦田。”从这两段话比较可知,《四民月令》中所讲的地气是实实在在的,似乎是人们可以感知的春季从地下慢慢向上升腾的暖气,而且在指导农事方面,也具体得多。因而可以根据土地的实际情况,适时进行农田劳作。与先秦时充满神秘色彩、虚无缥缈的天人感应是不同的,这当然是对大自然探索方面的一个重要进步。《月令》原是我国古代的历法,其中虽有“观象授时”与物候方面的知识,但也有不少迷信的成分,而《四民月令》虽然使用了“月令”之名,但完全是以物候知识指导农业生产的科学著作,这应该看成是一种进步。

农业的发展与水利是分不开的,北京地区古代已有相当规模的水利工程。例如 1991 年在北京市海淀区双榆树当代商城大厦施工过程中挖掘出一条古代水道,从当时挖掘出的一百多米水道看,方向为南北走向而且笔直,断面为斗形,底宽近十四米,面宽约二十三米,深约三米,两岸坡面整齐,显然是人工修筑的水渠。有的学者认为这一段水渠与始建于曹魏时期的车厢渠有关,并且能更好地利用地势达到扩大灌溉农田之目的。车厢渠这项大型水利工程是经过了三百多年才逐渐完成的,是古代北京地区的一项重要的水利工程,对于发展本地区经济、减轻漕运负担起着重要的作用。《水经注·鲍秋水》引刘靖碑文“魏使持节都督河北道诸军事,征北将军建城乡侯沛国刘靖,……登梁山以观源流,相缧水以度形势,……以嘉平二年立遏于水,导高梁河,造戾陵遏,开车厢渠”,“灌田岁二千顷”。这段话是说当时在石景山(梁山)的永定河道上建造戾陵堰拦截河水,通过水渠把水导入高梁河,用以灌溉农田的一项水利工程。这项工程与刘靖、刘弘父子关系密切，公元250年（齐王芳嘉平二年），刘靖驻守幽州，为了解决粮食问题，以安定这个北方军事重镇，刘靖组织军士千人，在今北京西郊修戾陵渠大堨（堰），开凿车厢渠。车厢渠的名称是由于所开凿的水道两岸为陡峭山壁，状如车厢而得名。由于这一水利工程的实施，使得蓟城附近水源充足，因而此地可以"三更种稻"，即黍、稷、稻三种农作物。所以自古就有冀州为"二种"之区、幽州为"三种"之区的说法，这当然是与水资源的丰富分不开的。魏元帝景元三年（62年），又派樊晨指挥改造戾陵堰，使其灌溉面积扩大为嘉平年间的五倍，戾陵堰灌区号称万顷。到西晋时，由于地震等自然灾害，戾陵堰受损，刘靖之子刘弘率领军士进行修复，当地各族群众也踊跃参加，仅五六个月就完成了修复工作。

戾陵堰和车厢渠的修建不仅能反映出当时农业的面貌，而且还能说明当时相关科学技术的水平，例如当时的大地测量技术已经比较精确，因此才能开挖出长距离的引水工程。另外，刘弘领导的修复工程能够在很短的时间内就完成，除了群众积极参与的因素外，还可以推测当时的挖掘工具肯定也有了进步，至少在挖掘工具和运输工具方面应该有比较高的效率。

第四节　地理学方面的成就

发源于黄河流域的华夏文明，自古以来就十分重视自己生活的环境。反映在地理学方面就是出现了许多旅行家，以及多部游记体地理学著作，这也是我国古代地理学方面的一大特点。当时的统治者为了治理国家的需要，把国土按照自然区域划分为若干行政区，并形成了一个自上而下的管理系统。这种行政区域的划分，有利于地理学的发展，并促使有关学科知识的积累，从而推动了地理学的进步。《尚书·禹贡》是我国最早的自然和区域地理学专著。其后有《山海经》《管子》等。地图方面的出土文物有1986年出土的《秦国邽县地图》（又名《放马滩战国秦图》），以及长沙马王堆出土的《长沙国地形图》（长沙马王堆三号汉墓）。从这些考古发现中可以看出我国早期先民对地理学研究是十分重视的。在绘制地图方面，西晋的裴秀就提出了"制图六体"，即分率（比例尺）、准望（方向）、道里（距离）、高下（地势）、方邪（地形）、迂直（道路之曲直）。特别是秦统一六国之后，作为一个中央集权的封建大帝国，疆域辽阔，河流山川众多，物产丰富，各地民风有很大差异。为了便于治理国家，巩固封建统治，必须对疆域内的地理状况作详细的调查，因而促进了地理学的发展。由此我们还可以看出，我国古代地学的发展是直接与统治者治理国家的需要相关的，这也在客观上为本学科的发展提供了优越的条件。

古代由于交通不便和测量仪器不可能精细，所记述内容多有误差，因此最早的地理学著作大多不太精确，有些甚至是与古代传说联系在一起。以《水经》为例，该书是以水道为主的地理学著作，但有多处讹误，加之随着年代变迁，水道也会相应发生变化，因此后人多有注释。北魏时的郦道元就以一部《水经注》给后世留下宝贵的历史文献。

郦道元(约470—527)，北魏范阳涿县(今河北涿县)人，字善长。他的曾祖父郦铭投靠拓跋魏以后，世代受到重用。郦道元少时，即随居官的父亲到青州等地。太和十八年(494)，他以尚书主客郎随孝文帝北巡，沿途考察怀朔(今内蒙古固阳县南)、武川(今内蒙古武川县西)、抚冥(今内蒙古四王子旗东南)、柔玄(今内蒙古兴河县西北)等镇和阴山(今大青山)一带地理情况。历任治书侍御史、颍川郡太守、冀州镇东府长史、鲁阳郡太守、东荆州刺史和御史中尉、河南尹。孝昌三年(527)，出任关右大使，行至阴盘驿亭，为雍州刺史萧宝夤所害。他为政威猛，崇尚儒学，不信鬼神，反对豪奢，执法严峻，好学博览，尤好地理。主张通过野外考察以校正古地图之错误，《水经注》即为其主要成果。

《水经》为我国最早的记述河道水系的专著，全书以水道为纲，记述各水道的源流及流经之地，确立了因水证地的方法，这是该书在地理学方面的贡献。但记述过于简略且有多处讹误。郦道元有志于地学，在阅读《水经》《大禹志》《地理志》《禹贡》《职方》《禹本纪》等著作时，深感"《大禹志》著山海，周而不备；《地理志》其所录，简而不周；《尚书》《本纪》与《职方》俱略；《都赋》所述，裁不宣意；《水经》虽粗缀津绪，又阙旁通。所谓各言其志，而罕能备其宣导者矣"(《自序》)。又为配合拓跋氏"经营天下，有志混一"①的宏图，冀望从地学上反映天下一家。他以《水经》为纲，"脉其枝流之吐纳，诊其沿路之所缠"。参照其他地理、地图及群经、诸子、史乘、传记、诗赋、书札、辞书中的地学资料，在结合部分地区野外考察

①《魏书·孝文本记》。

所得，按水道源流和沿岸所经各地排比，并加以分析，作为《水经》中有关内容的注释。初成时《水经注》为四十卷，传至宋初，佚缺五卷，后经人割裂编排，仍为四十卷。

该书内容为：卷一至卷五，河水；卷六，汾水、浍水等；卷七卷八，济水；卷九，清水、沁水等；卷十，漳水；卷十一，易水、滱水；卷十二，圣水、巨马水；卷十三，㶟水；卷十四，大辽水、浿水等；卷十五，洛水、伊水等；卷十六，谷水、沮水等；卷十七至卷十九，渭水；卷二十，漾水，丹水；卷二十一，汝水；卷二十二，颍水、渠水等；卷二十三，阴沟水等；卷二十四，瓠子河等；卷二十五，泗水等；卷二十六，沭水等；卷二十七至卷二十九，沔水、潜水等；卷三十，淮水；卷三十一，滍水等；卷三十二，漻水等；卷三十三至卷三十五，江水；卷三十六，青衣水等；卷三十七，淹水等；卷三十八，资水等；卷三十九，洭水等；卷四十，渐江水、斤江水等。

全书共记地表水一千二百五十二条河流，湖泊五百余个，地下水主要是井、泉和伏流，其中伏流三十多处。对于每一条河流，均记述其发源、流经地区及所注入的河、湖、海域。对沿途地貌及河床变化的记录都比较详细，例如描写黄河入海处冲积平原："又东北为马常坈，坈东西八十里，南北三十里，乱河枝流而入于海。……河盛则通津委海，水耗则微涓细流。"①

《水经注》是属于地理学的一部科学著作，但它又融合了文学、史学等多门学科的特点，如其文字优美。以下仅举一段在"江水"部分描写长江三峡景色的文字，就可以看出其在文学史中应该占有的地位：

> 自三峡七百里中，两岸连山，略无阙处。重岩叠嶂，隐天蔽日，自非停午夜分，不见曦月。至于夏水襄陵，沿溯阻绝，或王命急宣，有时朝发白帝，暮到江陵，虽乘风奔御，不以疾也。春冬之时，则素湍绿潭，回清倒影。绝巘多生怪柏，悬泉瀑布，飞漱其间。……每至晴初霜旦，林寒涧肃，常有高猿长啸，属引凄异，空谷传响，哀传久绝。故渔者歌曰："巴东三峡巫峡长，猿鸣三声泪沾裳。"

---

①《水经注》卷五《河水注》。

这岂止是地理学著作，简直就是一部精彩的文学著作，既有按游记体方式对景物的描述，又有对地形地貌实地考察的成果。

全书以自然地理为主，包括沿革地理、人文地理、经济地理等丰富的内容。在自然地理方面，有描述大洪山石门石灰岩地貌及洞穴："夹鄣层峻岸，高皆数百许仞。入石门，又得钟乳穴。穴上素崖壁立，非人迹所及。穴中多钟乳，凝膏下垂，望齐冰雪，微津细液，滴沥不断。幽穴潜远，行者不极穷深。"有记载各类矿物之分布情况，如对高奴县的石油是这样描述的："如凝膏，然极明，与膏无异。膏车及水碓缸，甚佳。"①有描述动植物分布的，如写罗布泊一带"土地沙卤少地，仰谷旁国。国多玉，多葭苇、柽柳、胡桐、白草"②。写九直郡咸驩（今越南荣是以北地区）以南"獐麂满岗，鸣咆命畴，警啸聒野。孔雀飞翔，蔽日笼山"③。

郦道元在编撰《水经注》时，引用了周秦两汉以来与《水经》有关的文献多达三百余种，有些间接的参考资料并未计算在内。他以大量的地理事实详注《水经》，并系统地进行了综合性的记述，订正了《水经》的谬误六十余处。该书涉及的地理范围，东北到朝鲜的坝水（即大同江），南到扶南（即今越南和柬埔寨），西南至印度新头河（即印度河），西至安息（即伊朗），北至流沙（即蒙古沙漠）。虽然对域外的描述不可能十分详细，但仍然留下了不少宝贵资料。该书为世界早期地学名著之一，它对于古代地学、历史地理以及文学与社会经济发展有所影响。自从《水经》《水经注》问世以后，这类著作在历史上就不断出现，有综合性的，也有专门研究某一地区或某一水系的，各具特色，探讨的深度和科学意义也在不断提高。这些地理学著作形成了我国独具特色的学术风格，而这一风格的形成，应该说是与郦道元的贡献分不开的。此外，该书在史学、考古学、金石学、语言学方面也有贡献。所有这些，无不与作者严谨的治学态度和丰富的生活经历有关，当然其深厚的文学功底也是必需的。

---

①《水经注》卷三《河水注》。
②《水经注》卷二《河水注》。
③《水经注》卷十四《温水注》。

第三章　辽金元时期北京的科学技术

辽、金、元三朝均为少数民族政权，这一时期为公元907年至公元1368年。在这四百多年中，北京从北方军事重镇逐步变成了全国的政治、文化中心，科学技术亦有较快的发展。尤其是元代，地域辽阔，与外国交流频繁，不仅是经济上的交往，科技成果的交流也非常活跃，因而科学技术的进步较快。这三朝虽为少数民族建立的政权，但由于汉民族众多的人口和相对进步的文化，使得当时的统治者都逐渐地学习汉文化，并注意团结汉族知识分子。元代从建国时起就“遵行汉法”，许多著名的科学家也都是汉族人。作为都城的北京，更成为了优秀人才的荟萃之地，因而也必然促进了北京地区科学技术的进步。

就全国形势看，这一时期从北宋建立到明取代元，虽然战争不断，但学术思想活跃，被科学史学家称之为我国古代科学发展的高峰期。我国传统的天、算、农、医四大学科的发展，不仅比前一代大大进步了，而且在世界科学技术史上也独树一帜，写下了极为精彩的一页。在天文学方面，除了天象观测上不断有新的发现外，观测仪器的制造与革新方面的成就尤其突出，宋代的沈括、苏颂和元代的郭守敬都是天文学家兼仪器制造专家。天象观测、精密仪器之制造均离不开数学，所以这一时期的数学成就也同样辉煌。宋金元之际的大数学家秦九昭、李治、杨辉和朱世杰的数学成就在当时是世界领先的。农学方面，我国有五大农书即《齐民要术》《农桑辑要》《王祯农书》《农政全书》和《授时通考》，其中的两部是成书于这个历史阶段的，即《农桑辑要》和《王祯农书》。在医药学方面，此时期不但名医辈出，著述丰富，在基础理论与方书、本草各方面均有突出成就，而且还形成流派，开展争鸣。例如有名的金元四大家刘完素、张从正、李杲、朱震亨，在医学上均有很高的造诣，又自成体系，各有独到见解。上面提到的诸学者中，有不少是本书中应作详细介绍的，他们或者是北京附近人士，或为当时中央政府官员，长期工作和生活在北京，因此与北京科学技术有着十分密切的关系。

宋元时期对外交流活跃，在科学技术的交流上不同于唐代。唐代主要是由印度引入了“婆罗门学”，而此时期则主要来自阿拉伯地区，称为“回回学”。从引进的广度与深度方面看，这一时期远非唐代可比。其原因是中世纪的阿拉伯是一个地跨亚、欧、非的大帝国，所谓阿拉伯文化，应该包括这些地区的文化，甚至包括从这些地区引入的古希腊文化。中国宋代政府对中外经济交流是积极的，因而也促进了文化交流。而蒙古族早在建立元朝之前，就已经以武力征服了当时已经衰弱的阿拉伯地区。蒙古统治者不但以武力战胜了对方，也在文化上向对方学习，注意吸收西方科学知识，并专门设立星历和医药二司，成立了天文台和医药院。阿拉伯的天文学、数学、医药学与冶金、建筑等技术陆续传入我国，与中国的传统文化相互交流、借鉴，从而促进了这一时期科学技术的进步。

以下将分别从农学、地理学、天文和历法、医药学、数学等方面进行研究。

第一节 农学

对于农业生产来说，安定的政治局面是至关重要的。辽代在北京的统治长达一百八十多年，在此期间有相当长一段时间是稳定的，因此对农业的发展极为有利。特别是辽中期以后，施行了很多鼓励农业的政策，更进一步促进了幽燕地区农业的发展。而农业的发展必然会促使耕作技术和生产工具的进步，尤其在农具方面的进步是可以从辽代的许多遗址中得到证实的，如在北京地区出土的大量辽代铁器中有不少是农具。出土地点有很多，例如市区的先农坛、地坛，西郊的百万庄，北郊的清河、北小营，以及远郊的顺义、怀柔、通县、房山等地均有发现。当时农具的种类已经十分丰富，有耕播用的铧、犁、漏水器，锄地用的长锄、手铲、耪，收割用的镰刀、钩镰和叉，还有镐、斧、凿和铡刀等农家常用工具。同一种农具，其式样和局部构造也有多种，如铁铧，有尖刃带脊的，有圆刃无脊的，以适应不同的土质和耕作条件。这些铁制农具基本上奠定了北方农具的范式，这一点可与元代王祯的《农书》上描绘的农具图作比较而知。

在农作物栽培方面的进步是此时期出现了“垅耕”法，此法至今在河北北部山区还在沿用。这种方法既有利于保墒，又可使农作物的根扎得深，以防风沙吹剥表土而使作物受损。辽代农作物种类以麦、稻为主，北京地区种植水稻是从宋代利用北方塘泊屯垦时开始的，再加上古代北京地区水利条件很好，有足够的水源供栽培水稻之需，所以水稻种植得以推广。当然，在北京地区发展水稻种植是有阻力的，阻力主要来自于军事作战的考虑，北方少数民族多以骑射为优势，若广置水田会有碍于骑兵的行军作战，所以辽代开始推广水稻种植时是有反对意见的。随着统治地位的巩固，统治者逐渐认识到了农业对于国家的重要性，虽然有反对意见，仍然未能阻止水稻的扩展，到太宗时已经对保护农田非常重视。辽史有记载[①]：“太宗会同初，将东猎，三克奏辎重，疾趋北山取物，以备国用，无害农务。寻诏有司劝农桑，教纺绩。……八年，驻跸赤山，宴从臣，问军国要务。左右对曰：‘军国之务，爱民为本。民富则兵足，兵足则国强。’上深然之。是年，诏征诸道兵，仍戒敢有伤禾稼者以军法论。”到辽圣宗时，北京附近的水稻田已经很多了。与此同时，其它农作物的品种也十分丰富。另外，林木、果品、蔬菜与园艺在辽代也均有所发展，果品类中最突出的是栗子，政府设置了专门掌管栗子生产的机构。果品中的西瓜从宋代开始从西方引进，辽代北京地区已有种植，这可从门头沟斋堂辽墓壁画中得到证明。

金代自海陵王迁都于燕京并更名为中都。金中都仅存在了六十余年，就因蒙古的兴起而走向衰败。但在这短短的六十余年里，经济发展还是很快的，特别是世宗及章宗时期发展较快。金初，由于迁来大批女真猛安谋克户，强占了许多土地又不善耕作，所以农业呈停滞甚至倒退状态，金中后期，猛安谋克户将土地租给原来的农民耕种，同时自己也逐渐学会了农业生产技术，所以农业有所发展。此时也有一些农学著作，但可惜均未完整留传。主要农学著作有《韩氏直说》《种艺必用》及《补遗》，主要记录北方农业生产的经验，这两部书后来因收于《永乐大典》而得以保存。《四时类要》是按北方气候情况编写的农书，此书后来收入《农桑辑要》中。此外，金代农学著作后来编入元代《农桑辑要》的还有《农桑

①《辽史·志第二十八》，中华书局，1999，第565页。

要旨》《农桑直说》《种莳直说》《务本直言》和《务本新书》等。金代农业生产工具与辽代差不多,北京地区在20世纪50年代末到60年代初,出土过一批辽金时期的铁器,其中包括农具。从这些农具看,当时在北京地区的农业生产已经能够做到精耕细作。

三个占统治地位的少数民族,虽然本非农耕民族,但入主中原后,对农业生产有了一定认识。例如元代于元世祖忽必烈汗继位第二年(1272)还专门在大都设立了大司农司,由姚枢任大司农,作为鼓励、指导农业生产和推广农业技术的专门机构。由大司农司编定并刊行的《农桑辑要》一书,是集当时农业科技之大成的专门著作,对当时农业技术的推广起到了重要作用。

《农桑辑要》,七卷,成于元至元十年(1273),为大司农司组织集体编撰的农学专著。这是我国古代现存最早的一部由政府颁布的农业书籍,共分十门:典训门、耕垦门、播种门、栽桑门、养蚕门、瓜菜门、果实门、竹木门、药草门、孳畜门。全书虽然仅六万字左右,但内容丰富,包括古代有关农学的文献以及当时最新的农业技术。主要内容是:

一,典训门。引用了经史子集的有关资料,主要为阐述农本思想,包括农功起本、蚕事起本、经史法言和先贤务农等内容。例如引用《白虎通》"因天之时,分地之利,制耒耜,教民农作"。《汉书·食货志》"嘉谷、布帛二者,生民之本。兴自神农之世"。

二,耕垦门。引用《齐民要术》《氾胜之书》《种莳直说》《韩氏直说》等资料,总述土地的整理和利用。认为"凡耕之本,在于趋时,和土、务粪泽,早锄早获","凡人家营田,须量己力。宁可少好,不可多恶"。

三,播种门。分别论述谷物、油料、纤维三类基本农作物的耕作栽种技术。又增加了当时新引入中原的多种作物栽种法,如"新添栽种苎麻法"、"新添栽种木棉法"、"论九谷风土及种莳时月"、"论苎麻木棉"等。

四,栽桑门。引用《齐民要术》《士农必用》《务本新书》的内容,论述了桑种、种椹、地桑、移栽、压条、栽条、修莳等技术。

五,养蚕门。对养蚕生产中的蚕事预备、修治蚕室、变色生蚁下蚁、凉暖饲养分抬、养四眠蚕、簇蚕缫丝等方法,均有十分详细的论述。

六,瓜菜门。罗列了历代农书中三十余种瓜类、蔬菜。其中西瓜、菠薐(菠菜)、莴苣、茼蒿、人苋(苋菜)、莙(莙菜)这些今天北方地区常见的瓜菜,为该书首次记述。

七,果实门。汇集了历代农书中梨、桃、李、梅、杏等二十种水果的栽种法。

八,竹木门。包括二十一种树木的栽种法。

九,药草门。记载了紫草、红花、兰、栀子等二十六种药草。

十,孳畜门。包括九种牲畜与家禽的畜养和医治方法。

由于《农桑辑要》一书是政府颁制的,在我国北方地区流传很广,其中还保存了一些宋、元农书的部分内容,所以《四库总目提要》称其"详而不芜,简而有要,于农家之中最为善本"。该书基本上具备了农业百科全书的格局,在我国农学史上占有重要地位。

元代农学著作除《农桑辑要》外,还有两部影响较大,第一部是鲁明善的《农桑衣食撮要》。鲁明善是维吾尔族人,文宗时曾在大都的御史台任职,并将该书刊印于国子学,此书是《农桑辑要》的补充,是一部"月令"体裁的著作。《四库总目提要》对此书的评价是:"盖以阴补《农桑辑要》所未备,亦可谓能以民事讲求使用者矣。"第二部是由王祯编纂的《王祯农书》,此书主要刊行于江南地区,所记农业知识也包括北方地区。

第二节　地理学

元代地理学发展较快。由蒙古族建立的元朝,疆土辽阔,东西方交通盛况空前,从而促进了人员交流,大都成了各民族文化交流的中心,著名的意大利旅行家马可·波罗等就是在此时期到达我国的。我国到西方的旅行家如耶律楚材、邱处机、常德等人,是从陆地到达中亚、西亚的,而周达观、汪大渊等人的南海航行也比较有名。另外,为了体现大一统的帝国风范,也为统治者之需,早在元世祖时即开始官修全国地理志。元代还由官方首次派人实地考察河源,这些也促进了地图学的发展。另外,元代还出现了我国第一架地球仪,这是至元四年(1267)由扎马鲁丁制造的木质地球仪。其上以绿色代表水面,以白色代表陆地,水面与陆地面积之比为七比三,与今天测绘所得基本一致。又以小方格来计算距离,这些小方格与今天的经纬线显然是相似的。这一仪器的出现,也应该说是我国地学发展史上的重要事件。元代不到一百年的时间中，出现了不少知名的地理学家，同时由于政府的重视，由政府组织完成的地理学研究成果也十分丰富。

一、著名的地图学家朱思本

朱思本(1273—1333)，字本初，号贞一，江西临川人，生于南宋末年。朱思本的父辈们坚决不仕元而隐迹生活。朱思本年尚幼即曾学道，元成宗大德三年(1299)，他奉玄教宗师张留孙之命，赴大都协助张留孙和吴全节处理教务，并利用这一机会考察“山川风俗，民生休戚，时政得失，雨潮风雹，昆虫鳞介之变，草木之异”[①]。朱思本游历考察先后达二十年之久。经过艰苦工作，终于完成了“长广七尺”的《舆地图》，后刻石于上清之三华院，只可惜此图今已失传。为了表明制图的意愿及制图经过，撰《舆地图自叙》一篇，成于延祐七年(1320)，在该篇中他写道，在入京之前“登会稽，泛洞庭，纵游荆襄，流览淮泗，历韩、魏、齐、鲁之郊，结辙燕赵”。之后又多次代天子祭祀嵩高、桐柏、祝融而至于海。他重视实地考察，在《舆地图自叙》中说，每到一地，“往往讯遗黎，寻故迹，考郡邑之因革，核山河之名实”。朱思本精于地理，善制地图，见“前人所做，殊为乖谬，思构以图正之”。入京后，又受众官员之嘱，于是绘制新图。他参考前人所著地理图籍，并从事调查访问与野外考察。自至大四年(1311)到延祐七年(1320)历时十年，完成了《舆地图》。他认为绘制地图要在实地考察与书本知识结合的基础上，“参考古今，量校远近”，在“自得其说”之后，方可合二为一。他通过实地考察，纠正了前人地图的一些错误。

在制图方法上，他重振“计里画方”的方法。早在魏晋时，地理学家裴秀就创造了“制图六体”，即分率、准望、道里、高下、方邪和迂直。裴秀的《禹贡地域图》以一分为十里，一寸为百里，就是以计里画方之法来绘制的。这种画法，经朱思本的提倡，到元、明两代又开始盛行。此法也是朱思本取得成功的原因之一，对其后直至清代的地图绘制都起过指导作用。此法直到利玛窦带来西方的更为科学的画法，才由经纬度代替。

---

①白寿彝主编《中国通史》第八卷下册，上海人民出版社，2004，第569页。

朱思本治学是严谨的，他虽然周游各地，但所到之处也仅为华北、华东、中南地区，边远地区并未实地考察。故他对已考察过的地方是有把握的，他说“其间河山绣错，城连经属，旁通正出，布置曲折，靡不精到”。而对自己尚未去过的地方，“涨海之东南，沙漠之西北，诸番异域，虽朝贡时至，而辽绝罕稽，言之者既不能详，详者又未必可信，故于斯类，姑用阙如”。

二、官方首次派人实地考察河源

黄河流域是华夏文明的发祥地，因此自古以来探索黄河之源就受到人们的重视。公元前5至4世纪，人们就已经知道黄河发源于今青海省，这一点在《尚书·禹贡》中就有记载：“导河积石，至于龙门。”但由于环境的恶劣，始终没有人实地考察。元代由于国土广阔，政治统一，所以首次派人前往该地区探求河源，于至元十七年(1280)派遣都实前往实地勘测。都实是女真人，蒲察氏，通多种语言。1280年奉元世祖之命前往考察，任招讨使。是年四月，抵达河州(今甘肃临夏)，《元史·地理志》“河源附录”中载有“州之东六十里，有宁和驿。驿西南六十里，有山曰杀马关，林麓穹隘，举足浸高，行一日至巅。西去愈高，四阅月，始抵河源。是冬还报，并图其城传位置以闻”。都实发现的黄河发源地为火敦脑尔(星宿海)。后都实任吐蕃等地处都元帅，率内地工师，去河源修建城市。

元仁宗延祐二年(1315)，由翰林学士潘昂霄根据都实的弟弟阔阔出的口述，写成《河源志》(又名《河源记》)一卷。

潘昂霄，字景梁，号苍崖。济南人，官翰林侍读学士。元延祐二年，与都实之弟阔阔出奉使宣抚京畿西道，得知都实曾奉旨考察河源，“不觉瞿然以骇”，遂详为询问。他感到这样的丰功伟绩“不可不志”，决定记述其事，于当年八月初完成此书。

《河源志》为考察河源专著，记录了都实考察河源的始末、经行路线及积石州(今青海省境内)以上黄河的道里、支流、景观、行政建置、民族语言等。其内容主要为以下几部分：

一，指出河源所在。“河源在土蕃朵甘思西鄙，有泉百余泓，或泉或潦。水沮洳散涣，方可七八十里，且泥淖溺，不胜人迹”。实际上，由于沼泽地无法行走，所以都实并未走到河源尽头，只能登上附近山头观察。

二，纠正了黄河“重源伏流”和来自“天河”的说法。书中有这样的文字：“史称河有两源，一出于阗，一出葱岭。于阗水北行，出葱岭河，注蒲类海。不流，洑至临洮出焉。今洮水自南来，非蒲类明矣。询之土人，言于阗葱岭水俱下流，散之沙碛。又有言河与天河通，寻源得织女支机石以归。亦妄也。”

三，记述积石州以上黄河水系。例如自阿剌脑儿以下，自西徂东号赤宾河，汇入亦里出、忽兰、也里术，“其流浸大，始名黄河，然水清，人可涉。又一二日，岐裂八九股，名也孙斡论，译言九渡，通广六七里，马亦可渡。又四五日程，水浑浊，土人抱革囊，乘马过之”。其下进入峡谷区，水深叵测，并对水的流向、水色、深宽等一一记述。

四，记述昆仑山地特征。昆仑山自“山腹至顶皆雪，冬夏不消。土人言远年成冰，时六月见之”。昆仑山之西，人口稀少，“山皆不穹峻，水亦散漫。兽有牦牛、野马、狼、狍、羱羊之类。其东山益高，地亦渐下，岸狭隘，有狐，可一跃越之者”。这一带“山皆草山石山，至积石，方林木畅茂”。都实据此否定了“昆仑至嵩山五万里，阆风元圃，积瑶华盖，仙人所居”的神话。

五，描述了黄河上游的人文景观。当地“人简少，多处山南”，以马为交通工具。水上交通工具尚有革囊和独木舟。书中载有“土人抱革囊骑过之，其聚落之处，多编木如舟以济，附以毛革，中仅容二人”。

《河源志》是由政府组织首次对黄河源头实地考察的记录，因此影响大，其实测结果也是较准确的。该书为《元史·地理志》所转载，又被收入多种丛书，较为广泛地传播了河源、黄河上游及昆仑山区的自然景观与人文状况，对后世影响很大。特别是关于黄河发源地的结论，驳斥了传说与神话，较前代有所进步。前文介绍过的朱思本曾翻译过都实的《考察记》，说源头之水东北六百余里汇为星宿海。这与1978年考察所见基本一致，已经以黄河正源喀拉渠（卡日曲）为河源。还用淖来命名现在称为沼泽的水体，在水体形态研究上也是一个进步。

三、《大元大一统志》的纂修

这是一部由官方组织纂修的大型地理著作。该书始于至元二十三年（1286），此前曾由政府派人对北方山川形胜、郡县人口的情况进行过较为详细的调查，并记录成书。平定江南时又将南宋政府贮藏的地理书籍运到大都，并把熟悉江南地理情况的学者调到大都，为编纂此书创造了条件。然后忽必烈命令扎马鲁丁、虞应龙等负责，组织大量南北学者共同编修，于至元三十一年(1294)完成初稿，共七百五十五卷。此后不断增补，到大德七年(1303)最后定稿，全书一千三百卷，定名为《大元大一统志》。这是按照通常志书的体例编写的著作，分为建制沿革、坊郭乡镇、里至、山川、土产、风俗形势、古迹、宦迹、人物、仙释等门类，规模庞大。该书开创了官修全国统一地理通志的典范，以后明清两朝都仿此编修“大一统志”，体例与名称都仿照元代做法。该书由于保留了大量的历史资料和珍贵的地方志的原始资料，因而具有重要的学术价值。

《大元大一统志》的修撰是与回回学者扎马鲁丁的工作分不开的，扎马鲁丁是13世纪来华的回回天文学家。关于他的生平不太清楚，来到中国可能是13世纪50年代中期或稍后。史料中正式记载扎马鲁丁活动是至元八年(1271)，当时在上都建立一座天文台即回回司天台，扎马鲁丁被任命为“提点”(即台长)，又兼任新设立的秘书监两长官之一(另一位是汉族人焦友直)，这是掌管皇家收藏历代图籍和阴阳禁书的部门，并从事皇帝特命的撰述任务等，这是涉及皇家机密的重要部门。由此可见扎马鲁丁是很受皇帝信赖的。司天台提点的官阶为从五品，秘书监为从三品，几年之后他又被宣授嘉议大夫职衔，为正三品，至元二十四年(1287)，他升任集贤大学士中奉大夫行秘书监事，这是从二品的职位。集贤大学士主管的集贤院，执掌“提调学校，征求隐贤，召集贤良”。凡国子监、玄门道教、阴阳、祭祀、占卜、祭遁之事，都归集贤院管理。

《大元大一统志》就是至元二十二年(1285)由扎马鲁丁首先向忽必烈提出建议，得到批准后由他主持完成的。这部书在当时不但具有巨大的军事政治意义，还具有极高的学术价值。在编纂此书时，扎马鲁丁十分重视地图的绘制工作，他在给忽必烈的奏章中有这样一段话：“但是路分里收拾那图子。但是画的路分、野地、山林、里道、立堠，每一件里稀罕底。但是地生出来的，把那的做文字呵，怎生?”他不是汉族人，所以奏章文字不太通顺，但可以看出他在完成这项任务时的指导思想是要以地图为本来写这一本志书的。这里的“路分”是指当时的一种行政区划——路的四至，“野地、山林”是指路内的自然地貌，“里道”是指路内外的交通道路，“立堠”是古代沿交通要道设立的里程碑式的堠堆，“地生出来”的意思是当地的物产资源或许还包括重要建筑物。扎马鲁丁带来了很多回回地图，但由于参加编纂的学者大部分是汉族，看不懂回回地图，所以专门为扎马鲁丁配备了一名汉语翻译。

古代阿拉伯绘制地图的方法不同于汉族传统的计里画方的方法，《大元大一统志》的编纂也促进了地理学的东西方交流。

《大元大一统志》与朱思本的《舆地图》是元代最著名的地理学成果。前者是官方组织实施的大型项目，后者则从地图绘制方面进行研究并具有开创性的贡献。

四、游记体的地学著作《长春真人西游记》

《长春真人西游记》又称《长春子西游记》《丘真人西游记》《长春子游记》等，二卷，为元代李志常撰。

李志常(1193—1256)，字浩然，号真常子、真常道人。观城(今河南范县)人。早年在山东师事丘处机。成吉思汗十五年(1220)，随师西行至八鲁湾行宫，谒见铁木真。此年底，随师东归，然后返燕京(今北京)。二十二年，任都道录兼领长春宫事。窝阔台五年(1233)，奉诏教蒙古贵族子弟，被尊为仙师。十年(1238)主掌全真道。蒙哥元年(1251)，主道教事。曾挑起佛道二教的争端。由于他随师西行经过今天中国、蒙古、俄罗斯、哈萨克、阿富汗等国，行程数万里，记录了其师所到之处的言行、应接人物、即景赋诗，又细心观察沿途“山川道里之险易，水土风气之差殊，与夫衣服、饮食、百果、草木、禽兽之别，粲然靡不毕载”。回到北京后经过增删，写成《长春真人西游记》二卷。

该书以游记为主体，兼具传记性质的著作。记述了长春真人率领赵道坚、宋道安等十八门人，在刘从禄等四人护卫下，从莱州出发，向西北经燕京至宣德，再北行抵干辰帐殿，折西入呼伦贝尔草原，再向西南行，过蒙古高原，越阿尔泰山，至准格尔盆地，沿天山北麓西行，过楚河后，又沿吉尔吉斯山脉北麓西行而至赛兰，又南向经塔什干、班里，达八鲁湾，朝见成吉思汗。然后扈从成吉思汗东归，其去回程所经过的途径多有不同。记载了所到各地自然、人文景观的差异。

该书包括内容很多，且无篇目，属于地理学方面的成就是：

一，记载沙漠地形特点。如记述昌八剌城附近的沙漠：“其沙细，遇风则流，状如惊涛，乍聚乍散，寸草不萌，车陷马滞，一昼夜方出，盖白骨间大沙分流也。”

又如鱼儿泺附近的沙漠:“其碛有矮榆,东北行千里外,无沙处,绝无树木。”

二,叙述高山雪地景观。记述天池(金赛里木湖)“方圆凡二百里,雪峰环之”;凌山(塔尔奇山)“半山以上皆为雪”;登上天山“南望高岭积雪,盛暑不消”。

三,记述山岭南北的差异。如自野狐岭“南望,俯视太行诸山,晴岚可爱;北顾,但荒烟衰草,中原之风自此隔绝矣”。又记述天山南北植被之不同:“至长松岭后宿,松括森森,干云蔽日。多生山阴涧道间,山阳极少”,“山前草木暖如春,山后衣衾冷如铁”。

四,描述天山地区气候植被的垂直差异。“沿地正南下,右峰峦峭拔,松桦阴森,高过百尺。白巅及麓,何啻万株。众流入峡,奔腾汹涌,曲折弯环,可六七十里。薄暮宿峡中。翌日,方出,入东西大川。水草盈秀,天气似春,稍有蚕枣”。

五,记叙吐鲁番洼地气候特产:“其地大热,葡萄至夥。”

六,记载各地农耕之别。如阴山地区“居人常岁疏河灌田圃。至八月,禾麦初熟,终不及天雨”。和州“禾麦初熟,皆赖泉水浇灌得有秋,少雨故也”。河中地区“风土气候,与金山以北不同。平地颇多,以农桑为务,酿葡萄为酒。果实与中国同,惟经夏秋无雨,皆疏河灌溉,百谷用成”。

七,叙说季风。如阴山一带“二三月中,即风起南山,岩穴先鸣。盖先驱也。风自冢间出,初旋动如羊角者百千数。少焉和为一风,飞沙走石,发屋拔木,势震百川,息于异隅”。

八,载明各地物候不同。如河中“壬午之春正月,杷榄始华。二月二日春分,杏花已落”。阴山“寒多,物晚结实”。

九,描绘蒙古高原杭爱山一带景色。说,草原“有石河,长五十余里,岸深十余丈。其水冰冷可爱,声如鸣玉。峭壁之间,有大葱,高三四尺。涧上有松,皆十余丈。西山连延,上有乔松郁然。山行五六日,峰回路转,林峦秀茂,下有溪水注焉。平地皆松桦杂木,若有人烟状。寻登高岭,势若长虹,壁立千仞,俯视海子,渊深恐人”;“渠边芦苇花满地,不类中原所有。其大者,经冬叶青而不凋。取以为杖,夜横辕下,辕覆不折。其小者叶枯春换。少南,山中有大实心竹,士卒以为戈戟。又见蜥蜴,皆长三尺许,色青黑”。

《长春真人西游记》是一部游记地理著作,也是重要的中西交通文献。由于其成书较早,对以后的游记体著作有很大的影响。

第三节　天文和历法

一、郭守敬在天文历法方面的贡献

辽、金、元三朝的统治者均为北方少数民族，生活方式虽然与汉族有很大的区别，然而对于上天的崇敬却是与汉族一样的。因此对于天象观测和修订历法的工作，都十分重视。从辽代开始，北京逐渐从北方的军事重镇过渡为全国的政治中心。作为最高权力机构的所在地，北京集中了大批优秀的天文学家，以服务于统治者。在这期间出现了多位知名学者，他们在天文学方面的贡献，使我国古代天文学达到了一个新的高峰。

古代历法制定，受当时观测仪器精度的限制以及计算方法的不完善，与实际天体运行是有误差的，经过一段时间，误差积累到一定程度就要重新修历，或以新历法取而代之。在《金史·律历志》上就有这样的文字："金有天下百余年，历惟一易。天会五年，司天杨级始造《大明历》，十五年春正月朔，始颁行之。其法以三亿八千三百七十六万八千六百五十七为历元，五千二百三十为日法。然其所本，不能详究，或曰因宋纪元历而增损之也。正隆戊寅三月辛酉朔，司天言日当食，而不食。大定癸巳五月壬辰朔，日食，甲午十一月甲申朔，日食，加时皆先天。丁酉九月丁酉朔，食乃后天。由是占候渐差，乃命司天监赵知微重修《大明历》，十一年历成。时翰林应奉耶律履亦造《乙未历》。二十一年十一月望，太阴亏食，遂命尚书省委礼部员外郎任忠杰与司天历官验所食时刻分秒，比校知微、履及见行历之亲疏，以知微历为亲，遂用之。"①此段文字中所提"大明历"，实际上在我国历史上有三部历法均用此名。第一部为南北朝时祖冲之所创。第二部为辽代贾俊于统和十二年(994)所进，原历已佚。第三部即前段文字中提及的金代杨级撰，赵知微重修的《大明历》。祖冲之的《大明历》于510年正式颁行，赵知微重修的《大明历》成于1180年。期间共六百七十年，改进了三次。赵知微重修时，在计算太阳视运动中，已用到等间距三次插入的内插法，在计算日食三限(初

①转引自《历代天文律历等志汇编》九，中华书局，1976，第3350页。

亏、食甚、复圆）中，已用到几何方法，计算数学的进步也使历法更为精确。到了元代，则又改为《授时历》，这是由著名科学家郭守敬制订的。

郭守敬（1231—1316），字若思，顺德邢台（今河北邢台）人，是我国杰出的天文学家、数学家和水利工程专家。在天文学和历法方面的贡献主要是完成于元至元十八年（1281）的《授时历》二卷，以及一系列由他制造的天文仪器。郭守敬自幼勤奋好学，且有很强的动手能力，他曾根据书上的一幅插图，用竹篾扎制出一架浑天仪，将其置于土台之上进行天文观测。他还曾根据北宋燕肃的一幅拓印的石刻莲花漏图，弄清其工作原理，并成功复制，当时他还不到二十岁。中统三年（1262）由张文谦推荐，忽必烈在上都召见了他，当时郭守敬即提出六项水利工程计划，深得忽必烈赏识，当即任命他为提举诸路河渠，掌管各地河渠的整修和管理工作。以后又任银符副河渠使、都水监兼提调通惠河漕运事、工部郎中、太史院事、太史令等职务。至元十三年（1276）郭守敬受命协助王恂编制新历（即《授时历》），以取代金代的《大明历》，具体负责制造仪器与观测。在郭守敬的主持下，共制造了近二十件天文仪器，著名的有圭表、仰仪、简仪等。《授时历》的制定过程大致可包括实测、考证与创法三个步骤。在郭守敬的领导下，通过有计划的革新测量仪器和大规模的实地观测，对照前人的数据进行详细分析，不但肯定了前代研究的成果，也纠正了前人的一些错误。他们吸收了当时最为先进的数学成果，而且创造了不少新的算法，从而制定出当时最先进的历法。在所使用的测量仪器中，郭守敬设计的圭表比旧法所用的圭表高，因而可以提高测量的精度，故又称为高表。古代圭表为测量二十四节气时刻的一种仪器，其中表为高八尺垂直于地面的立柱，圭是自表足下向北延伸的一根水平尺。每天正午测量表在圭上的影长，可推算冬至和夏至的时刻。但这种仪器也有缺点，即表影顶端界限是模糊的，从而影响了测量的准确性。郭守敬为此又发明了利用针孔成像原理的景符。关于圭表的设计，在《元史·历志》中有这样的记载："旧法择地平衍，设水准绳墨，植表其中，以度其中晷。然表短促，尺寸之下所为分、秒、太、半、少之数，未易分别。表长，则分寸稍长，所不便者，景虚而淡，难得实景。前人欲就虚景之中考求真实，或设望筒，或置小表，或以木为规，皆取表端日光下彻圭面。今以铜为表，高三十六尺，端挟以二龙，举一横梁，下至圭面，共四十尺，是为八尺之表五。圭表刻为尺寸，旧寸一，今申而为五，厘毫差易分。别创为景符,以取实景"①。

由于郭守敬把表的高度增加至旧表的五倍,所以表的刻度可以更细,从而提高了测量精度。这里所说的景符,是一个与圭表配合使用的仪器,在一个座架上,斜撑一块宽二寸、长四寸的小铜板。铜板中心开一小孔,利用小孔成像原理,使阳光在小铜板后成像。把景符放在圭面上合适的位置,当太阳过子午线时,太阳和表梁在圭面上投出清晰的影子,即在一个米粒大小的光点中间有一条很细的黑线。测量从表足到黑线的距离,即为表的影长。为了提高天文测量数据的准确度,将仪器尺寸放大,是十分有效的方法,这也是世界各地天文测量仪器发展之趋势,郭守敬这一设计在当时是领先的。高表与景符的配合使用,不但提高了测量的准确性,还同时提高了数据的精确性。

仰仪为一铜制、中空、半球面形仪器,类似一口仰着的锅。半球的口上刻有东西南北四个方向,半球内表面刻有与观测地纬度相应的赤道坐标网。半球朝上的圆口上装有由相互垂直的两根竿架着的一块小板,板心开一小孔,孔的位置正好在半球面的球心。阳光透过小孔可在球面上形成一圆形光点的图像,此光点落在半球内面坐标网的位置,即为太阳此时在天空中的位置。由于是以太阳自身通过小孔成像,所以当日食发生时能直接从仰球面上的太阳影像测出日食的方位,食分以及各种食相发生的时刻。同理,对于月食也可以用此仪器测量。

简仪是郭守敬发明的最重要的天文仪器之一。之所以称之为简仪,是因为它是对我国传统的天文仪器浑仪的简化、改造而成的。浑仪是测定星体方位的仪器,我国最晚在公元前4世纪就已经利用浑仪,并系统地观测恒星的位置了,而且还编制了星表。当时所用的浑仪大约有两个圆环构成:一个是固定的赤道环,它的平面与赤道面平行,环面上刻有周天度数;另一个为四游环,能够绕极轴旋转,环上也刻有周天度数,此环又称赤经环。赤经环上附有一根窥管,窥管可以绕赤经环的中心旋转。如欲观测某星,则先按东西方向旋转四游环,使它对准要观测之星体,然后再把窥管上下旋转,观测人能从窥管中望见该星体。此时从环上的刻度便可知该星的位置。浑仪问世后,历代天文学家不断对其改进。公元1世纪,东汉天文学家在其上增加了一个黄道环,随后又增加了地平环和子午

①转引自《历代天文律历等志汇编》九,中华书局,1976,第3350页。

环。公元5世纪北魏时，又在底座上增添了十字水趺，用以校正浑仪的水准。唐代初期，天文学家李淳风又对浑仪进行了重大改造。他把浑仪外面固定在一起的一层称之为六合仪，这一层包括地平环、子午环、赤道环。这是因为我国古代将东、西、南、北、上、下六个方向称之为六合，所以取此名称。把位于内层的四游环和窥管称为四游仪。又在内、外层之间增加了一层三辰仪，它是由三个相交的圆环组成的。这三个圆环分别是黄道环、白道环和赤道环。黄道环用来表示太阳的位置，白道环用来表示月亮的位置，赤道环用来表示恒星的位置。三辰这一名称也是由于我国古代称日、月、星为三辰。此时的浑仪已经是三层了，三辰仪可以绕极轴在六合仪里旋转，四游仪又在三辰仪里旋转。到北宋时，天文学家苏颂又增加了二分环和二至环，分别为过春分、秋分点和夏至、冬至点的赤道环。

环数的增多为测量带来方便，但也有缺点，即由于环圈的交错，掩盖了很大一部分天区，而使不少天体观测不到，同时多个可转动的环装在一个仪器上，难以使各环安装在同一圆心上，从而增大观测误差。因此科学家又试图简化其结构，如沈括就取消了白道环，而用数学方法弥补取消白道环后出现的问题。但是对浑仪简化贡献最大的还是郭守敬。他设计的简仪，不但取消了白道环，还取消了黄道环。同时，他把由地平环和地平经环组成的地平坐标，以及由赤道环和赤道经环组成的赤道坐标分别安装，使除北天极以外的天空全部可见。

简仪由四游环、百刻环、赤道环、阴纬环、立运环组成，分为赤道和地平两个装置，赤道装置由四游环、百刻环、赤道环组成，地平装置由阴纬环和立运环组成。两个装置是各自独立的，改变了传统的同心安装方法。

赤道装置由北高南低的两个支架托着正南北方向的极轴，围绕极轴旋转的是赤经双环，即浑仪中的四游仪。赤经环的两面刻着周天度数，中间夹着窥管，可以绕着赤经双环的中心旋转，其两端设有十字线。只要转动赤经双环和窥管，就可以观测任何天体，并可从环面上的刻度读出其去极度数。赤道环的环面刻有二十八宿距星的度数，它安装在旋转轴南端而不在中间。赤道环上有两极界衡，其中心与环心合一，可以绕中心沿环面移动。每根界衡的两端都用细线与极轴北端相连，构成两个三角形，两个三角形平面的夹角就是赤经差。观察时，只要一个三角形平面对准某宿的距星，将另一个三角形平面对准所要观测的天体，就可以得到这个天体的入宿度。在赤道环内还有一固定的百刻环，用以承托赤道环。百刻环等分为一百刻，分为十二时辰，每刻又分为三十六分。这使得简仪的度数精确度达到十分之一度或三十六分之一刻，比以前的浑仪大大提高了。

地平装置安装在赤道装置北面支柱的横梁下面，由阴纬环和立运环构成。阴纬环水平安置，代表地平圈，环面刻有方位标记。立运环代表地平经圈，与阴纬环垂直并可绕轴旋转。立运环为双环，两环间夹有窥管，窥管可绕环的中心旋转，管中设有十字线。观测时，转动环和窥管，可以测出天体的地平经纬度。

简仪结构精巧，设计思想先进，是对浑仪的重大革新，在当时是处于世界领先地位的。仪器的先进性不仅仅表现在天文学水平上，而且涉及物理、机械等领域。其赤道装置是近代大型天文望远镜赤道装置的原型。地平装置则是近代地平经纬仪之先驱，窥管中的十字线的使用也属首创。三百多年后丹麦天文学家第谷所发明的仪器，才能与之媲美。明末清初来华的传教士汤若望见此仪器后，大为赞赏，称郭守敬为中国的第谷，并认为该仪器比西方早三个世纪。

总之，郭守敬设计，用于天文测量的仪器共有 16 种：简仪、候极仪、立运仪、仰仪、浑象、高表、景符、窥几、正方案、星晷定时仪、悬正仪、玲珑仪、证理仪、日月食仪、丸表和座正仪。此外，他还制作了一些计时器，有名的是大名殿灯漏（又称七宝灯漏），是一架高一丈七尺的大型仪器，有四层。顶层是代表日、月、参星、心星的四个神，每天旋转一周。第二层为龙、虎、鸟、龟四种动物，分布在东、西、南、北四个方位，每到一刻就跳跃鸣叫。第三层是十二位神分执时辰牌，到某一时辰，该神就在四门通报。另外还有一人，常以手指时刻牌上的刻数。最末一层在四角各设钟、鼓、钲、铙，各乐器分别有机器人演奏，一刻钟，二刻鼓，三刻钲，四刻铙。所有动力机构和主要传动机构都藏在一个柜子里，用水来推动。这是一架与天文仪器分离的计时器，在我国钟表史上具有重要意义。

郭守敬使用最先进的仪器与其他 13 位天文学家在全国设立 27 个观测点，同时进行观测，这就是历史上著名的“四海测验”。又对汉代以来的四十余家历书的演变与得失进行了考察，在做了多方面的改革与创新之后，编制成《授时历》，其中“授时”二字来源于《尚书·尧典》中“敬授民时”一语。

《授时历》有《授时历议》二卷，共七章。分别是：步气朔、步发敛、步日躔、步月离、步中屋、步交会、步五星。该历法是我国古代使用时间最长的一部历法。在历法原理、计算方法以及具体数值方面均有其领先之处，具体有以下几个方面：

一，废除了一直沿用的上元积年，而改用截元法。在天文学中，各种天文周期都有自己的起算点。这种起算点称为历元。在编制天文年历或民用历书时，都只能以一种历元为主，将其他历元都归算到这个指定的历元时间系统中去。我国古代历法中使用的上元，其实是一个虚幻的、想象的起点。随着观测仪器的进步，数值的精确程度的提高，使得推算出的这个公共起点（即上元）离现实越来越远。例如金代赵知微的《重修大明历》中的上元，离他的编历年份竟有88639656年。如此巨大的数字在计算中也十分困难，因此郭守敬和王恂等人决定废除上元，改用至元十八年（1281）天正冬至（即至元十八年开始之前那个冬至的时刻，实际在至元十七年内）为其主要起点算。其他各种天文周期的历元，均推算出与该冬至时刻的差距，称为相关的“应”，由此形成一个天文常数系统。在这个天文常数系统中，《授时历》提出了“七应”。这些应值的确定是依据大量的天文测算和复杂的计算之后得到的。七应分别为：1. 气应，是从作为历元的那个冬至时刻与其一个甲子日夜半之间的时间距离。郭守敬等人历时三年多，对日影长度进行观测，取得九十八组数据，并推算出这三年中的冬至及夏至时刻，最后确定至元十八年的天正冬至为己未日六刻正。按现代说法是1280年12月14.06日。按现代理论计算，这一结果也是十分精确的。2. 转应，即历元时刻与其前面一次月亮过近地点时刻之间的时间距离。郭守敬测定的那次月过近地点的时刻是1280年11月30.87日，以现代理论校验，其误差为0.15日，也是历代测量最佳结果之一。3. 闰应，即历元与其前一次平朔之间的时间距离。4. 交应，即历元与其前一次月亮过黄白道降交点时刻之间的时间距离。5. 周应，是历元时刻太阳所在的赤道宿度位置与赤道虚宿六度之间的角度距离。这一个“应”为角度，但因郭守敬把一个圆分为365.2575度，其数值与太阳的一个恒星年长度为365.2575日完全相同，故该角度完全可以转化为时间量来计算。郭守敬测定，历元时刻太阳在赤道箕宿10度。以现代理论校验，其误差为0.22度，在古代各历法中也是准确度比较高的。6. 合应，历元与其前一次五大行星平合时刻之间的时间距离。7. 历应，历元与其前一次的五星过近日点时刻之间的时间距离。以上合应和历应均为5个数据，所以“七应”共计15个数据，这15个数据中除水星平合时刻和火星过近日点时刻误差较大外，其余都是我国古代历法中最精确或近于最佳的。

二，采用招差法推步日月五星运行，比欧洲要早近四百年。隋代刘焯与唐代僧一行分别创立的等间距二次内插公式与不等间距二次内插公式，是古代天文学家用以计算日、月等各种非匀速天体运动的计算方法。但唐代已经发现，二次差计算是不够精确的，必须用三次差的内插公式，但一直没有解决，而只能用一些近似公式来代替。《授时历》使用的是郭守敬、王恂创立的定、平、立三次差的内插公式的计算方法。这一成就已不仅限于天文学，而更主要是在数学领域的贡献了。

三，以万分为日法。古代天文数据都以分数形式表示，例如《四分历》的回归年长度为$365\frac{1}{4}$日，朔望月为$29\frac{499}{940}$日，上面$\frac{1}{4}$中的4，就称为日法。西汉《太初历》或《三统历》取朔望月为$29\frac{43}{81}$日，回归年长度为$365\frac{385}{1539}$日，这两部历法就称81为日法。分数表示，给运算带来许多麻烦。因此从唐代开始，就有人企图改变用分数表示的传统。南宫说于唐中宗神龙元年(705)编的《神龙历》即以百进制为天文数据之基础，曹士蔿于唐德宗建中年间(780－783)编的《符天历》更进一步以万分为日法。但《神龙历》未颁行，《符天历》只流行于民间。《授时历》以万分为日法，这就使得主要的天文数据都采用十进制的计数系统，从而使计算大为简便，并使数值大小的对比一目了然。

四，创立了相当于球面三角计算方法的弧矢割圆术。采用这种算法将各种球面上的弧段投影到某个平面上，利用传统的勾股公式，求解这些投影线段之间的关系，再利用宋代沈括发明的会圆术公式，由线段反求出弧段间的关系。《授时历》成功地用这一公式实现了黄道坐标的换算。

除了上述四方面外，《授时历》中所用数据或为当时实测，或为历史上最精确者，从而保证了该历法的准确性。郭守敬在研究中注意对前代科学家成果的总结，因此他的成果是在前人成果基础上的进一步提高。他的著述对研究我国科技史也有重要意义。例如，他在完成制历任务后所上的奏章中，在叙述“考证七事”与“创法七事”之前，就有一段对前人工作的总结。我国著名学者钱宝琮曾对《授时历》的贡献作了如下概括：考证者七事(冬至、岁余、日躔、月离、入交、二十八宿距度、日出入昼夜刻)，创法者五事(用五招差求每日太阳盈缩初末极差、用垛垒招差求月行转分进退及迟疾度数、用勾股弧矢之法求黄赤道差、用圆容方直矢接勾股之法求黄道去极度、用立浑比量求白赤道正交与黄赤道正交之距限），可谓得之。这段话的意思是说考证了七项天文数据和计算出五项新的天文数据。七项考证的数据是：

1. 至元十三年到至元十七年的冬至时刻。

2. 回归年长度及岁差常数。

3. 冬至日太阳的位置。

4. 月亮过近地点的时刻。

5. 冬至前月亮过升交点的时刻。

6. 二十八宿的赤道坐标。

7. 元大都日出日没时刻及昼夜时间长短。

五项新计算的数据是：

1. 太阳在黄道上不均匀的运行速度。

2. 月亮在白道上不均匀的运行速度。

3. 由太阳的黄道积度计算太阳的赤道积度。

4. 由太阳的黄道积度计算太阳的去极度。

5. 白道与赤道交点的位置。

最后应该注意的是，元代与西方国家交流活跃，在天文学方面也引进了不少阿拉伯国家的成果。因此元代国家级天文台有两座，一座为大都（今北京）的司天台，地点为大都东城墙下，台高七丈，分三层，院墙长约 123 米，宽约 92 米，台上置各种仪器、资料，仪器均为郭守敬制造。

二、元代天文学的东西方交流

元代有两座风格迥异的天文台，一座是上文所述位于大都的天文台，其主要仪器的制作和管理均为汉族风格，由郭守敬管理。另一座天文台设在上都，是一座阿拉伯风格的天文台。至元八年回回司天文台建成后，秩从五品，以扎马鲁丁为提点。台上安置他负责制造的七件西域天文仪器，七件仪器分别是：

1. 咱秃哈剌吉，汉译为“混天仪”，有人认为是赤道式浑仪，也有人认为是黄道浑仪。这架仪器有一个地平环，一个垂直于地平环的子午双环，双环的中线即相当于观测地的子午线。这两组环相互固结不动。在子午双环之内还有一对较小的双环,他们的中线则相当于天球上的赤经环,可以绕着天球的南北极做东西方向的转动。这些环与我国传统天文仪器浑仪一致。但在这一套结构之内,还有两个浑仪所没有的环。《元史·天文志》有这样的描述:

内第三、第四环皆结于第二环(即上述可转动的双环),又去南北极二十四度,亦可以运转。凡可运之环,各对缀铜方钉,皆有窍,以代衡箫之仰窥焉。

这里的有窍铜方钉,其功能与窥管相同,只是形制和用法不同。此仪器是源自古希腊的一种天文仪器,为托勒密式黄道浑天仪,与我国传统的赤道式浑天仪相比,外形大体相似,但具体构成和功能不同,所以在翻译时,也是用了"混"字,以区别于"浑"字。

2. 咱秃朔八台,为测验周天星曜之器。从《元史》所作的具体描述看,这是一件古希腊天文学家托勒密发明的天文仪器,即西方学者所说的托勒密长尺。其结构是这样的:一根高七尺五寸的铜表垂直立于地面,表顶设有机轴,轴上悬挂两根五尺五寸长的铜尺。外面的一根铜尺上附有同样长度的窥管一根,用来瞄准天体。两根铜尺的底端又都连在一根横尺上。整个仪器可以围绕铜表转动,而窥管可以高低转动。该仪器可以测量任意方向上天体的天顶距。由窥管、另一根铜尺(始终位于铅直位置)和底端的横尺构成一个等腰三角形,其顶角即为天体的天顶距。

3. 鲁哈麻亦渺凹只,为用来测求春、秋分时刻的仪器,《元史》汉译为春秋分晷影堂。仪器置于一座基本密闭的房屋之内,在东西方向的屋脊上开一道窄缝,日光由缝射入屋内。屋内安放一座台,台面南高北低,与天赤道面平行。贴着台面放一个半径为六尺的铜制半圆环。还有一根长六尺的铜尺,一端固定在半圆环的圆心处,另一端可沿环面移动。每当春分、秋分时,太阳处于赤道面上,阳光正好射到环面,观测此时太阳为止,便可求得准确的春分、秋分时刻。

4. 鲁哈麻亦木思塔余,为测求冬至、夏至时刻的仪器,《元史》汉译为冬夏至晷影堂。此仪器也是安放在屋内,房子有五开间,屋脊南北向,且上开一道缝。缝的正下方立一道墙。墙上挂一条长一丈零六寸的铜尺。有一挂铜尺之点为圆心,以铜尺长为半径,在墙上画一个仰天半圆规环,环上有刻度。墙下挖一深坑,人可站在坑内从铜尺的一端进行观测。每当太阳到达子午线时，日光从缝中直射下来。此时转动铜尺，对准太阳，从半圆规上可以读出太阳的地平高度或赤纬。一年中冬至和夏至的太阳赤纬分别是最大和最小时刻，所以此仪器能够测定冬、夏至的准确时刻。这件仪器实际上就是后来欧洲广泛使用的墙仪。

5. 苦来亦撒麻，即天球仪，《元史》汉译为“浑天图”。与中国传统的浑象无大差别。

6. 苦来亦阿儿子，即地球仪。一个木制圆球上面以白色表示陆地，以绿色表示江、河、湖、海。陆地和海洋的比例为 3∶7，与今天的结论很接近。

7. 兀速都儿剌不定，为定昼夜时刻的仪器，实为中世纪在阿拉伯与欧洲均十分流行的星盘。其观测太阳或恒星的设备不同于中国传统的窥管，而是在盘上置一铜条，铜条两端各立起一小块，垂直于星盘盘面，二小铜块各有一小孔，两孔连线正好通过盘面的中心轴线。通过二孔观察太阳或恒星，以确定时刻。

这些仪器与大都司天台由郭守敬制造的仪器明显不同，但回回司天台创建先于大都司天台，所以郭守敬所设计的仪器是否受到了扎马鲁丁所献七件仪器的影响，在学术界是有争论的，目前多数意见是否定的。但是元代东西方交流很多，学术上的交流必然存在，这正是史学家应该探讨的一个问题。我们应该看到，由于元代疆域辽阔，使得东西方的文化交流更为方便，从这些仪器也能看出，通过阿拉伯人还间接带来了古代欧洲的学术成果。

第四节　医药学

辽金元时期是医药学发展极为迅速的时期，《四库全书总目》在子部医家类的提要中说“儒之门户分于宋，医之门户分于金元”，由此可见金元时期的医药学是发展很快的。辽、金、元三个少数民族政权共延续了三百余年，由于风俗习惯之不同，在医药学方面也各有自己的特点。又由于防病、治病和保健是各族人民的共同需要，所以在与汉族人民的交流与融合中，促进了医药学的系统发展。契丹人对人的肌体并不像汉族那样看得神圣不可侵犯，人死以后是可以解剖的，这种风俗对于人类认识自身的结构有好处，因而对促进医学发展是有利的。另外从考古发现可知，辽代已经使用牙刷，说明当时的契丹民族已经有刷牙的习惯，并把这一习惯带到了北京[1]。

金代政府对医药工作非常重视，设有专门的管理机构，负责对医疗工作的管理和行医售药。皇室有专门的医疗机构“太医院”，共有五十名医务人员。太医院主官为太医院提点、太医院使、太医院副使及判官。以下还分科管理，每科负责官员为“管勾”。又在大兴府内设立府医院，负责官员为“医正”，下设有“医工”八人；大兴府还设立医科学校，招收学生三十人。在尚书省礼部下设有“惠民司”，是在市上出售汤药给居民的机构，主官为“惠民令”。所有医药工作者均为政府公职人员，虽没有行政权，但享有同级官员的待遇。由于政府重视，使得金代医药学的发展迅速，也出现了一批有名的医家。

元代对医药学也极为重视，曾专门派人到各地搜访名医，忽必烈即位后又重立太医院，并进一步完善其组织机构。太医院下设有医学提举司和惠民药局，前者为培养选拔医学人才并研究和考订医学著作的学术机构，后者是“掌收官钱，经营出息，市药修剂，以惠贫民”的机构[2]。由于元朝地域辽阔，包括许多民族，这也促进了各民族之间在医药学方面的交流。例如在太医院中设立广惠司和大都回回药物院，以发挥回族医学之特长。元代医学水平很高，当时在世界各国也享有极高声誉。

金元时期的医药学呈现出百花齐放的局面，这个时期出现了许多位著名的大医家，如史称“金元四家”的刘完素、张从正、李杲和朱震亨各有特色。刘完素认为“火热”是流行病的原因，主张“降火”；张从正认为应该“先攻邪后治虚”，使用“汗（发汗）、吐（催呕吐）、下（泄）”等比较烈性的治疗方法；李杲倡导“脾胃论”，以“补中益气”为主要治疗方法；朱震亨提倡“滋阴降火”，认为“阳常有余、阴（血）常不足”。他们这些主张都是经过长期的临床总结出来的，之所以有不同，各有侧重，是和当时的社会现实密切相关的。以上四位排列的先后是按照年龄为次序的，刘完素生活的时代最早。当时北宋中央政府按照国家标准药方生产各种成品药公开发售，其中不少是桂枝麻黄汤之类的温燥药。而金代初年，温热疫病流行，乱用温燥药无异于“以火益火”。所以刘完素主张首先要“降火”。李杲的

---

①曹子西主编《北京通史》第三卷，中国书店，1994，第346页。

②《元史》卷八十八，中华书局（简体字本），1999，第1476页。

医学思想也是针对时弊的，当时的汴京在战争中被围困半个月，病亡人数很多，病人多数是腹痛、便秘、腹泻，而当时流行使用苦寒药医治，这对于营养不良的病人来说是经受不住的。张从正和刘完素一样，反对使用标准的“局方”，认为“以古方治新病，甚不相宜”。朱震亨是刘完素的再传弟子，在老师的基础上又有发展，他学生众多，影响很大，远播日本，在京都地区有“丹溪之学”（朱震亨字丹溪）。“金元四家”之中，除了张从正和朱震亨的活动区域不在本书介绍的范围外，其余两位将在下面详细介绍他们的成就。

一、金代著名医家及其研究成果

（一）刘完素及其医药学研究成果

刘完素（约 1120－1200），字守真，号玄通处士、宗直子、河间处士、锦溪野老，河间（今河北河间）人。青年时期就喜爱医学，对《内经》尤有研究，经三十余年的理论研究与临床实践，终于开创了寒凉学派，又称河间学派。金章宗曾三次召其入京，授以官职，均推辞不就，一生于民间行医、讲学。著作颇丰，主要有《黄帝素问宣明论方》、《素问玄机原病式》和《素问病机气宜保命集》等。

《黄帝素问宣明论方》，原名《医方精要宣明论》，简称《宣明论方》。成于金大定十二年（1172），为一部医方学论著，全书共分十三门。卷一、卷二为诸证门，载《内经》所记各病，共六十一证，每证均有主治之方；卷三风门；卷四热门；卷五、卷六伤寒门；卷七积聚门；卷八水湿门；卷九痰饮门；卷十燥门；卷十一妇人门；卷十二补养门；卷十三诸痛门；卷十四眼目门；卷十五诸病门。

刘完素认为多数证候均由火热所致，风、湿、燥、寒诸气在病理变化中皆能化火生热，因而在治疗上多采用凉寒之药。治病以降心火、益肾水为基本原则。这一思想充分体现在他的著作中。《宣明论方》的“水湿门”中有如下论述：“湿为土气，火热能生土湿”，“湿病本不自生，因于火热怫郁，水液不能宣通，即停滞生火湿也。”在“热门”中说：“夫热病者，伤寒之类也。人之伤于寒则为病，热寒毒藏于肌肤，阳气不行散发而内为怫结，伤寒者反病为热。”这说明作者以火热病机立论的学术思想。不过本书虽主要论述火热病机，并于治疗中多使用寒凉之药，但也并非完全如此。书中共载 348 首方剂，其中属寒凉之剂有 39 方，属温热之剂有 44 方，其余则均为寒热并用或药性平和之剂。该书在我国北方的影响很大，一经问世,便迅速在北方传播,其中的新论新方对扫除因循守旧的学术风气、推动金元时期的医药学发展有重要的贡献。

刘完素于金大定二十二年(1182)完成的医学著作《素问玄机原病式》为一部论述病因机理的医学专著。由于当时战争频繁,使得百姓生活十分困苦。又有温热疫病流行,而当时的医生多数仍沿用《局方》旧制,往往按证给药,忽视临床实践与医学理论之发展,因此常有误治。又由于《局方》中用药多为辛温刚燥之剂,久服必耗伤阴血,而造成"辛燥时弊"。所以刘完素深入研究大量的火热病证,联系自己的临床实践,结合《内经》运气学说及有关理论,撰成此书,共二万余字。他在自序中说:"复虑世俗多出妄言,有违古圣之意","遂以此物立象,详论天地运气造化自然之理。"他将全书分为五运主病与六气为病两部分,根据《内经·至真要大论》中的"病机十九条",阐述大多数疾病的病机、病变均由火热引起的道理。

全书主要有以下内容:

1. 脏腑六气病机学说。作者认为,人体脏腑虚实寒热的变化,与五运六气密切相关。他在《原病式·热类》中说:"一身之气皆随四时五运六气兴衰而无相反矣。"同时,人体脏腑本气的兴衰变异、不足以及过度,也是致病的重要原因,因而提出了脏腑六气病机学说。

脏腑本气又称内六气,是指人体脏腑的生理特点,其性质是肺气清、肝气温、心气热、脾气湿、肾气寒。一旦脏腑虚实发生变化,则相应的气也会随之变化。由脏腑产生病变的性质正好与本气的原有性质相反,例如肺气本清,虚则温;心气本热,虚则寒;肾气本寒,虚则热。而脏实所出现的病证的性质则是本气的加剧,例如肺气本清,肺实则为肺寒;心气本热,心实则为火热。

根据五行相生相克原理,脏腑本气的兴衰也会破坏脏腑之间的生理平衡,并由于六气的相互干扰,还可能影响到其他脏腑而引发疾病。例如作者在《原病式·热类》分析中风证的机理时说:"中风偏枯者,有心火暴甚,而水衰不能制之,则火能克金,金不能克木,则肝木自甚而甚于火热,则卒暴僵仆。"这说明中风症的病因不仅是"心火炽盛"引起,而且还与"水衰不能制之"和"肝木自甚而甚于火热"有关。有关五行相生相克的理论是我国古代思想的基础之一,在医学领域也不例外。这种理论已经把病理和生理联系起来了,尽管和今天的医学理论相差甚远，但它确实是在世界上独树一帜的中医学的基本理论。

2. 亢害承制理论。有关亢害承制的性质和规律早在《素问·六微旨大论》中已经提出，刘完素的研究在于将此理论引申为剖析疾病的说理工具，从而形成一种独特的病机学说。通常，脏腑病变与其本气兴衰的表现是相符的，例如心气旺则热、肺气旺则湿，肾气旺则寒。但如果某气过旺，则会出现一种与通常情况相反的表现，如火过旺则反而寒冷。作者在《素问病机气宜保命集序》中总结出这种过旺的表现的规律是“木极似金，金极似火，火极似水，水极似土，土极似木，故经曰：亢则害，承乃制，谓已亢过极则反似胜己之化。”并在《原病式·热类》中指出：“五行之理，微则当其本化，甚则兼有鬼贼。”这里的“鬼贼”指的是当某气过旺时，出现的一种迷惑人的假象。因此在治疗上应该泄其过亢之气以治本，而不可以被假象迷惑而治其标。所以“俗流未之知，故认似作是，以阳为阴，失其本意，经所谓诛罚无过，命曰大惑”。

3. 玄府闭塞理论。“玄府”即“汗孔”，出自《素问·水热穴论》“所谓玄府者，汗空也”。玄府是卫气泄越的孔道，《素问·调经论》中说“玄府不通，卫气不得泄越，故外热”。

刘完素认为玄府不仅专指汗空，也不独具于人。他把人体各种组织的腠理统称为玄府，营卫、气血、津液在人体腠理的正常生理功能，乃是玄府的“气液宣通”。反之，玄府闭塞，则气血、津液不能宣通，脏腑器官也不能维护其正常的生理功能，就会出现种种病理变化。他认为玄府闭塞的主要原因是热气怫郁。在《原病式·热类》中有这样的论述：“热甚则腠理闭塞而郁结也。”“湿热甚于肠胃之内，而肠胃怫热郁结，而又湿主乎痞，以致气液不得宣通，因成肠胃之燥，使饮渴不止。”“热甚客于肾部，乾于足厥阴之经，廷孔郁结，热甚而气血不能宣通。”书中例举了郁结、痞塞、肿满、泻痢、带下、淋闷、遗尿、结核、喉闭、目盲、耳聋、中风、热厥等二十余种阳气怫郁证。另外，因感受寒邪而造成腠理闭塞、阳气怫郁而为热，他也用玄府闭塞的原因来解释。

玄府闭塞理论是刘完素在病机创新方面的一个重要内容，也是他治病擅用凉寒通导之药的理论基础。

4. 火热病机理论。这是该书的核心理论，作者将脏腑六气病机学说、亢害承制理论和玄府闭塞理论均归结为“火热”。他的三个基本观点是：(1)“六气皆从火化”，即六气最后皆转归火热，而火热又是其他诸气之本原；(2)“五志过极皆为热甚”，即情志过剧，妄动而为火；(3)“六经传受皆为热证”，说明伤寒六经病变，自始至终都属于热。总之，风、湿、燥、寒均可由热而生，或生热化火。例如呕吐者，风热甚故也；诸痛痒疮疡，皆属心火；大便涩滞，谓之风热结者等。甚至“外感寒邪或内伤生冷”，也无不由“阳气怫郁不能宣散”而生热。故凡三阴三阳病证，均属于热。这也是刘完素在临床诊疗时多用寒凉之药的原因。他以“火热论”为主要观点，被后世医家称之为温病学派之开山。

刘完素的另一部著作《素问病机气宜保命集》三卷，成于大定二十六年(1186)，为一部综合性医学著作。其内容涉及性命之源、摄生、脉诊、病机、病症、本草、针法、处方用药等。

卷上九论，分别是原道、原脉、摄生、阴阳、察色、伤寒、病机、气宜、本草；卷中十一论，分别是中风、疠风、破伤风、解利伤寒、热论、内伤、诸虐、吐论、霍乱、泄痢、心痛；卷下十二论，分别是咳嗽、虚损、消渴、肿胀、烟幕、疮疡、瘰疬、痔疾、妇人胎产、大头、小儿斑疹、药略针法。

本书主张“五运六气”之说，认为人患病在于阴阳不调，六气逆反，说：“夫百病之生也，皆生于风、寒、暑、湿、燥、火。”又力主火热一说，认为多数疾病均由火热引起。对于火热分类也非常精细，例如《热论》中举出各种热，有表热、里热、爆发而为热、服温药过剂而为热、恶寒战栗而热者。在治疗上，则主张由表及里，治标必先治本。如在《疮疡论》中说“疮疡者，火之属，须分内外，以治其本”。在《中风论》中对中风的看法是：“风本生于热，以热为本，以风为标。”在《本草论》中论述处方用药，主张七方十剂，“必本于气味生成而成方焉”，“随五脏之病症，施药性之品味”。

以上三部著作是刘完素的主要成果，各有特色，代表了作者的主要思想和观点。

(二)张元素及其医药学研究成果

张元素(1151－1234)，字洁古，易州(今河北易县)人，因二十七岁时应试不第而潜心于医学。曾经为刘完素治愈伤寒病而显名。在学术上，他既注意学习前人成果，又反对泥古不化。其治病多不用古方，认为“古方新病，甚不相宜，反以害人”，故“每自从病处方，刻期见效”，被时人称之为神医。他开创了易水学派，著名医家王好古、李杲等均为其学生。所著《药注难经》及《医方》三十卷已佚，《洁古家珍》、《珍珠囊》为残本，完整流传至今的有《医学启源》和《脏腑标本寒热虚实用药式》。其中《医学启源》是为教学而写的一本综合的医学入门教科书。

《医学启源》全书分为十二门。卷上包括天地六位脏象图、手足阴阳（下分三篇）、五脏六腑除心包络十一经脉证法（下分十二篇）、三才治法、三感之病、四因之病、五郁之病、六气主治要法、主治心法（下分十五篇）等九门。卷中包括内经主治备要（下分四篇）、六气方治（下分六篇）二门。卷下为用药备旨（下分十九篇）一门。

卷上以《黄帝内经·素问》为宗旨，吸收《中藏经》以寒热虚实进行脏腑辨证的理论和钱乙五脏虚实辨证理论，参以个人临床经验，在分析脏腑病机的基础上，附以有关脏腑诸病主治的用药心法。如肝虚，以陈皮、生姜之类补之；又可用熟地黄、黄白补其母肾。如无他证，则以钱氏地黄丸主之。肝实，以白芍药泄之；如无他证，则以钱氏泄青丸主之。又可以甘草泄其子心。

卷中、卷下吸收了《素问》中药物气味厚薄、寒热升降和五脏苦欲理论以及刘完素《素问玄机原病式》中运用五运六气理论分析六淫病机的内容，并且进一步将其扩大到制方遣药上。按六气分方为六类，即：风（包括防风通圣散等十二方）、暑（白虎汤等十方）、湿（葶苈木香散等九方）、火（凉膈散等十方）、燥（脾约丸等十方）、寒（大已寒丸等十一方）。按五运分药为五类，即：风升生（防风、羌活等二十味）、热浮长（黑浮子、干姜等二十味）、湿化成（黄芪、人参等二十一味）、燥降收（茯苓、泽泻等二十一味）、寒沉藏（黄柏、黄芩等二十三味）。该书首创了药物归经说，例如在卷上《主治心法》中说："头痛须用川芎，如不愈，各加引经药：太阳蔓荆，阳明白芷，少阳柴胡，太阴苍术，少阴细辛，厥阴茱萸。"本书于诸脏腑中最重脾胃，在卷上《五脏六腑除心包络十一经脉证法》中认为"胃者，脾之府也，……与脾为表里"，是"人之根本"，"胃气壮，则五脏六腑皆壮"，并用"补气"、"补血"二法治疗脾虚弱。该书进一步完善了脏腑辨证理论，对于后世药物学、方剂学的发展，做出了较大贡献。

（三）李杲的医学成就

李杲（1180－1251），字明之，晚号东垣老人，真定（今河北正定）人。本不从事医学工作，由于母亲患病为庸医所误，至死不知何证，所以深感医学之重要，乃立志学医。家庭富有，于是捐千金师事张元素，用心数年，尽得其传。之后又继续努力钻研，他的声望高出其师张元素之上，成为医家大宗。他擅长治疗伤寒、痈疽、眼科疾病，尤其精于脾胃功能的研究，提出了著名的脾胃学说。著作主要有《脾胃论》《内外伤辨惑论》《兰室秘藏》《用药法象》《医学发明》等。其中《脾胃论》为医学理论著作。卷上《脾胃虚实传变论》《脾胃胜衷论》《肺之脾胃虚论》等七篇；卷中《气运衰旺图说》《饮食劳倦所伤始为热中论》等十二篇；卷下《大肠小肠皆属于胃，胃虚则俱病论》《脾胃虚则九窍不通论》《胃虚脏腑经络皆无所受气而俱病论》《胃虚元气不足诸病所生论》等十九篇。各篇之下，间附少量方剂。

金代末年中原地区连年战争，百姓颠沛流离，饥寒交迫，忧惧交加，遂致脾胃元气损伤。而当时的一般医家不查病因，往往以风寒外感实证治之，犯了虚虚之戒，使得大批病人因此而死亡。为此李杲著《内外伤辨惑论》，该书以脾胃为中心，对内伤与外感之证详加区别，又著《脾胃论》详细讲述其理论。该书的基本观点是：脾胃受损而致百病。李杲认为元气虽然是人的生命活动之本，但元气之所以充足"皆由脾胃之气无所伤"（卷上《脾胃虚实传变论》），只有不受损伤的脾胃之气才能滋养元气。若"脾胃之气既伤，而元气亦不能充，而诸病之所由生也"（同上）。

李杲认为自然界的阴阳生杀体现于升降沉浮的运动变化规律之中，并将此理论引申到人的生命活动上。他在卷下《天地阴阳生杀之理在升降沉浮之间》中指出，人作为万物之一，其元气的运动同样是"升已而降，降已而升，如环无端"，而脾胃则是元气升降沉浮的枢纽。具体地讲，就是"盖胃为水谷之海，饮食入胃，而精气先输脾归胃，上行春夏之令，以滋养周身，乃清气为天者也。升已而下输膀胱，行秋冬之令，为传化糟粕转味而出，乃浊阴为地者也"。一旦脾胃受损，则会出现两种基本病理：阳气"或下泄而久不能升，……而百病皆起；或久升而不降，亦病焉"。虽然阳气的下泄不升和久升不降都可致病，但李杲更注重阳气的升发，因为只有阳气生发，才能使阳气充沛，阴火有所收敛。他在卷上《脾胃盛衰论》中阐述了由于脾胃虚弱使得阳气不能生长而阴火自然亢盛的道理。这样的理论，在李杲之前就有人提出过，而他在该书中进一步发挥了这一理论。传统中医学理论，往往与现代医学或西医理论不一致，因为是完全另外一个理论体系，这也是传统中医学理论体系的特点。该书还详细地论述了元气与阴火的关系。

在卷中《饮食劳倦所伤始为热中论》中说，因脾胃气衰，元气不足，于是"心火独盛"。而"心火者，阴火也"，它是"元气之贼"，"火与元气不两立，一胜则一负"。倘若"脾胃气虚，则下流于肾，阴火得以乘其土位"，由此可能产生一系列的阴火独盛现象。

他在卷上《脾胃盛衰论》和《皮虚实传变论》中，归纳总结了造成脾胃虚弱、阴火上升的原因：第一，"饮食不洁则胃病，胃病则气短、精神少而生大热，有时而显火上升独燎其面……胃既病，则脾无所禀受……故亦从而病焉"；第二，"形体劳役则脾病……脾既病，则其胃不能独行津液，故亦从而病焉"；第三，"喜怒忧恐，损耗元气，资助心火"。心火盛则脾病书中指出，以上三者往往是交互致病，而以精神因素为先导。所以卷中《阴病治阳，阳病治阴》中指出，所谓精神因素为先导即"皆先由喜、怒、忧、悲、恐，为五贼所伤，而后胃气不行，劳役饮食不洁继之，则元气乃伤"。

《脾胃论》与《内外伤辨惑论》两书都是李杲的重要著作，奠定了我国古代脾胃学说的基础，对于后世中医学产生了重大的影响。两部书的立论虽各有不同，但在《脾胃论》一书中仍对内伤和外感这两类疾病作了简要的辨析。指出二者的病证"颇同而实异"，因为"内伤脾胃，乃伤其气；外感风寒，乃伤其形"。病证不同，治疗方法当然也不同，因为"伤其外为有余，有余者泄之；伤其内为不足，不足者补之"。并告诫说"内伤不足之病，苟误认作外感有余之病而反泄之，则虚其虚也。实实虚虚，如此死者，医杀之耳"。这些论点都在卷中《饮食劳倦所伤始为热中论》详细叙述。李杲重视脾胃阳气的生发，对因脾胃虚弱、清阳之气下陷而引起的内伤疾病，主张先以甘温之剂补中升阳，其次以甘寒之剂泄其火热，从而较好地解决了升阳与泄火之间的矛盾，这就是著名的"甘温除热法"，其代表方剂就是补中益气汤。因此他成为了"补土派"的先驱人物。

二、元代北京的著名医药学家及其主要成就

蒙古族有丰富而独特的医药经验，元朝建立后，与先进的汉族医药和医疗、卫生保健制度相结合，使医药学得到了进一步发展。而在这一时期内，阿拉伯医学和医事制度对元代也有很大的影响。在医事制度方面，元太宗窝阔台曾吸取宋代经验，任命其亲信大臣田阔阔为太医大使，专门负责管理征召来的名医。乃

马真后摄政之初，专门成立太医院。蒙哥继位之初，又在太医院中增置提点等职。

忽必烈继位后，重立太医院，并陆续增设属官、司局，使其机构更加完备，在太医院中任职的官吏有：太医院使十二人，同知、佥院、同佥、院判、经历、都事各二人，其余吏员二十余人。在太医院之下，分设掌管回回药物的广惠司和大都、上都回回药物院，掌管从各地搜刮到的各种珍贵药品的御药院，掌管封建帝王巡幸用药的御药局等，专门为蒙古贵族服务①。

大都的太医院下，还设有医学提举司和惠民药局。医学提举司是学术机构和管理机构，负责培养和选拔医学人才，并负责考订医学著作。惠民药局最早成立于窝阔台汗九年(1237)，以田阔阔和太医王璧、齐楫等为局官，又在燕京等十路分设药局，给银五百锭为规运之本，择良医以疗贫民之疾。元世祖忽必烈正式建立太医院是在1260年，其官员为正二品，掌医事、制奉御药物以及领各属医职等。其后又分别于1261年和1263年建立了大都惠民局和上都惠民局，其官员为从五品，掌收官钱经营市药、修剂，以惠贫病之民。1262年还仿宋徽宗设立“医学”，以培养医务人才。医学提举司正式建立于1272年，专门负责太医及各级医学人才的考核，并负责校勘以及指导各路医学以及辨别药材等。1282年，又正式建立为太子保健服务的典医监等机构。为了满足回族士兵及民众之需，1270年设立广惠司(原名京师医药院)，其提举为正三品。1292年，于广惠司之下建立回回药物院，职别从五品，专门管理回回药事，使阿拉伯医学在中国得到广泛流传②。以下介绍两位元代医学家的研究成果：

(一)王好古与《阴证略例》

王好古(1200—1264?)，字进之，号海藏老人，赵州(今河北赵县)人。曾任本州医学教授，兼提举管内医学，晚年隐退。他先师从张元素，后受业于李杲，尽得其传。在学术上重视对伤寒阴证的研究，一生著作颇丰，有《阴证略例》《医垒元戎》《汤液本草》《此事难知》《癍论萃英》等。还有已经失传的著作《伊尹汤液仲景广为大法》《活人节要歌括》《仲景详辨》等。其中最主要著作为《阴证略例》一卷，

---

①《元史》卷八十八，中华书局(简体字本)，1999，第1475页。

②《元史》卷八十八，中华书局(简体字本)，1999，第1476页。

成于元太宗八年(1236),为伤寒专著。作者认为“伤寒,人之大疾也。其候最急,而阴证毒为尤惨。阳则易辨而易治,阴则难辨而难治”。作者深恐医家误诊误治,故“积思十余年”,三易其稿而成此书。

《阴证略例》全书共三十余条。首列“岐伯阴阳脉例”,其次为“洁古老人内伤三阴例”,再举作者“内伤三阴例”,其后按伤在厥阴、少阴、太阴分论之,最后是伊尹、扁鹊、张仲景、许叔微、韩祗和诸例。各证之后,间附药方。书末载《海藏治验录》一篇,所举八证,均为作者亲历之验证。书中有证有方,有辨有论。

张仲景的伤寒六经辨证理论以伤寒为外感疾病,该书将其同张元素、李杲的脾胃学说相结合,提出了“伤寒内感阴证”的独到见解。王好古认为,伤寒三阴证除了外感因素外,多系内感寒湿之邪所致。所谓内感,是指饮食冷物、误服凉药或感受霜露、山岚、雨湿、雾露之气。此类病邪皆由口鼻吸入,使“三阴经受寒湿”而发病。因此与病邪自皮毛肌肤侵入的外感伤寒是不同的。作者认为伤寒内感阴证患者体内阳气虚亏的现象为“元阳中脱”,并分“元阳中脱”为“内消”和“外走”二证。他在《论元阳中脱有内外》条中说:“或有人饮冷内伤,一身之阳便从内消,身表凉,四肢冷,脉沉细,是谓阴证。”“若从外走,身表热,四肢温,头重不欲举,脉浮弦,按之全无力”,是为“外热内寒证”。说明他对于伤寒内感阴证的分析是很细致的。他还提醒说,内消者易知,而外走者,倘医家或病人不察,以解表药或自服蜜茶,沐浴覆盖等方法强令出汗,则死者多矣。

《阴证略例》虽为伤寒论专著,但只研究阴证,且分析得十分细致,并有独到的见解,其“伤寒内感阴证”理论及其方药运用,为伤寒学做出了很大贡献。

(二)忽思慧与《饮膳正要》

忽思慧,(也有翻译为和思辉的)为蒙古族营养医学家,生卒年不详。延祐年间(1314—1320)任饮膳太医,主管宫廷饮食及药物补益等工作,因此于营养学方面多有研究。在他任饮膳太医期间,接触到大量奇珍异馔、汤膏煎造,因而与大臣常普兰奚参考诸家本草、名医方术,并结合日常所用食物进行研究,取其“性味补益”而写成营养学专著《饮膳正要》三卷,约三万一千二百余字。

该书内容丰富,从理论上比较深刻地阐述了饮食养生的问题。卷一首先列出《三皇圣纪》《养生避忌》《妊娠食忌》《乳母食忌》《饮酒避忌》等五篇,然后是“聚珍异馔”九十四种。卷二载“诸般汤煎”五十六种,“诸水”三种,“神仙服饵”二十四种，“食疗诸病”六十一种，并论四时所宜、五味偏走、食物利害、食物相反、食物中毒、禽兽变异等问题。卷三载“米谷品”三十一种，“兽品”三十一种，“禽品”十九种，“鱼品”二十二种，“果品”三十九种，“菜品”四十七种，“料物”（即调味品）二十八种。所载肴馔浆汤、鱼肉果菜均详述其功能、组成和制作方法。在饮食卫生方面指出妊娠食忌十六种、饮酒避忌三十二项，不可混食的食物五十余种，可以引起中毒的食物十八种，形象异常不可食的禽兽二十六种。还指出各种疾病患者的饮食禁忌，例如在卷二“五味偏走”中写道：“肝病禁食辛，心病禁食咸，脾病禁食酸，肺病禁食苦，肾病禁食甘。”在饮食养生方面，作者主张清心寡欲，认为过与不及都不利于健康。在卷一“养生避忌”中指出：“夫安乐之道在乎保养，保养之道莫若守中，守中则无过与不及之病。……故养生者既无过耗之弊，又能保守真元，何患乎外邪所中也。”如何才能做到这些，作者进一步在“养生避忌”中指出：“善摄生者，薄滋味、省思虑、节嗜欲、戒喜怒、惜元气、简语言、轻得失、破忧阻、除妄想、远好恶、收视听、勤内固、不劳神、不劳形。形神即安，病患何由而致也。”依此理论来指导饮食，则应该“先饥而食、食弗令饱。先渴而饮，饮勿令过”。这些理论与养生经验，在今天看来，大多仍具有科学道理。在我国食疗方史上，忽思慧可称第一人。他的许多理论流传至今，仍然是中医保健学家遵循的原则。

我国历来重视食疗，尤其唐宋时期，曾有过不少相关的著作。但从理论性和系统性方面考虑，《饮膳正要》为最全面、水平最高的著作。这是因为蒙古族统治者注重饮食，宫中设有食医与食官，由中央政府出面组织专门学者参与研究，在研究条件方面显然是有保障的。例如忽思慧此书的合作撰写者常普兰奚，其曾祖父和祖父都先后担任过成吉思汗的宿卫兼典御膳，而元世祖忽必烈更是“食饮必稽于本草”，设置有执掌饮膳的太医四人，并建立了比较严格的规章制度。由此可见，北京科学技术的发展，是与京师的地位分不开的。皇帝的好恶，可以直接影响到某一学科的发展。

《饮膳正要》的另一重要贡献是广泛吸取了汉、蒙、藏、维等各民族的食疗经验，并将许多外来药物和食物介绍到中原地区。如蒙古族食品“马思塔吉汤”、“赤赤哈纳”、“阿八儿忽鱼”、“咱夫兰”等。又如回回药“物八担仁”、“必思答”等。这些来自不同民族和地区的食物、药物，反映了当时各民族文化交流的情况。

第五节　宋辽金元时期的数学成就

宋辽金元时期即 13 世纪的中国数学成就颇多，从明代程大位撰《算法统宗》书末“算经源流”部分开列的许多数学著作中，可以感受到这一点。只可惜其中的绝大部分均已失传，流传至今的有①：

宋秦九韶撰《数书九章》(1247 年)

金李冶撰《测圆海镜》十二卷(1248 年)

金李冶撰《益古演段》三卷(1259 年)

宋杨辉撰《详解九章算法》十二卷(1261 年，现已不全)

宋杨辉撰《日用算法》二卷(1262 年，现已不全)

宋杨辉撰《杨辉算法》七卷(1275 年)

元朱世杰撰《算学启蒙》三卷(1299 年)

元朱世杰撰《四元玉鉴》三卷(1303 年)

元丁巨撰《丁巨算法》八卷(1355 年)

元贾亨撰《算法全能集》二卷(元末)

元安止斋、何平子撰《详明算法》二卷(明初 1373 年始有刊本)

上述数学家中与本书有关的是李冶和朱世杰，以下将对这两位科学家的成就作概要介绍。

一、著名的数学家、文学家和史学家——李冶

北宋灭亡后，金朝的历法受中国传统影响很深，其使用的数学方法继承唐宋成果，在数学方面受政治格局的影响形成了南北两大流派。南方以秦九韶为代表，北方则以李冶为代表，天元术的成熟是其标志。所谓天元术就是将未知数作为运算对象引入到数学中来，犹如现代的代数中以 x 为未知数。

①参阅刘钝《大哉言数》，辽宁教育出版社，1993 年，第 20—23 页。

李冶(1192－1279),原名李治,因与唐高宗李治同名而改为李冶。字仁卿,号敬斋,真定栾城(今河北栾城县)人,金明昌三年(1192)出生于大兴(今北京大兴区),是著名的数学家、文学家和史学家。除了前述数学著作外,还有《泛说》四十卷、《敬斋古今黈》四十卷、《文集》四十卷、《壁书丛削》十二卷。其中《泛说》《文集》与《壁书丛削》均已失传。李冶自幼勤奋好学,“手不释卷,性颖悟,有成人之风。既长,与河中李钦叔、龙山冀京甫、平晋李长源为同年友。”正大七年(1230)李冶考中词赋科进士,被任命为高陵县(今陕西高陵县)主簿,未上任即被调往钧州任代理知州。时值北方蒙古实力逐渐强大并不断南侵,金开兴元年(1232)正月,蒙古大军攻克钧州,李冶“微服北渡,流落忻崞间,人所不能堪”[①]。即在忻州(今山西忻州市)和崞县(今山西原平市北)一带流浪。其间生活虽然艰苦,但依然坚持不懈地研究学问。经过一段颠沛生活之后,回到河南阳翟(今河南禹州市)。此时李冶已有五十岁,学术上已经成熟,开始著书立说。

《测圆海镜》是李冶最为重要的著作,也是他自己最珍爱的研究成果。临终前他对儿子克修说:“吾生平著述,死后可尽燔去。独《测圆海镜》一书,虽九九小数,吾尝精思致力焉,后世必有知者,庶可布广垂永乎!”[②]《测圆海镜》在我国数学史上是占有重要地位的一部专著,主要论述勾股容圆问题,同时在论述中系统地总结和介绍了当时的最新数学成就——天元术。李冶在该书的序中写道:“数本难穷,吾欲以力强穷之,彼其数不惟不能得其凡,而吾之力且惫矣。然则数果不可以穷耶?既以名之数矣,则又何为而不可穷也。故谓数难穷,斯可;谓数为不可穷,斯不可。何则?彼其冥冥之中,故有昭昭者存。夫昭昭者,其自然之数也,非自然之数其自然之理也。数一出于自然,吾欲以力强穷之,使隶首复生,亦未如之何也已。苟能推自然之理以明自然之数,则虽远而乾端坤倪,幽而神情鬼状,未有不合者矣。”这段话十分鲜明地阐述了他的观点,即数虽难穷但其理可知。对待数的正确态度应该是“推自然之理以明自然之数”,只有这样,才能掌握数学的规律并应用于实践。《测圆海镜》是李冶在隐居崞县时的著作,据说是受到一部名为《洞渊九容之说》的算书的启发而写的。如他在序中写道:“吾自幼喜

---

①李迪《中国数学通史・宋元卷》,江苏教育出版社,1999年,第192页。

②李迪《中国数学通史・宋元卷》,江苏教育出版社,1999年版,第200页。

算数，恒病夫考圆之术，例出于牵强，殊乖于自然，如古率、徽率、密率之不同，截弧、截矢、截背之互见，内外诸角，析剖支条莫不各自明家，与世作法及反复研究，卒无以当吾心焉。老大以来，得洞渊九容之说，日夕玩绎，而响之病我者，使爆然落去而无遗余。山中多暇，客有从余求其说者，于是乎又为衍之，遂累一百七十问。即成编，客复目之《测圆海镜》，盖取夫天临海镜之义也”。“洞渊九容之说”究竟是什么，已无原稿可考，但《测圆海镜》的研究肯定是从“洞渊九容”开始的。

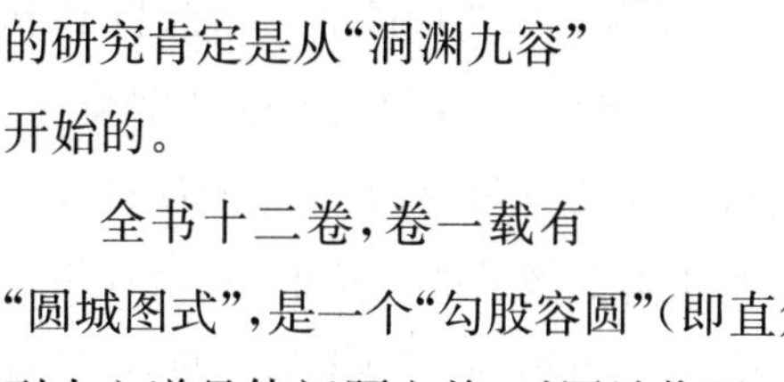

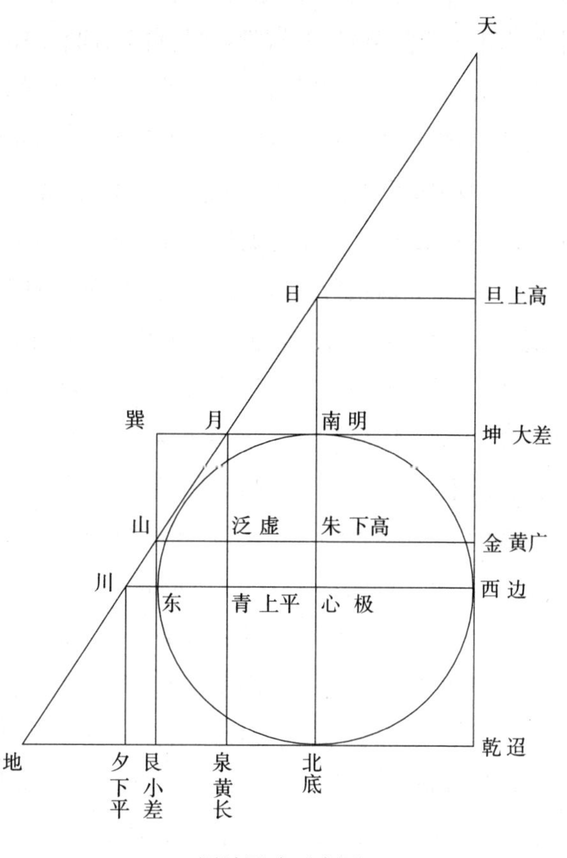

圆城图式示意图

全书十二卷，卷一载有“圆城图式”，是一个“勾股容圆”（即直角三角形的内切圆）的图形。在第二卷所列十六道具体问题之前，对圆城作了一些说明：“假令有圆城一所，不知周径。四面开门，门外纵横各有十字大道，其西北十字道头定为乾地，其东北十字道头定为艮地，其东南十字道头定为巽地，其西南十字道头定为坤地。所有测望杂法，一一设问如后。”全书所有问题都与这一图式有关。“圆城图式”之后是“总率名号”，即给出了图式中各个勾股形（即若干直角三角形）的名称，卷一的第三部分是“识别杂记”，主要阐明各个勾股形边长之间的关系以及这些边长与大勾股形内切圆直径的运算关系，相当于给出了六百多个定理或公式。卷二至卷十二都是具体算题，共计一百七十题。每题分问、答、法、草四部分。“问”即问题，“答”即答案，“法”即解题的具体方法，“草”则是用天元术对解题方法作详细的论证和说明。所有问题大多是讨论给定勾股形，求其内切圆、旁切圆的直径的问题。书中给出十个容圆公式，即勾股容圆、勾上容圆、股上容圆、弦上容圆、勾股上容圆、勾外容圆、股外容圆、弦外容圆、勾外容半圆、股外容半圆。除了第一个勾股容圆公式外，其余九个大概就是序言中所说的“洞渊九容”了。

“圆城图式”中，除用天、地、乾三个汉字表示顶点的大勾股形（即直角三角形）外，还有12个大小不等的较小勾股形，并分别以不同的汉字标识，还为各个三角形取名（如前图所示），它们是通、边、底、黄广、黄长、上高、下高、上平、下平、大差、小差、皇极、太虚、名、叀。在书中是这样表示的：“天之地为通弦，天之乾为通股，乾之地为通勾。天之川为边弦，天之西为边股，西之川为边勾……”在“今问正数”部分，该书首先以一组实际数据给出了图中各线段之间的关系，例如“通弦六百八十，勾三百二十，股六百。勾股和九百二十，较二百八十。勾弦和一千，较三百六十。股弦和一千二百八十，较八十。弦教和九百六十，较四百。弦和和一千六百，较二百四十……”其中的较是差的意思，如书中设定勾长320，股长600，则勾股之和为920，勾股之差为280。如果设大勾股形的内切圆的直径为D，则利用图中各直角三角形的边来表示D的数值的公式有10种，即10个容圆和半容圆问题。为了使用现代惯用符号表示，设大勾股形的勾、股、弦分别为a、b、c，再将其余12个勾股形从1到12编号，例如由天川西构成的三角形为1，其勾、股、弦分别为a_1、b_1、c_1；由日地北构成的三角形为2，其勾、股、弦分别为a_2、b_2、c_2；由天山金构成的三角形为3；由月地泉构成的三角形为4；由天日旦构成的三角形（和由日山朱构成的三角形）为5；由川地夕构成的三角形（和由月川青构成的三角形）为6；由天月坤构成的三角形为7；由山地艮构成的三角形为8；由日川心构成的三角形为9；由月山泛构成的三角形为10；由日月南构成的三角形为11；由山川东构成的三角形为12。则可以得到以下10个公式：

勾股容圆：$D=\dfrac{2ab}{a+b+c}$

勾上容圆：$D=\dfrac{2a_1b_1}{b_1+c_1}$

股上容圆：$D=\dfrac{2a_2b_2}{a_2+c_2}$

勾股上容圆：$D=\dfrac{2a_9b_9}{c_9}$

勾外容圆：$D=\dfrac{2a_7b_7}{b_7+c_7-a_7}$

股外容圆：$D=\dfrac{2a_8b_8}{a_8+c_8-b_8}$

弦外容圆：$D=\dfrac{2a_{10}b_{10}}{a_{10}+b_{10}-c_{10}}$

勾外容半圆：$D=\dfrac{2a_{11}b_{11}}{c_{11}-a_{11}}$

股外容半圆：$D=\dfrac{2a_{12}b_{12}}{c_{12}-b_{12}}$

还有一个公式是：

弦上容圆：$D=\dfrac{2a'b'}{a'+b'}$

其中 a′和 b′如图所示。在《测圆海镜》中是用这样一个实际问题来表述的：

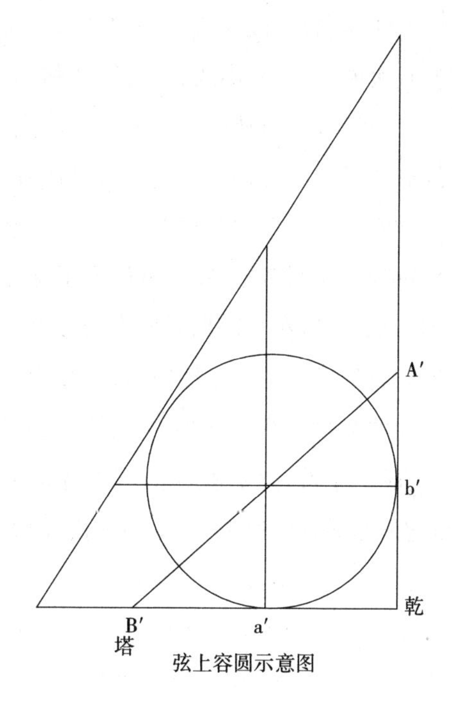

弦上容圆示意图

或问甲乙二人同立于乾地，乙东行一百八十步遇塔而止。甲南行三百六十步回望其塔，正居城径之半。问城径几里。

答曰：城径二百四十步。

法曰：此为弦上容圆也。以勾股相乘倍之，为实，以勾股和为法。

所有这些线段的长度都是在“今问正数”中直接给出的，而且各个线段之间以及各线段与内切圆直径的关系，也是直接给出，并没有证明甚至没有任何推导。例如“识别杂记”中有：“天之于日与日之于心同”，“心之于川与川之于地同”，“日之于心与日之于山同”，“川之于心与川之于月同”。“通弦上勾股和即一城径、一通弦也，其较即勾圆差、股圆差较也。勾弦和即二勾一大差，其较则大差也。股弦和即二股一小差，其较则小差也。”

所有这些都类似于今天的公理、定理或公式。但是仅仅给出了结论，而没有做任何证明或推导。这些定理或公式在“识别杂记”中有六百多条，其中有一大批是为某个线段定义名称的。例如在⊿日心川中，因日心＝日山，所以日川－日山＝山川叫做小差；又因为川心＝川月，所以日川－川心＝日月叫做大差。之所以如此命名，是因为线段山川比日月短，故有大、小差之分。此外还有角差（远差）、次差（近差）、高股、平勾等名称。

成就辉煌但缺少推理是我国古代科学的特征，这大概与我国古代科学体系的形成过程有关，尤其是算学。科学技术起源于生产实际需要，所以多数成果都非常实用。就数学学科而言，往往只给出算法，甚至直接给出结果而不去论述推导过程，《测圆海镜》就充分体现了这一点。例如在“圆城图式”中首先给出15个勾股形，然后在“率总名号”中为这15个勾股形命名和规定45个线段（每个勾股形都有勾、股、弦三个线段），而“今问正数”中就直接给出上面所规定的各个线段之间的数量关系。这些数量关系共分为13组，每组13个数。都是首先给出弦、勾、股三个数，之后在此基础上算出另外10个数。如果以a、b、c分别表示勾、股、弦的话，则“通弦”一组的现代表示方式为：

$c=680, a=320, b=600$

$a+b=920, b-a=280$

$c+a=1000, c-a=360$

$c+b=1280, c-b=80$

$c+(b-a)=680+280=960, c-(b-a)=680-280=400$

$c+(a+b)=680+920=1600, (a+b)-c=920-680=240$

其余12组与此格式一样，只是针对不同的直角三角形，所以总共给出13×13=169个数。这些数在以后的计算中是直接引用的，所以“今问正数”其实就是一个数表。

13组数中的第一组是关于与“城”相切的最大直角三角形的，也是最基本的。由三个数（边）320、600、680组成。这组数的特点是它们都是40的整数倍，分别是8倍、15倍、17倍。而8、15、17是两两互素的，而且三数之和又是40。这三个数早在《九章算术》中就使用过。在《九章算术》的勾股章第十六题中有这样的叙述：

今有勾八步，股十五步，问勾中容圆，径几何？

答曰：六步。

术曰：八步为勾，十五步为股，为之求弦。三位并之为法，以勾乘股倍之为实，实如法得径一步。

李冶选取这一组数为基本数据，大概也是承袭前人研究成果，但在《测圆海镜》中还有新的发展。13 组数中，每组的第 13 个数最有特征，它们是所对应的直角三角形的三边之和（书中称之为弦和和），而且都是最终换算成以最大的勾股形（天地乾）的三个边或两个边或一个边来表示。它们是：

通弦和和＝a＋b＋c　（⊿天地乾）
边弦和和＝b＋c　（⊿天川西）
底弦和和＝a＋c　（⊿日地北）
黄广弦和和＝2b　（⊿天山金）
黄长弦和和＝2a　（⊿月地泉）
高弦和和＝b　（⊿天日旦、⊿日山朱）
平弦和和＝a　（⊿川地夕、⊿月川青）
大差弦和和＝b＋c－a　（⊿天月坤）
小差弦和和＝a＋c－b　（⊿山地艮）
黄极弦和和＝c　（⊿日川心）
太虚弦和和＝a＋b－c　（⊿月山泛）
明弦和和＝c－a　（⊿日月南）
叀弦和和＝c－b　（⊿山川东）

所有这些三角形共计 15 个，其中上高和下高全等，上平和下平全等，所以只有 13 个公式。这 13 个直角三角形都是相似的，若已知某一三角形的三边之和 s，即可根据统一的公式计算出它的勾、股、弦：

$$勾=\frac{a}{a+b+c}\times s$$

$$股=\frac{b}{a+b+c}\times s$$

$$弦=\frac{c}{a+b+c}\times s$$

在《测圆海镜》中所罗列的大量命题，都是不加任何证明的，用极其简单的语言，围绕“圆城图式”阐明了各个线段之间的关系。例如若以D表示城径，a、b、c分别为勾、股弦，则与“通勾股形”相关的命题是：

通弦上勾股和即一城径一通弦也　　　$a+b=D+c$

其较即勾圆差股圆差较也　　　$b-a=(b-D)-(a-D)$

……

除卷一“圆城图式”中给出的一组数据外，还有“新设四率”，即给出另外四组数据。其中第一和第二率的城径与“今问正数”同，第三和第四率的城径与“今问正数”不同。仅将这四组数据的第一组即通勾股形抄录于后：

新设第一率：通弦六百，勾三百六十，股四百八十。

新设第二率：通弦七百八十，勾三百，股七百二十。

新设第三率：通弦一千四百，勾三百九十二，股一千三百四十四。

新设第四率：通弦三千六百九十，勾八百一十，股三千六百。

李冶是否通过某种形式的推证而得出这些结论，在《测圆海镜》中无法看出。但是可以肯定地说，为了确保如此大量的命题的正确性，李冶不可能不进行推证。正如他自己所说，是对洞渊九容之说“日夕玩绎”的结果，这其间包含了多少艰辛的演算、画了多少草图和进行了多少推证，并未写入《测圆海镜》中。这样巨大的工作量，在当时的计算技术条件下，其艰苦程度可想而知。《测圆海镜》和《益古演段》这两部不朽的数学巨著，使李冶无论在中国或世界范围内，都称得上是杰出的数学家。然而李冶却非常谦虚地称其为“九九贱技”，并在自序的最后写道：“览吾之编，察吾苦心，其悯我者当百数，其笑我者当千数。乃若吾之所得，则自得焉尔，宁复为人悯笑计哉！”这大概也与当时的社会环境有关，一般知识分子本应走学而优则仕的道路，而李冶却潜心于“九九小数”，所以才有了上面这段话。关于我国传统学术思想与西方的区别，从表面上看，我们似乎更重视计算方法的研究，而西方学者从一开始就是从几个公理出发，通过严格的逻辑推理建立一系列的定理，从而形成比较完整的学科体系。但是分析李冶的成就，就会使人想到，如此复杂的结果，倘若没有一套推理的方法和技巧，是很难完成的。只是可惜没有留下记录其推理过程的著作。另外，在中国传统学术思想中，对于自然科学的重视远不如对政治、伦理等学问，所以才有“九九小数”的说法。生活在这样环境之中的李冶能潜心于数学，真是难能可贵。

事实上，李冶的才华并不仅仅在数学方面，从文史到自然科学，无所不包，当然数学成就最为突出。除上述两部数学著作外，他还著有《敬斋文集》四十卷、《壁书蘩削》十二卷、《泛说》四十卷、《敬斋古今黈》四十卷。这些著作包括文学、读书笔记、评论、杂记和数学等多种类型，足见其学识渊博。李冶对于治理国家也是有独到见解的，而且也确实曾经在元世祖面前表达过自己的看法，《元史》有这样的记载①：

世祖在潜邸，闻其贤，遣使召之，且曰：“素闻仁卿学优才赡，潜德不耀，久欲一见，其勿他辞。”既至，问河南居官者孰贤，对曰：“险夷一节，惟完颜仲德。”又问完颜合答及蒲瓦何如，对曰：“二人将略短少，任之不疑，此金所以亡也。”又问魏徵、曹彬何如，对曰：“徵忠言谠论，知无不言，以唐诤臣观之，徵为第一。彬伐江南，未尝妄杀一人，拟以方叔、召虎可也。汉之韩、彭、卫、霍，在所不论。”又问今之臣有如魏徵者乎，对曰：“今以侧媚成风，欲求魏徵之贤，实难其人。”又问今之人才贤否，对曰：“天下未尝乏材，求则得之，舍则失之，理势然耳。且今之儒生有如魏璠、王鹗、李献卿、蓝光庭、赵复、郝经、王博文辈，皆有用之材，又皆贤王之所尝聘问者，举而用之，何所不可？但恐用之不尽耳。然四海之广，岂止此数子哉。王诚能旁求于外，将见集于明廷矣。”

又问天下当何以治之，对曰：“夫治天下，难则难于登天，易则易于反掌。盖有法度则治，按名责实则治，进君子退小人则治，如是而治天下，岂不易于反掌乎！无法度则乱，有名无实则乱，进小人退君子则乱，如是而治天下，岂不难于登天乎！且为治之道，不过立法度、正纪纲而已。纲纪者，上下相维

①《元史》卷一百六十，中华书局（简体字本），1999，第2508页。

持;法度者,赏罚示惩劝。今则大官小吏,下至编氓,皆自纵欲,以私害公,是无法度也。有功者未必得赏,有罪者未必得罚,甚则有功者或反受辱,有罪者或反获宠,是无法度也。法度废,纪纲坏,天下不变乱,已为幸矣。”

但与一般士大夫不同,虽然李冶在治国安邦方面有一套自己的政治主张,对社会现状的观察也有自己独到的见解,但对于做官却无兴趣。元世祖曾于中统二年(1261)请他为翰林学士知制诰同修国史,他以老病为由婉言谢绝;至元二年(1265)再诏,才勉强就职,但就职数月后又以老病辞归。以后一直在封龙山讲学、著述,专心研究数学,直至病逝。

二、《测圆海镜》与天元术

《测圆海镜》从卷二开始,即在卷一的基础上对170道问题进行求解。该书最重要的贡献是,系统而概括地总结了当时数学的最新成果:天元术。天元术是以文字代表未知数并用于建立方程式的方法,其步骤大致如下:首先“立天元一”,这相当于现代数学中所设未知数x;然后根据问题的已知条件,列出两个等值的多项式;最后把两个多项式相减,得到一个一端为零的高次方程。这样的高次方程即为天元开方式,其表示方法是在一次项系数旁记一“元”字(或在常数项旁记一“太”字),“元”以上的系数表示各正次幂,每上一行增加一次幂;“元”以下一行表示常数项,在往下一行系数表示负次幂,每下一行加负一次幂。如以“太”为基准,则以上的系数表示各正次幂,以下的系数表示各负次幂。这在中国传统数学发展中是一个重要的创造,是符号代数的开端,在当时的世界数学界也是领先的。在《测圆海镜》全书的170道题中,基本上都是通过列出天元式,来求得勾股容圆问题的解。天元术并非李冶首创,在他之前,已有不少关于天元术的著作,如蒋周的《益古》、李文一的《照膽》、石行道的《钤经》、刘汝谐的《如积释锁》等。但这些早期著作皆早已无存,所以《测圆海镜》是今天我们所能见到的最早使用天元数的书籍。清阮元称《测圆海镜》是“中土数学之宝数”,李善兰则称赞它是“中华算书实无有胜于此者”。此书16世纪传入日本和朝鲜,影响很大。

现以书中一道问题为例说明天元术之用法:

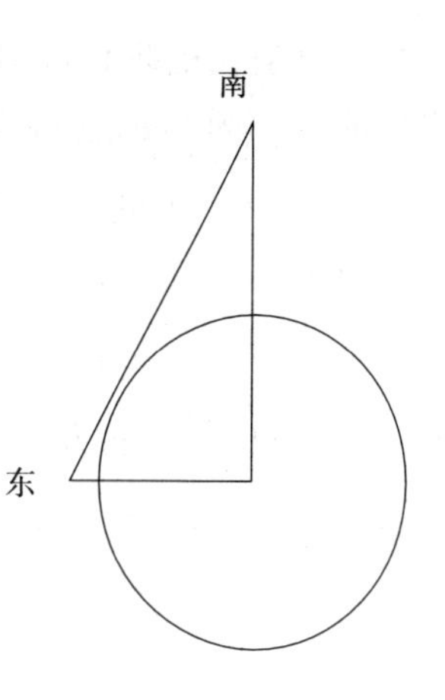

或问：丙出南门直行一百三十五步而立，甲出东门直行一十六步见之。

这一类问题都是求圆城的城径，当然结果还是城径二百四十步。其具体解法是：

法曰：以丙行步一百三十五再自之，得二百四十六万〇三百七十五于上。

即：$135^3=2460375$

又以甲行一十六乘丙行幂一万八千二百二十五，得二十九万一千六百，以乘上位，得七千一百七十四亿四千五百三十五万为三乘方实。

即：$16\times135^2=16\times18225=291600$

$291600\times2460375=717445350000$

以二行步相乘，又倍之，得四千三百二十，以乘丙行步，再自之，数得一百六亿二千八百八十二万为益从。

即：$135\times16\times2\times135^3=10628820000$

第一廉空，即为0

以甲行乘丙行幂，得二十九万一千六百，又倍之，得五十八万三千二百于上，四之甲行幂一千〇二十四，以乘丙行步，得一十三万八千二百四十，减上位，余四十四万四千九百六十，为第二廉。

即：$16\times135^2\times2=583200$

$4\times16^2\times135=138240$

$583200-138240=444960$

二行步相乘，得二千一百六十为虚常法。

即：$16\times135=2160$

得丙行步上勾弦差八十一。

上述算法的现代数学表示为一四次方程：

$$717445350000-10628820000X+444960X^3-2160X^4=0$$

解得 X=81(即丙行步上勾弦差为八十一)。这其实是圆城图式中⊿日月南的勾弦差。即“今问正数”中关于明勾股形的描述：“明弦一百五十三，勾七十二，股一百三十五。勾股和二百〇七，较六十三。勾弦和二百二十五，较八十一……”。书中并未对方程的求解过程作任何描述，也没有对天元术进行解释，只是直接给出了结果。然后由此值可继续按下式求得城径：

$$城径=\frac{丙行步\times(丙行步^2-丙行步上勾弦差^2)}{丙行步上勾弦差^2}$$

$$=\frac{135\times(135^2-81^2)}{81^2}=240(步)$$

三、《益古演段》的成就

《益古演段》是李冶在完成《测圆海镜》之后，于1259年完成的又一部数学著作。《益古演段》三卷是李冶读了蒋周的《益古集》后，觉得该书有些问题没有展开讨论而写的，他在序中写道：“近世有某者，以方圆移补成编，号《益古集》，真可与刘(徽)李(淳风)相颉颃。余犹恨其闷匿而不尽发，遂为移补条段，细翻图式，使粗知十百者，便得入室啖其文，顾不快哉！”[①]这是一本关于“方圆移补”方面的书，是普及天元术的科普著作。其学术成就虽不如《测圆海镜》，但仍是当时一部非常了不起的学术著作。何谓“演段”？清代李锐是这样解释的：“所谓演者，演立天元；段者，以条段求之也。”

《益古演段》共有64个数学问题，分为三卷，上卷22题，中卷20题，下卷22题。所讨论多为方圆组合问题，所求多为圆径、方边、周长等。每题均包括问、答、法、条段、义五个部分。“问”即问题；“答”即答案；“法”是用天元术布列并推演方程的具体方法；“条段”以图解法给出算式；“义”则是对图解的简要说明。“法”是最核心部分，相当于《测圆海镜》中的“草”，即用天元术详细列出方程。同样有三个步骤，首先立天元一，即设未知数x，然后根据问题的已知条件，列出两个等值的多项式，最后将二式相减生成一个一端为零的高次方程。但其表示方法与《测圆海镜》

①转引自《中国学术名著提要》科技卷，复旦大学出版社，1996，第42页。

略有不同:《测圆海镜》的排列次序是正次幂在上,负次幂在下,而《益古演段》正相反,即负次幂在上,正次幂在下。例如对于同一方程:

$$X^3+336X^2+4184X-2488320=0$$

在《测圆海镜》和《益古演段》中的表示分别如下:

元　　　　元

测圆海镜 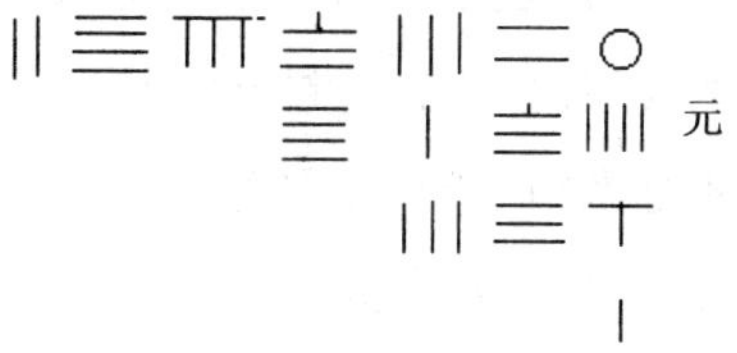　　　　益古演段

该书在普及和推广当时数学最新成果天元术方面的作用是非常重要的,元代学者砚坚在为该书所写的序言中,称其为“学者之指南”,“披而览之,如登坦途,前无滞礙。旁蹊曲径,自可纵横而通,嘉惠后来”①。它也是后世数学家用天元术研究几何问题所遵循的模式。

四、集南北数学成果之大成的朱世杰

朱世杰,字汉卿,号松庭,北京人。其生平事迹不详,仅知寓居燕山(今北京地区),曾与数学名家游湖海二十余年,一生未做官,以研究数学和教学为业,踵门而学者云集。著作有《算学启蒙》三卷和《四元玉鉴》三卷。其中《四元玉鉴》为宋元时期最重要的数学著作之一。

《算学启蒙》成于大德三年(1299),书首有“总括”十八项,列出释九数法、九归除法、斤下留法、明纵横诀、大数之类、小数之类、求诸率类、斛斗起率、斤称起率、端匹起率、田亩起率、古法圆率、刘徽新术、冲之密率、明异名诀、明正负术、明乘除段、明开方法。这十八项作为全书的预备知识,例如释九数法为“九九表”,从“一一如一”到“九九八十一”。古法圆率、刘徽新术和冲之密率分别为三个圆周率的近似值:3、$\frac{157}{50}$和$\frac{22}{7}$(实际上祖冲之的密率等于$\frac{355}{113}$,此处所引为唐代李淳风的说法)。之后从乘除运算开始,由浅入深直到开方法和天元术,是一部比较全

①转引自《中国学术名著提要》科技卷,复旦大学出版社,1996,第44页。

面而系统的数学入门书。书中论述了259个问题，并将这些问题归于二十门。其中上卷八门共113个问题，包括纵横因法门8问、身外加法门11问、留头乘法门20问、身外减法门11问、九归除法门29问、异乘同除门8问、库务解税门11问、折变互差门15问；中卷七门共71个问题，为田亩形段门16问、仓囤积粟门9问、双据互换门6问、求差分和门9问、差分均配门10问、商功修筑门13问、贵贱反率门8问；下卷五门共75个问题，有之分齐同门9问、堆积还原门14问、盈不足术门9问、方程正负门9问、开方释锁门34问。该书于14世纪后传入朝鲜和日本，对日本的影响尤大。但原书明清时已失传，现传本系19世纪初据朝鲜刊本翻刻。

“总括”中除大数之类、小数之类、三种圆周率和明开方法外，都具有口诀形式，排列整齐。上卷前五门都以诗歌形式开篇，例如纵横因法门为“此法从来向上因，但言十者过其身。呼如本位须当作，知算纵横数目真”。这种配合以诗歌或口诀来表述算法的形式，是我国古代科学文献的特色。《算学启蒙》应属于科学普及的书籍，采用这种方式更有利于大众对算法的学习和记忆。在这方面，朱世杰大概也受到与他同时期的南宋数学家杨辉的影响，例如朱世杰的九归除法与杨辉的九归新括内容一致，只是句子全而且流畅，与珠算除法口诀几乎完全相同：

一归如一进，九一进成十；二一添作五，逢二进成十；三一三十一，三二六十二，逢三进成十；四一二十二，四二添作五，四三七十二，逢四进成十；五归添一倍，逢五进成十；六一下加四，六二三十二，六三添作五，六四六十四，六五八十二，逢六进成十；七一下加三，七二下加六，七三四十二，七四五十五，七五七十一，七六八十四，逢七进成十；八一下加二，八二下加四，八三下加六，八四添作五，八五六十二，八六七十四，八七八十六，逢八进一十；九归随身下，逢九进成十。

这是明显的南方数学系统的反映[①]。

---

①李迪《中国数学通史》宋元卷，江苏教育出版社，1999，第282页。

《算学启蒙》涉及天元术的问题主要在下卷开方释锁门中，从第 8 问起共 25 问。例如第 8 问：

> 今有直田八亩五分五厘，只云长平（即宽）和得九十二步。问长平各几何？
>
> 答曰：平三十八步，长五十四步。

朱世杰《算学启蒙》中的天元布列方式与李冶的《益古演段》相同，即下面的幂次高。这是一道求解一元二次方程的问题，按今天代数的方法，设矩形（直田）的宽为 X，则依题意可列出方程：

$$X^2-92X+2052=0$$

其中 2052 的单位是平方步（每亩合 240 平方步），解得 $x=38$ 步。

朱世杰对此题加的注解中写道：

> 按此以古法演之，和步自乘得八千四百六十四，乃是四段直积一段较幂也。列积四之，得八千二百八，减之，余有较幂二百五十六为实，以一为廉，平方开之，得较一十六步，加和半之，得长，长内减较，即平也。今以天元演之，明源活法，省功数倍。假立一筹于太极之下，如意求之，得方、廉、隅、从、正、负之段，乃演其虚积，相消相长，而脱其真积也。予故于逐问备立细草，图其纵横，明其正负，使学者粲然易晓也。

这段话中朱世杰首先给出了按照古法对本题求解的方法，紧接着又指出天元术与古法相比"省功数倍"，并说明了天元术其实是"脱其真积"而"演其虚积"的方法。这种离开直观形象、仅靠演算而得到结果的思想，是很值得注意的。

《算学启蒙》虽为一部算学的入门书，但其中也包含了一些比较复杂的题目，有些问题是经过变换后再求解的。例如开方释锁门的第 24 题：

> 今有直田，长平相乘为实，平方开之，得数加长平和得一百二十九步，只云差三十九步。问长平各几何？

答曰:平二十五步,长六十四步。

按现代代数方法,可设长、宽分别为 a 和 b,依题意可得以下方程:

$$\begin{cases}\sqrt{ab}+(a+b)=129\\a-b=39\end{cases}$$

设 $x=a+b$ 得 $129-x=\sqrt{ab}$。又"自之就分四之为四段直积",即 $4(129-x)^2=4ab$,或 $4x^2-1032x+66564=4ab$。

"又价差幂",得

$$4x^2-1032x+66564+39^2=4ab+(a-b)^2$$

或 $$4x^2-1032x+68085=(a+b)^2$$

因 $a+b=x$,于是有

$$4x^2-1032x+68085=x^2$$

或 $$3x^2-1032x+68085=0$$

解之,得 $x=89$。"减差半之得平,加差半之即长",即

$$b=\frac{x-(a-b)}{2},b=25$$

$$a=\frac{x+(a-b)}{2},a=64$$

如果说《算学启蒙》是一部数学科普著作的话,《四元玉鉴》则是一部数学专著,其内容丰富,全书分为卷首和正卷三卷,二十五门,288 问。是这样分布的:

卷首,假令四章,4 问。

上卷七门,75 问(直段求源,18 问;混积问元,18 问;端匹互隐,9 问;廪粟回求,6 问;商功修筑,7 问;和分索隐,13 问)。

中卷十门,103 问(如意混合,2 问;方圆交错,9 问;三率究圆,14 问;明积演段,20 问;勾股测望,8 问;或问歌彖,12 问;茭草形段,7 问;箭积交参,7 问;拨换截田,19 问;如像招数,5 问)。

下卷八门,110 问(果垛叠藏,20 问;锁套吞一,19 问;方程正负,8 问;杂

范类会，13 问；两仪合辙，12 问；左右逢元，21 问；三才变通，11 问；四象朝元，6 问）。

在这 288 问中，以天元、地元为二元的有 38 问，以天元、地元、人元为三元的有 13 问，以天元、地元、人元和物元为四元的有 7 问，其余均为天元一元。

第六节　元代东西方科学技术的交流

这一时期的东西方交流是从成吉思汗西征开始的，战争给人民带来苦难，也在客观上促进了各民族之间的交流。在随军出征的官员中，有一位应该特别提出，就是耶律楚材。

耶律楚材（1189—1243）本为契丹人，是辽皇室的直系后代，先仕于金，后应召至蒙古。1219 年作为成吉思汗的占星学和医学顾问，随大军远征西域。大约在今乌兹别克共和国境内撒马尔罕，曾与西域天文学家就月蚀问题发生过争论。《元史·耶律楚材传》载："西域历人奏：五月望，夜月当蚀；楚材曰否，卒不蚀。明年十月，楚材言月当蚀；西域人曰不蚀，至期果蚀八分。"这件事情大约发生在成吉思汗西征的第二年，即 1220 年。也可由《元史·历志一》中"庚辰岁，太祖西征，五月望，月蚀不效"的记载中得到证明。这件事还说明耶律楚材对于中国历法和西域历法都精通，因此才能在辩论中稳操胜券。事实确实如此，他在传统中国天文学方面造诣颇深。元初沿用金代《大明历》，但不久屡屡出现误差。于是耶律楚材作《西征庚午元历》，其中首次处理了因地理经度之差造成的时间差，这种方法可能是阿拉伯人引入的古希腊天文学方法，经耶律楚材引入中国。他在中亚停留了七年，大约于 1226 年返回。在这七年中，他留心阿拉伯学术并努力学习汉文化。元代曾有人说："耶律文正（楚材）于星历、筮卜、杂酸、内酸、音律、儒释、异国之书，无不精究。尝言西域历五星密于中国，乃作麻答巴，盖回鹘历名也。"这说明耶律楚材确实是掌握了阿拉伯系统的历法，并将其带到中国。他根据在中亚所见天象与在中国北部所见早晚之不同，并参照阿拉伯历法作《西征庚午元历》。《元史》中有如下记载："推上元庚（子）[午]岁天正十一月壬戌朔，子正冬至，日月合璧，五星联珠，同会虚宿六度，以应太祖受命之符。又以西域、中原地理殊远，创为里差以增损之，虽东西万里，不复差忒。遂题其名曰《西征庚午元历》。”[1]历法的交流是离不开数学的交流的，在上都天文台中收藏着一批阿拉伯天文数学著作，只是未译成汉文或蒙古文，可惜今天我们只能在资料中寻找到这些文献资料的目录，原本早已流失了。

与耶律楚材一起随同成吉思汗西征的另一位著名学者就是前文提到过的丘处机，他是奉诏前去为成吉思汗讲道的。他于1221年底到达撒马尔罕，曾与当地天文学家讨论过当年五月发生的日偏食，此事在《长春真人西游记》中有记载：“至邪米思干（按即撒马尔罕），……时有算历者在旁，师（按指丘处机）因问五月朔日食事。其人云：此中辰时食至六分止。师曰：前在陆局河时，午刻见其食既；又西南至金山，人言巳时食至七分。此三处所见各不同。……以今料之，盖当其下即见其食既，在旁者则千里渐殊尔。正如以扇翳灯，扇影所及，无复光明，其旁渐远，则灯光渐多矣。”说明当时东西方学者在天文学方面的交流是很活跃的，同时也显示了丘处机在天文学方面的造诣，讨论这个话题时，他已经是七十三岁的老人了。

由于多民族之间的交流，元大都的建筑也呈多元化风格，如今天仍可看到的北京白塔寺白塔，即是来自尼泊尔的工程师阿尼哥所设计的。据《元史》所记：“阿尼哥，尼波罗国人也，其国人称之曰八鲁布。幼敏悟异凡儿，稍长，诵习佛书，期年能晓其义。同学有为绘画妆塑业者，读尺寸经，阿尼哥一闻，即能记。长善画塑，及铸金为像。”[2]中统元年，仅有十七岁的阿尼哥就成功地监造黄金塔，次年受到皇帝召见并因应对得体而受到特别器重。因其善塑像，两京寺观之像，多出其手。

第七节　以刘秉忠为首的知识分子团体在元代政治生活及在城市规划和建设中的作用

在金、元交替之际，有一批知识分子由于在金朝得不到重用，因而在政治上持观望态度。元朝初年，他们相聚一起进行学术研究，伺机出仕。这些人大多为

---

①《元史》卷五十二，中华书局（简体字本），1999，第761页。

②《元史》卷二百三，中华书局（简体字本），1999，第3039页。

今河北省人，以刘秉忠为首，包括张文谦、王恂、郭守敬等。其中刘秉忠、郭守敬为邢台人，张文谦是沙河人，王恂是唐县（今河北唐县人）。他们以邢台为中心，进行学术活动。据记载，他们曾一起学习，地点是磁州的紫金山，位于邢台县西南一百四十里。刘秉忠与张文谦都生于1216年，郭守敬生于1231年，王恂最小，生于1235年。他们后来都受到元世祖忽必烈的重用，先后为元朝建国和大都建设做出了重大贡献，因此影响巨大，他们的事迹一直为后人所称颂。

刘秉忠（1216—1274），字仲晦，初名侃，出身于一个仕宦家庭。在金朝将亡时，他在邢台节度使府做令使，属低级官吏，他很不满意，说："吾家累世衣冠，乃汨没为刀笔吏乎！丈夫不遇于世，当隐居以求志耳！"于是辞官隐居于武安山中①，学习全真教，发奋学习，于书无所不读，尤邃于《易》及邵氏经书。至于天文、地理、律历、三式六壬遁甲之属，无不精通②。他在隐居时曾出家为僧，后游云中，留居南堂寺。1242年，禅宗高僧海云禅师奉忽必烈召，赴漠北经过云中，邀刘秉忠同行。在海云禅师与忽必烈谈论佛法时，刘秉忠显示出学识渊博，为忽必烈所器重。海云南还时，刘秉忠留在了忽必烈王府，以备随时顾问。刘秉忠多次向忽必烈推荐人才，此后忽必烈多次派人到汉人居住地广聘贤士，这与刘秉忠的工作是分不开的。几年后，刘秉忠奔父丧，忽必烈赐金、遣使送他回乡。此行刘秉忠实际上还有替忽必烈寻访人才的任务，经他推荐应聘到忽必烈王府的就有张文谦、窦默、李德辉等人。除服后，于1248年又被召回。1250年，他根据回中原两年所了解的情况，向忽必烈上书，陈述他的治国方略，提出虽然以马上取天下、但不可以马上治天下的主张，并阐明其道理。他所提出的建议均为世祖所采纳。其主张以传统汉学思想为主，主要内容包括官职设置、尊孔访儒、礼贤下士、开设学校、明施教令、广开言路、减轻差徭、修历改元等，并以前朝实例加以说明，促使元世祖在治理国家方面遵行汉法。元朝两大都城都是刘秉忠设计的，宪宗六年至八年筹建开平城（后改为上都），至元三年受命主持设计和建造大都，选定中都旧城东北空旷地区为新城址，按照中国传统的都城宫阙制度作了全面规划，次年动工，城垣、宗庙、衙署、坊市相继建成。九年，按他的建议改名为大都。

---

①白寿彝主编《中国通史》第八卷下册，上海人民出版社，第172页。

②《元史》卷一五七，中华书局（简体字本），1999，第2457页。

中统元年，忽必烈称帝，刘秉忠受命制定各种制度，由于他曾在漠北居住多年，所以对蒙古的习惯和制度比较熟悉，于是将蒙古制度与中原地区的传统糅合，初步制定了元朝的新制度。至元八年，刘秉忠又建议改国号为“大元”，这也是汉学传统，取自《易经》中“大哉乾元”之意。这样关系国家名号的建议能被忽必烈所采纳，足见他的影响之大，这也是蒙古统治者建立的王朝在管理国家方面“遵行汉法”的主要原因之一。

刘秉忠入忽必烈王府二十多年，始终以出家人身份参与政事，时人称之为“聪书记”。至元元年，他奉命还俗，任太保，参领中书省事，同知枢密院事等职。前后侍从忽必烈三十余年，不论忽必烈到哪里，他都随行。忽必烈对他也是言听计从，主要原因是他兼通儒、释、道，又熟悉蒙古的民族习惯，而且学识渊博。刘秉忠出家时，法号子聪，自号藏春散人；后来虽位极人臣，但斋居蔬食，终日淡然，以诗文自娱，著有《藏春集》。由于他的作用，使得元朝这个由蒙古人建立的国家从开始就遵行汉法，为多民族文化的融合打下了基础。

张文谦(1216－1283)，邢州沙河人，字仲谦。与刘秉忠是同学。定宗二年(1247)经刘秉忠推荐入忽必烈王府，掌管教令笺奏。忽必烈征大理、攻鄂州均从行。中统元年，忽必烈即皇帝位，张文谦为中书省左丞。至元元年，以中书左丞行省西夏中兴等路，用郭守敬浚唐来、汉延二渠，灌田十余万顷，使当地人民受益。三年，还朝。七年，拜大司农卿请立诸道劝农司，巡行劝课，请开籍田，行祭先农、先蚕等礼。在掌管司农司时，实行各地长官皆兼劝农事的政策，岁终由司农司进行考核，作为其政绩优劣的条件之一。又命令司农司各官员搜集古今农书，删繁撮要，编纂成《农桑辑要》七卷，用以指导农业生产。在他的领导下，司农工作成绩卓著。他又建议设立国子学，推荐许衡为祭酒，选蒙古贵族、大臣子弟教之。十三年，迁御史中丞。次年拜昭文馆大学士，领太史院事，主持修订历法。十九年，拜枢密副使。于任上病故。张文谦在治理国家方面的主张也受到忽必烈的重视，并在取得民心和安定社会方面发挥了很大作用，如忽必烈在征服大理时，曾经打算屠城，经张文谦、刘秉忠、姚枢劝谏而大理之民才免于灾难。《元史》记载“由是世祖益重儒士，任之以政，皆自文谦发之”①。

①《元史》卷一五七，中华书局(简体字本)，1999，第2462页。

郭守敬的生平及其在天文学和数学方面的成就已如前文所述，在以刘秉忠为首的一批知识分子中，郭守敬在科学技术方面的成就和贡献最大。他的学术成就主要在天文、历法、数学和水利方面，其中天文和历法方面的成就已如前文所述，概括起来主要是：一，制造了大量的当时属于最先进的天文观测仪器；二，亲自组织了大规模的天文观测；三，制定《授时历》，以及在制定过程中发明一些新的计算方法。对北京水利工程方面的贡献，主要是大都城新水源地的确定和通惠河的开挖。实际上郭守敬在水利工程方面的工作还有一项，就是西夏水利工程的修复。

这项工程不在北京，所以简略介绍。所谓西夏水利，是指西夏国首都兴庆府（今宁夏银川）一带黄河两岸的水利设施。这里早在秦汉时期就开凿了许多渠道，为的是引黄河水灌溉农田，已经形成了一个水渠网络，是西北地区重要的生产粮食的地区。但由于连年战乱，河渠年久失修，致使九万多顷良田荒芜。郭守敬负责组织修复工作，仅用了不到一个季度就完成了，不仅体现了他高超的学术水平，还充分显示了他组织大型工程的卓越才能。

北京通惠河是郭守敬在水利方面的最大贡献。任何一个城市都离不开水源，北京城之所以能从原始的居民点逐步发展成为首都，其水源条件和水利建设的作用是巨大的。回顾城市发展史，北京城的每一次扩建都离不开水源地的开发与建设。元世祖忽必烈定都于大都即今北京城，为了保障首都的正常活动，不但城市居民用水量增加，而且还需要有大量的物资从南方运来，其中仅粮食一项，每年的运量就达数百万斤。虽然北京自辽金以来就有一些利用华北地区天然水网开凿的运河，但只是到达通州。通州距北京还有几十里路，这一段路程过去只有依靠陆地运输，不但成本高，而且到了雨季，道路泥泞，运输更加困难。因此金代就有人设想开凿从通州到北京的运河，以解决运输问题。但由于北京比通州地势高，所以开凿运河运输就必须沿途建立一系列闸坝，才能使南方来的船只逐级向上行驶，而这样就必须在北京地区寻找到足够的水源，以保证运河的水量。当时北京地区的河流中，虽然有一定的水量，但能满足运河要求的不多。大都城郊西北方向的高梁河、西南方向的凉水河水量都很小，不敷运河用水。大都城北几十里有沙河和清河，虽有一定水量，但因地势自然流向东南，成为流向通州的温榆河的上游。大都城西几十里有永定河（当时称为浑河），当时水量相当大，金代就曾经开凿一条运河，从石景山北面的西麻峪村经过中都注入通州城东的白河。但永定河水浑多泥沙，致使运河很快淤积，每到洪水季节，极易泛滥，所以不久又将运河上游的口子填塞了。

郭守敬为了解决大都的城市供水和运河水源问题，面临的困难就是上面提到的两个问题：第一是北京地区的地势西北高东南低，若开挖运河将水源引入运河，则会因高度差太大而使得运河中巨大的运输船只无法逆流而上，为了解决这个问题，可以在河道上架设一系列闸坝，以控制水位逐级提高；第二是北京地区原有河流中的泥沙含量较多，如果为了解决高度差太大问题而建设一些闸坝，则会促使河水中泥沙大量沉积而堵塞河道，而且也易造成水患。郭守敬在完成这个任务时，也是几易方案，是在不断探索中逐步完善的。

元世祖中统三年(1262)，郭守敬第一次见到忽必烈时就提出了六项水利工程计划，其中第一项就是这个问题。他建议把清河上源中从玉泉山涌出后向东经瓮山(今万寿山)南的瓮山泊(今昆明湖前身)的那一支，改道向南，注入高梁河，再引入运河。但因玉泉山水量有限，不能满足运河用水的需求，因此对于航运没什么益处。不过此举却解决了大都城内湖池、宫苑的用水。

三年后他从西夏回来，又提出第二套方案。即利用金代所开的浑河口子，同时为了防止在洪水季节河水暴涨而威胁城市安全，又在金代运河的上游开一分水河，将河水引回浑河，当河水危及下游时，放开分水河闸口。由于闸坝会使泥沙沉积，郭守敬撤销了运河上的闸坝，使泥沙随河水流走。但因此不能达到运输船只逆流而上的目的，只是为流经的农田灌溉提供了便利，同时有利于西山砍伐木材的放送。

至元二十八年(1291)，时任太史令的郭守敬受元世祖派遣，考察运粮水道并制定了挖掘大都运河的新方案。他利用瓮山泊流向高梁河的河道，把昌平县神山(今称凤凰山)脚下的白浮泉水引入瓮山泊，然后将河水反向西引到西山脚下，再沿西山往南，沿途拦截所有原来从西山向东流入沙河、清河的泉水，使得总水量增大，然后再经高梁河进入流向通州的运河。由于泉水清澈，泥沙含量少，可以建造船闸而不至于引起泥沙沉积，这样船只就可以平稳向上游行驶了。

这是一个非常有效的方案，考虑到了各个方面的因素，因此得到了元世祖的重视，下令设立都水监，命郭守敬监管都水监事，调动数万军民，于至元二十九年春天动工。开工之日，忽必烈命丞相以下官员一律到工地，参加这项水利工程的劳动，听从郭守敬指挥。可见当时忽必烈对于此项工程的重视程度，也说明郭守敬确实是当时水利工程的权威。这条运河全部完工仅用一年半时间，包括一百六十多华里长的河道以及全部船闸，被命名为通惠河，自昌平到翁山泊的一段又特称白浮堰。通惠河的凿通，不仅解决了南粮北运的问题，也使得大都城的经济日趋繁荣。从此南来的船只可以直接抵达大都城内的积水潭，当时的积水潭一带桅樯如林，热闹非凡。今天为了纪念郭守敬的历史功绩，在积水潭的汇通祠还专门建立郭守敬纪念馆，以纪念这位伟大的科学家。

从技术角度看，通惠河工程最突出的是白浮堰线路的选择。白浮泉的海拔高度为 60 米，比大都城地势最高的西北角还高出大约 10 米，但是不能直接把白浮泉水引向运河，因为中间还有沙河和清河两条河流，它们的高度都在海拔 50 米以下，所以白浮泉水直接南下是不可能流入运河的。若为了避开这两条河流而架设渡槽，则也仅有白浮一泉之水，不但水量不敷运河之需，而且工程耗费也大。郭守敬采取将白浮泉水向西迂回的路线，不但沿途保持了比较小的落差，而且还拦截了途经的许多水源，从而使得足够的水量流入运河。这条线路的选择不仅仅说明郭守敬的聪明才智，也直接反映出他所使用的测量技术之高明。因为从白浮泉到大都的直线距离有三十多公里，在这个距离内，地形仅有几米的起伏，其变化是微小的，为了将白浮泉水迂回引入运河，必须有精确的测量，才能确保工程的顺利实施。由此不难想象，当时的大地测量技术也是非常先进的，包括先进的仪器设备和完备的计算方法。

元代以刘秉忠为首的汉族知识分子中，郭守敬的贡献最为突出，所以今天人们以各种形式纪念他。1959 年开馆的中国历史博物馆，在门厅中陈列了他发明的简仪，在元代展品中有他的胸像和事迹介绍；1962 年，邮电部发行中国古代科学家邮票 8 枚，其中第 7 枚是郭守敬像，第 8 枚是简仪；1970 年，国际天文学联合会以郭守敬的名字命名月球背面的一座环形山；1977 年，中国科学院紫金山天文台把小行星 2012 号正式命名为郭守敬星；20 世纪 80 年代，中国天文学会受国际天文学联合会的委托，举办过几届有关天文学前沿的世界性讲习班，这些讲习班也是以郭守敬的名字命名的。

第四章 明清时期北京的科学技术

明太祖洪武元年(1368)八月,明军攻入大都,太祖朱元璋将大都改名为北平府,并设立地方行政机构——北平布政使司。永乐元年(1403)又改名为北京,并加紧建设,为迁都做准备。永乐十八年(1420)正式迁都北京,此后明清两朝均以北京为都,奠定了北京的京师地位。

明代前期,科学方面的成就不大。虽然明成祖在永乐元年(1403)命大学士解缙在南京编纂的《永乐大典》是一部包罗万象的巨著,“凡书契以来经史子集百家之书,至于天文地理至阴阳医卜僧道技艺之言,备集为一书,毋厌浩繁”。其中也包括了历代的优秀科技著作,但对于自然科学本身的开创性工作不多。朱棣在诏谕中说:“天下古今事物,散在诸书,篇秩浩穰,不易检阅。朕悉采各书所载事物,类聚之而统之以韵,庶几考索之便。”①说明此巨著仅仅是出于检索方便之需。事实上这部由2169人共同完成、历时四年多的《永乐大典》并未刊印,只有原本、正本和副本分别藏于南京和北京,所以其在学术研究方面也不可能发挥太大作用,因为它的使用范围太小。后来南京的原本尽毁,北京的正本也毁于明亡之际,副本则于清末被英法联军和八国联军两次劫掠而分散。新中国成立后,北京图书馆尽全力收集,征集到二百多册,作为古籍珍本加以保存。

作为全国的政治、军事、文化中心,北京因设有大量的皇家文化机构而吸引了全国各地最优秀的学者,他们的汇聚繁荣了京师的文化。但也正因为北京是

①《明太宗实录》卷二十。

封建帝都，由封建统治者垄断的文化对近代科学技术的进步也起到了阻碍作用，特别是在明末清初之际的西学东渐过程中，由于西学与中学的碰撞和交融所显现出的种种文化现象，在北京表现得尤为突出。在这一过程中，西方天主教传教士的活动及作用是重要的，中国本土学者也表现出不同的观点与实践，但总的趋势是，中国开始了接受当时已经比我们先进许多的欧洲科学技术的进程。

第一节　始于明末清初的西学东渐

科学技术的每一次突破，都会引发人类生活方式甚至思想观念的重大变化，因此，一部人类文明进步史的核心，应该说就是如何从传统到现代化的过渡。这一过渡首先是在欧洲开展的，其时间大约从 16 世纪开始，到 19 世纪基本完成。而中国的 16 世纪末叶也曾开始显现过资本主义的萌芽，成为促使中国现代化的契机。但事实上，由于中国并未抓紧这一机遇，使得封建社会又得以延续数百年，因而延缓了现代化的进程。在中国，现代化正式登上历史舞台是 19 世纪末叶，比西方晚了三四百年。

西学东渐是指西方文化向东方的传播，是从 15、16 世纪开始的西方文化向全世界辐射的一部分，其时正值我国明末清初之际。1492 年哥伦布发现美洲大陆，1498 年，达·伽马开通了绕道非洲好望角到达印度的航路，1522 年麦哲伦环行地球一周，这一系列惊人冒险的成功，使得欧洲人对外面的世界充满了幻想。他们怀着对财富的贪婪追求，开始了向美洲、非洲和亚洲的进发。载着一批又一批欧洲冒险者的船只，乘风破浪驶向这些对于他们来说是完全陌生的土地，他们虔诚地信仰上帝并祈求上帝保佑他们如愿以偿。他们每到一地，均会因野蛮的掠夺而引起残酷的战争，中国的沿海岛屿以及印度和南洋一带都是其争夺的战场。大体上，最早(15、16 世纪)来到这一地区的是葡萄牙和西班牙殖民者，到 16 世纪下半叶至 17 世纪上半叶是荷兰人，18 世纪就是以英国人为主了。这些欧洲殖民者的到来，给他们所侵占的地方带去了罪恶、战争和苦难，也带去了与各地本土文化迥然不同的西方文化。

古代的欧洲文明，同样有悠久的历史。公元前 6、7 世纪欧洲古希腊的繁荣时期，大体上相当于我国的春秋战国时期，西方的毕达哥拉斯、亚里士多德、苏格拉底等学者，与东方的老子、孔子、墨子等先哲的学术思想虽然相去甚远，但他们生活的时期是大体相当的。随着丝绸之路的开通，东西方彼此的往来逐渐增多，贸易的发展促进了文化的交流，通过中亚地区，中国与欧洲开始有了最初的、间接的接触和了解。但直到 16 世纪之前，由于交通不便，相互间的交往并不频繁，了解也并不深入。

西学东渐是与西方传教士在中国的活动分不开的。西方传教士最早来到中国的时间是在明朝末年，当时最有名的传教士是 1582 年来到中国的利玛窦，他最初目的仅在于传教。但因文化的差异，传教活动开始并不顺利，经过传教士和中国部分接受了西学的知识分子的努力，西学逐渐开始为中国高层统治者所接受。这一时期的学术交流是在完全平等的环境下进行的，这种状态一直延续到清初期。由于皇帝的个人偏好，传教士的活动尚且顺利，有些传教士甚至进入政府上层机构或服务于皇帝左右。清中期以后，马礼逊来华传教，并由此开始逐渐形成了西学向东方传播的又一个高潮。1807 年伦敦会传教士马礼逊奉命来到东方，从 1811 年他在广州出版第一本中文西书开始到 1842 年，可算西学东渐的第一阶段。马礼逊是大规模西学东渐的先驱者，我国的第一个中文印刷所、第一所对华人开放的教会学校、第一家中文杂志、第一部英汉字典等，无不与马礼逊等传教士的活动有关。

鸦片战争之前，西方传教士来华传教并无征服者的盛气凌人，也没有被清政府看成是西方国家的政府行为，因而传与受之间是平等的。但到了第一次鸦片战争之后，清政府被迫签订《南京条约》《望厦条约》《黄埔条约》等不平等条约，割让香港，开放广州、福州、厦门、宁波、上海为通商口岸，并允许外国人在这些口岸传教、开设医院和开办学校，因此传教士的传教活动基地便由原来的南洋地区转移到了中国的东南沿海，并很快在上海、香港和宁波形成了西学的传播中心。上海、香港、宁波、广州、福州、厦门六城市在 1843 年至 1860 年间共出版各种西书 434 种，其中大部分为宗教宣传品，属于数学、天文、地理、医学、历史和经济方面的仅占 24.2%。与此同时，由于鸦片战争的惨败，使得一批中国学者比较主动地了解西方国家的情况，如林则徐、梁廷楠、魏源、徐继畬、李善兰等人，都是这一时期积极研究西学的代表。他们对西学的研究，完全是由于战事的失利而引发的。他们试图找到西方国家之所以强大的原因，并进而设计中国的强国之路。

1856年至1860年的第二次鸦片战争，清政府再次失败，又签订了《天津条约》和《北京条约》等不平等条约，增开十一处通商口岸，开放长江，并规定外国人可以在这些通商口岸居住、赁房、买房、租地、建造礼拜堂、开医院和辟坟茔等。还明确了传教自由，所以外国人可以到中国内地各个地方。这一方面加剧了西方列强对中国的政治侵略和经济掠夺，同时也便于西学在中国的传播。此时期的中国接受西学几乎是被迫的，北京的京师同文馆（1862－1900）就开办于这一时期。鸦片战争以后，西方国家的坚船利炮使中国的一部分知识分子最先感到，西洋的声、光、化、电比起我们的传统经学确有其先进、实用之处，于是便产生了“师夷之长技以制夷”的设想。因为要师夷、制夷，先得知夷；要知夷，还需懂得外国的语言文字，了解西方国家的经济、政治及西方文化和科学技术，于是便诞生了京师同文馆，这是一所官办学校。这时期的西学传播机构多种多样，各种新式学校不但有教会办的，也有中国人办的。西书的翻译和出版机构也有教会办、清政府办和民办等多种，报刊杂志的种类也很多。从1860年至1900年共翻译、出版西书555种，其中社会科学123种，包括哲学、历史、法学、文学、教育等，占总数的22％；自然科学162种，包括算学、重学、电学、化学、光学、动植物学等，占总数的29％；应用科学225种，包括工艺、矿务、船政等，占总数的41％；其他45种，包括游记、杂著、议论等，占总数的8％①。

1900年，中国又遭八国联军掠夺，有识之士看到日本学习西方现代科技十分成功，并因此使国力强盛，所以国内学者留日热情高涨，到1911年这段时间内，西方的科学书籍从日文翻译的占多数，而且总数剧增到1599种。但这些著作中社会科学比重增大，自然科学和应用科学较少。

以上是明清之际西学东传的大致情况，由于北京是首都，是中国的政治中心，所以有着至关重要的地位，而在这一过程中起主要作用的传教士们，因此都希望尽快争取到在北京活动的资格。而要达到此目的，首先是要取得中国人、特别是上层官员的信任和认可。于是他们努力研究中国文化，以便使用更适合于中国国情的方式进行传教活动。他们的努力终于获得了成功。在诸多传教士中，利玛窦是最值得一提的。他虽然不是来华第一人，但在传播西方文化和科学

①数据取自熊月之《西学东渐与晚清社会》，上海人民出版社，1994，第11页。

技术方面是贡献最大的开拓者。他在华工作二十八年,于西学传播方面,建树颇多。

利玛窦,1552 年出生于意大利中部,在国内受过良好的教育,于数学、神学等方面均有较高造诣。1582 年受耶稣会派遣抵达澳门,开始了在中国传教的工作,其时为明万历九年。从利玛窦开始的传教士在华重要活动时间表如下:

1582 年,利玛窦抵达澳门。

1583 年,利玛窦进入肇庆。

1601 年,利玛窦获得在北京的居住权。

1604 年,徐光启考中进士,在北京与利玛窦合译《几何原本》前六卷和《测量法义》。

1619 年,耶稣会士金尼阁(比利时人)率二十余名传教士抵澳门,带来七千余部书籍和仪器。这批传教士中有后来十分著名的传教士——意大利人罗雅谷、德国人汤若望和德国人邓玉函。

1623 年,汤若望随意大利传教士龙华民到北京,汤若望在北京成功地预报了当年 10 月和 1624 年 9 月的日食,得到中国官方的赏识。他还向人们展示了从欧洲带来的仪器。并于 1629 年刊印了《远镜说》。据《帝京景物略》记载,北京天主堂内展有"远镜,状如尺许竹笋,抽而出,出五尺许,节节玻璃,眼光过此,则视大小,视远近"①。

1628 年,徐光启任礼部侍郎,次年升礼部尚书。1629 年 9 月 1 日,徐光启奉旨督领修历,徐提议使用西法并推荐邓玉函与龙华民,再获准。后邓玉函病故,罗雅谷和汤若望分别于 1630 年和 1631 年先后奉命入历局工作。由徐光启组织各传教士合作,完成了将大量欧洲学术著作翻译成中文的工作,参加这一工作的中国学者有李之藻等。崇祯后期,由李天经将这些成果编成《崇祯历书》七十六卷。李自成军队攻占北京时,汤若望将各种测天仪器、历书和其他书籍保存于住所。

1644 年 6 月,清军进入北京,汤若望遂主动上书摄政王多尔衮,进献新法历书和测天仪器,表示愿为清廷效力。

---

①〔明〕刘侗、于奕正《帝京景物略》卷四,北京古籍出版社,1983,第 153 页。

1644年9月8日，朝廷命汤若望“督率监、局官生用心精造新法，以传永久”。同年12月24日，顺治帝颁旨：“钦天监印信著汤若望掌管。凡该监官员俱为若望所属，一切进历、占候、选择等项悉听掌印官举行，不许紊越。”汤若望等人很快将《崇祯历书》修订为《西洋新法历书》一百零三卷，其中增收了明代成书的《治历缘起》《浑天仪说》《新法历引》《新法表异》。

1645年1月，汤若望又任修改历法管监正事，为钦天监的实际主持人。

从以上时间表可以很明显地看出，西方传教士来华的活动场所很快就从沿海地区发展到了中国的首都北京。利玛窦用了十九年便获得了在北京的居住权，而自他开始，逐渐有越来越多的西方传教士相继来到北京，并且进入政府机关。

事实上，西方传教士来华的传教活动开始并不顺利。这一活动起源于16世纪欧洲的宗教改革运动，宗教改革严重冲击了以罗马教皇为首的天主教会，基督教分裂为天主教（旧教）和新教两派，新教主要在北欧地区活动，天主教会在欧洲南部也进行了革新，其中成立于1540年的耶稣会便是天主教的革新派。为了扩大影响，他们努力在欧洲建立学院和大学体系。到16世纪末，耶稣会已在天主教国家控制了大部分高等教育，许多知名学者，如伽利略、莫里哀、孟德斯鸠等，均为耶稣会学校所培养。为了进一步扩大影响和与新教竞争，天主教向亚洲和美洲地区派遣传教士。16世纪末他们首次来到中国。当时的中国国力强盛，传教士们的活动仅限于传教，但由于当时的中国人对西方的宗教思想并不感兴趣，因此收效甚微。这迫使传教士们不得不改变策略。他们从介绍西方的先进科技成果入手，因为他们发现这些新鲜的而且也比较实用的科技成果，更容易被中国人特别是知识分子所接受，并可因此来接近中国的高层统治者。以利玛窦为例，他从一开始就十分关注中国古代天文学的成就和现行历法中存在的问题，也就是说，他想通过帮助中国修订历法来达到传教之目的。1601年，他借向万历皇帝进贡礼品的机会表达了这一愿望：“天地图及度数，深测其秘，制器现象，考验日晷，并与中国古法吻合。尚蒙皇上不弃疏微，令臣得尽其愚，披露于至尊之前，斯又区区之大愿。”[①]这是他刚刚获得在北京的居住权时，向中国的最高统治者

---

①转引自许明龙主编《中西文化交流的先驱》，东方出版社，1992，第17—18页。

表达的愿望,可见其迫切的心情,只是并未引起中国皇帝的重视而未能成功。但他并不气馁,继续努力与中国上层士大夫接触,三年后即借徐光启的推荐参与了一系列重大的科技活动,从而跻身中国上层社会,使得西方文化得以比较方便地在中国传播。利玛窦在中国完成的学术著作有二十余种,天文学方面的有《圆容较义》一卷,《浑盖通宪图说》一卷,《乾坤体义》二卷和《经天该》。《圆容较义》是天体数学方面的著作;《浑盖通宪图说》则是介绍星盘坐标系统的投影方法;《乾坤体义》主要讲述天体构造及诸星曜与地球体积的比较;《经天该》与我国天文古籍《步天歌》的内容相当,为星图,是学习天文学的基础著作。这些著作大多由利玛窦口授,李之藻执笔。

1610 年 5 月 11 日,利玛窦在北京去世,明廷念其在华传播西方文化的功绩,赠地为葬,墓地位于今北京市车公庄大街 6 号,今天这里属于西二环到西三环之间,早已经处在北京的城市中心区,当年那里还只是北京城外的郊区。利玛窦在中国传播西方文化的步骤和贡献主要有以下几个方面:

首先,为了使西学易于被中国人接受,利玛窦较早地进行了将西学中国化的努力。天主教、西方文化从根本上讲,与中国本土宗教和文化的区别是很大的,因此极不容易为中国人接受。为此,利玛窦首先学习中国话、写中国字、给自己起了中国名字,甚至学习中国士大夫的习惯,自号“西泰”。他还入乡随俗地学习中国人的打躬作揖,见了高官甚至欠身下跪。刚刚来到中国,他便剃去须发,身着和尚服。在肇庆开办的教堂也竭力摹仿中国寺庙,门首悬“仙花寺”匾额,中堂题“西来净土”四字。当他后来得知中国的僧人并非如日本那样有地位时,又重新蓄发留须,改着儒服。这种从番僧变为西儒的过程,正说明了他要使西学以中国化的形式在中国传播的企图,为此他的确作出了艰苦的努力。在具体的传播内容上,他也是尽量与中国本土文化相结合。他写《天主实义》等书时,引用儒家思想来论证基督教义,并说儒家经典《尚书》等书所说的“上帝”,就是西方人所说的“天主”。由此可见,他对中国传统经典著作的研究有多么深入。为了迎合中国士大夫的心理,他所绘制的世界地图,甚至移动本初子午线以使中国位于地图的中央。这样一来既满足了中国士大夫以天朝上国自居的心理,又达到了传播西学的目的,还让中国人知道世界上有五大洲,中国的实际版图并非他们传统印象中那样大。这是利玛窦在中国士大夫不了解世界而且盲目自大的情况下,努力将西学传播到中国的非常重要的一步，在西学传播史上，有特别重要的意义。因为这样做的结果是既避免了因文化传统不同而引起的冲突，又巧妙地传播了西学。这种尊重受众心理而改变西学的外部特征，但不改变其内容的文化传播方式，是利玛窦首创的，这种方式也为后来的传教士所采用并取得了成功，由此可见他在推进西方文化向东传播的良苦用心。

其次，选择最重要的人群即士大夫和官僚群体。因为在中国，士绅是极其重要的阶层，他们知书达理、为人师表，在城市或乡村都有很高的社会地位，担负着维护社会秩序与教化的角色，是社会道德的维护者；官僚则是在封建专制制度下君与民之间的桥梁，他们上可达君王，下可管理百姓，是广大读书人羡慕和为之奋斗的目标，因此其影响力也是极大的。利玛窦的在华传教活动，首先选择这样的人群，既是为了其传教活动能顺利进行，也是总结了前人传教失败教训而采取的措施。最早来华传教的是1552年的沙勿略，但他的活动范围仅限于澳门，并未进入中国内地，传教对象也仅限于文化程度比较低的普通百姓，直到1582年利玛窦来华的三十年间，并无大的起色。利玛窦对传教策略和方案作了调整，并成功地进入了士大夫和官僚群体，从而为以后的传教工作打下良好的基础。在南京时，他的住所成为南京士大夫聚谈之处。“士人视与利玛窦订交为荣，官吏陆续过访，所谈者天文、历算、地理等学，凡百题悉加讨论”[①]。在北京，利玛窦也努力与上层社会保持密切接触，如徐光启、李之藻、杨廷筠等，也正因为如此，才有徐光启与利玛窦合译《几何原本》前六卷和合著《测量法义》的工作。这说明他结交中国士大夫和官僚群体的策略是十分奏效的，是天主教乃至西方文化能否进入中国之关键。他的足迹从澳门到肇庆、到韶州、到南京、到南昌、到北京，由他施洗入教的人数，至1610年即他去世的那一年，已有2500人。以后天主教在华发展更快，到1670年（康熙九年）中国天主教教徒已达二十七万多人。

第三，在取得士大夫和官僚阶层的信任后，进一步取得皇帝的支持。进入内地后，利玛窦始终把觐见中国皇帝、争取皇帝的支持作为奋斗目标，因为这比士大夫和官僚阶层的支持更重要。为取得万历皇帝的赏识和信任，他进献了以欧

---

①费赖之著、冯承钧译《入华耶稣会士列传》，台湾商务印书馆，1970，第46页。转引自熊月之著《西学东渐与晚清社会》，上海人民出版社，1994，第33页。

洲先进技术制作的自鸣钟及西洋乐器，果然引起万历皇帝的兴趣，命他进宫教太监们学习修理技术，还命内廷乐技师向利玛窦学习西方音阶和乐理。利玛窦因而获得在北京的居住权并准许进入皇宫，这确实是利玛窦的一次很好的机遇。过去中国统治者，总是把利用巧妙的机械原理制做的器物视之为“奇技淫巧”而不屑一顾。而此时当政的万历却是一位只知道吃喝玩乐的皇帝，所以对这些远渡重洋而来的新奇玩物，自然十分欣赏了。于是便给了利玛窦一次绝好的机会。

第四，利玛窦采取了以科学技术为先导的知识传教模式。他最初展示在中国人面前的是能够表现西方科学技术与物质文明的物品，而不是直接向他们宣讲基督教义。他从欧洲带来的以及他在中国自行设计制造的各种奇器如自鸣钟、西洋镜、三棱镜、世界地图、地球仪、星盘等，对于任何中国人来说都是非常新奇的，也很实用。而且这些器物所包含的科学知识超出了当时多数中国人的认识，或与中国传统学术理论有很大的差异，因此无论对于普通老百姓或士大夫都有很强的吸引力。在此基础上，他便可以进一步宣传西方的文明，他所宣讲的西学涉及天文、地理、数学、医学等各个方面。

此外，利玛窦还开创了中西结合翻译书籍的历史。在我国的隋唐时期，也曾有过一次外来文化的大规模输入，并对中国产生了重大影响。当时的外来文化主要来自西域，翻译了大量的佛经。承担翻译任务的或为由西域来华的译经师，或为中国派出的西行求法高僧，但他们都是单独进行翻译的。而明清之际的西书翻译工作，却与隋唐时期不同，是东西方学者合作完成的。他与徐光启合译《几何原本》，与李之藻合译《同文算指》。他的中文译作共 19 种，这些译著对中国近代科技的作用是非常重要的。

在西学东渐的过程中，从欧洲传入的科学技术主要是天文学、数学、物理学、地理学与地图测绘技术、地矿学、气象学、生物学、西方医学、机械学与机械制造技术。在这些领域内，古代的中国均曾经有过独特的、足以夸耀于全世界的优秀成果，甚至从整体上看，16 世纪以前中国的科学技术是领先于欧洲的。直到 14 至 16 世纪欧洲兴起文艺复兴运动，现代科学思想和科学方法在欧洲日益成熟，在各个领域取得了一系列突破性的进展，从而超过了在科学技术方面几乎处于停顿状态的中国。传教士们正是利用这一优势，使基督教在中国的传播中包含了较多的科学内容，因而有别于佛教和伊斯兰教。这一时期，北京的科学技术发展较快，其中不少成果都是与西方科学思想的输入分不开的，以下将分学科来讨论当时北京地区的科技发展情况。

第二节　天文学

在中国利用科学技术传播西方宗教的传教士们，向中国人介绍欧洲的天文学成就是他们的首选。因为中国是农业国，自古以来就需要通过天象观测来决定农时，这是上至皇帝、下至普通百姓都十分重视的事情。虽然古代中国在天文和历法方面是世界领先的，但到了明末，西方无论是观测仪器还是理论研究，都比当时的中国更先进。正因为如此，传教士们选择以此为突破点，企图通过更精确的天文观测和计算来取得上层领导的认可，并进一步宣传西方文化，以达到传播基督教的目的。而且事实上这一方法从一开始就非常成功，在这一领域工作的传教士们，几乎都进入到了国家机关——钦天监，因而可以发挥出最大的作用。

一、明朝末年对历法的修订

古代的中国天文学曾有过世界领先的水平，由于勤于天象观测，所以天文记录详尽，历法也是先进的。但是到明朝末年，与西方天文学的迅速进步相比，中国的天文学水平已经相对落后。连续使用了二百多年的《大统历》，屡出差错。钦天监对日食、月食食分和时刻的推测也常有错误。由于天象观测是由皇家所把持，所以当朝政腐败、国力衰弱时，天文研究自然停步不前。而此时的西方天文学正借文艺复兴运动而取得了较大发展。这些进步包括对宇宙的认识、天文仪器的制造和相关的天体测算方法，尤其是1582年制定的“格雷历法”（即一直沿用至今的阳历）是当时世界领先的。西方传教士正是利用了中国统治者对天文历算的重视，采取了以介绍西方先进天文和历法的手段，赢得中国统治阶层的认同。

明末修历的主要成果是编纂《崇祯历书》，这一工作也是在保守势力以“祖制不可变”为由而极力阻遏的环境下，由革新派的领军人物、当时的大学士徐光启协同多位中外学者，冲破重重困难而实现的。

徐光启（1562—1633），明淞江（今上海市）人，字子先，号玄扈，万历进士。通天文、历算，习火器。为天主教徒，是我国较早接触西方科技知识的中国学者，与利玛窦往来密切，经常共同研讨学术问题。万历四十年(1612)任历书纂修官，与熊三拔共同制作天、地盘等观象仪器。次年遭讦，称病去职，兴屯耕于天津。万历四十七年(1619)，明军败于辽东萨尔浒，乃疏请自效，擢少詹事兼河南道御史，练兵通州。天启元年(1621)力请铸红衣炮御敌，后因忤魏忠贤被革职。崇祯元年(1628)召还，重申练兵之议，任礼部左侍郎，后任礼部尚书，命修正历法，与龙华民、邓玉函、罗雅谷等推算历法，进《日躔历指》等。崇祯五年(1632)兼东阁大学士，卒于任。他一生注重经世实用之学，于农田水利也多有研究。主要著作有《徐氏庖言》《诗经六帖》，编著《农政全书》《崇祯历书》，译著有《几何原本》《泰西水法》等。利玛窦能够进入北京，与徐光启的帮助和策划是分不开的。利玛窦来到中国后就十分关注中国的天文和历法，1601 年他借向万历皇帝进献礼品的机会，曾表示过愿为明廷效力的愿望，但并未引起万历皇帝的重视。1604 年徐光启建议他翻译一些“裨益民用”之书，于是他就将《格雷历法》翻译成中文。这是一部为欧洲天主教国家所通用的历法，一直沿用至今。他根据徐光启提出的“新奇而又证明”的标准，与徐光启合作翻译了欧几里德的《几何原本》前六卷。这两部书的翻译，无疑为以后的修历做好了学术方面的准备。《格雷历法》为明末修历提供了一个很好的范本，而《几何原本》的作用则是将西方的三角学和几何学介绍到了中国。以往中国在数学方面的成就，应该说主要在代数方面，古代中国的科学家习惯于用代数方法来计算和解释行星的运行规律。几何和三角学的引进，正是为以后用西法修历做好了科学方法准备。虽然利玛窦于 1610 年即去世，并没有亲自参与明末的修历工作，但这一具有重要历史意义的工作，确实是与他的努力分不开的。

明廷是经历了两次按旧法预报日食均出错的教训后才下决心修历的。第一次是万历三十八年(1610)十一月朔壬寅日食，钦天监的预报与春官正戈谦亨等人及兵部员外范守己的预测，存在很大差异，引起朝野震动。此时革新派人士随即提议请传教士参与，按西法修历。如周子愚建议：“大西洋归化远臣庞迪我、熊三拔等，携有彼国历法，多中国典籍所未备者。乞视洪武中译西域历法例，取知历儒臣率同监官，将诸书尽译以补典籍之缺。”[1]后又有南京太仆寺少卿李之藻

①《明史》卷三十一，中华书局，1974，第 528 页。

上书皇帝，陈述翻译西方历书之重要性，并具体推荐传教士庞迪我参与翻译工作。但由于保守势力过分强大，此举仍然被阻遏，惟在徐光启的积极策划和推动下，促成了熊三拔的《简平仪说》的出版。也正因为此，使得熊三拔成为传教士中参与明末修历的第一人。第二件事是1629年6月21日日食，钦天监根据《大统历》和《回回历》推算，初亏和复圆的时刻差两刻，而徐光启根据西法推算北京、琼州、大宁日食则全都正确。在两次日食测算失误的教训后，明廷下决心修历。是年7月1日，崇祯帝授命徐光启督领一切，李之藻辅助，9月开局，工作地点在北京宣武门善书院。

为了做好工作，从一开始徐光启就提出了“超胜”与“分曹料理”的指导方针。超胜，就是从翻译西方科学著作入手，引进西方科学，再经过中国人的研究和提高，达到与西方并驾齐驱和最终超过西方之目的。他说：“欲求超胜，必须会通；会通之前，必须翻译。”[①]分曹料理就是分学科进行研究的意思。这两项原则无疑是十分正确和必要的。首先，从指导思想方面，能够面对现实，承认西方科学技术水平的先进性，因此虚心学习，而且把学习西方国家先进科学技术的最终目的定在超过西方，即在学习的基础上，悉心钻研，并为科学进步做出我们的贡献。其次，分曹料理思想的提出，对于科学研究从总体上看也具有特别重要的意义。分科研究的思想其实在中国古已有之，虽然多年来学术界有一种比较普遍的看法，即认为中国的传统思维相对于西方来说是整体性和综合性的，所以也是笼统而混沌的。这主要是从表面上看，西方科学的分科比较细致，且有越分越细的趋势，而传统的中国学术则并未将自然科学知识进行十分细致的分科，甚至一部《周易》就可以包括天文、数学、地理、军事、政治、音律、医学、农学、建筑学等等，几乎天下万物无所不包括于其中。然而从科学史的角度看，古代的中国科学从一开始就是十分重视分类方法的。例如《考工记》的“金有六齐”，《吕氏春秋》之《任地》、《辩土》，在数学方面则更是将实际生活中遇到的问题分成若干类，分别进行研究并给出具体的解题算法，《九章算术》便是最好的例证。明代李时珍穷毕生精力完成的巨著《本草纲目》则体制庞大、结构严谨、内容丰富、论述详密，将植物、动物、矿物等分类进行考证和研究，这无疑是药物分类方面的重大成果。

---

①徐光启撰、王重民辑校《徐光启集》，中华书局，1963，第374页。

所有这些都说明古代中国的传统学术思想已具有了自己的分类体系结构，然而此时徐光启为什么又重提分曹料理的思想呢？他在给皇帝的奏折《条议历法修正岁差疏》中提出“度数旁通十事”的建议，即建议在历局开展以数学为根本，兼天象、水利工程、军事工程技术、建筑、机械、大地测量、医学、会计学及音乐等学科的研究。这一庞大的科学研究计划，显然已经大大超出了历局的职责范围，大有国家科学技术工作发展规划的味道。我们从他以数学研究为根本的主张，可以看出徐光启对于数学的重视，以此为基础的分曹料理思想与过去是有区别的。中国传统学术对政治和伦理学更重视，而属于自然科学范畴各个学科的研究，也无一不是在为维护礼制社会政治服务的前提之下进行的，并且其成果一般都很实用。例如《吕氏春秋》在《任地》、《辩土》之前先有《尚农》一篇，首先从政治角度阐明农业之重要性。这是与从孔子创立的儒家思想，到董仲舒的“天人感应”学说，到以朱熹为代表的理学思想体系的形成是一脉相承的，而且逐渐形成了中国古代哲学体系。他们轻视对自然科学的研究，但为了以天道论证人事，也不能不把自然界包括其中。朱熹提出的“万理归于一理”的说法，其实是把自然界看成为一个受在冥冥之中的一种超自然力量所支配的有机整体。这样一种自然观的提出，其本质是为了巩固封建统治的思想武器，是纯粹从政治需要出发的。因此，从科学史角度审视这一思想体系，的确是对人类探索大自然的奥秘起到了阻碍作用，并且最终成为阻碍现代科学技术在中国发展的抑制因素。也正因为如此，徐光启当时提出分曹料理的指导思想，其积极意义就不言而喻了。

传统的中国学术更重实用，尤其对于关切民事和伦理学方面的学问更加重视。而西方学术则更注重探索自然之理，而且研究越来越细致，因此将自然科学分为若干学科进行研究。徐光启当时提出分曹料理的研究计划，正是在传统的学术思想的基础上，熔中西学术于一炉。这一指导方针的确立，使得明末科学家对于自然科学研究的深度和广度，在传统的天、算、农、医四门基本科学体系与技术科学方面，都有一定程度的进展。其中在天文学方面的成就，主要是吸收了当时来自欧洲的相关知识，从基础理论到研究方法都有所前进，从而使这门自郭守敬以后就渐趋停滞的学问，又逐渐有了新的起色。以《崇祯历书》为例，这是由当时的历局主持、中外科学家共同编纂而成的著作。徐光启由于接受西方天文历法理论之影响，提出了先译后制的方针。即首先全面、系统地翻译由传教士带来的欧洲天文学著作，再以中法为主、参用西法来制新历。参与翻译的传教士有汤若望、龙华民、罗雅谷、邓玉函等。1633年徐光启逝世后，由李天经接任其工作，到1634年翻译工作全部完成。共计一百三十七卷，包括徐光启、李天经五次进呈四十六种一百三十五卷，再加星图一摺、星屏一架，总称一百三十七卷。但是由于当时反对派的阻挠，明代最终并未正式颁行这部历法。直到清兵入关，传教士将其删为一百卷进呈清廷，定名为《西洋新法历书》并刊行。收入《四库全书》时，为避讳再改名为《新法算书》。

《崇祯历书》共分十一部分，其"基本五目"是：法原、法数、法算、法器、会通；"节次六目"是：日躔、恒星、月离、日月交食、五纬星、五星交会。其中卷一至卷八为《缘起》，叙述该书修订之缘起、经过，并包括本书原计划纲目、所用仪器、进呈书目等。卷九、十为《大测》，为数学基础，涉及割圆、三角等计算原理。卷十一、十二为"测天约说"，叙述新法天算的具体方法。卷十三、十四叙述对日、月交食的新法观测、计算方法。卷十五为《历学小辩》，是针对当时满城平民魏文魁所著《历元》《历测》二书的，此二书反对新法，为此徐光启以四篇文章反驳。卷十六至卷二十为《浑天仪说》，讲述浑天仪的构造与具体用法。卷二十一为《比例规解》，叙述比例规的构造及使用。卷二十二为《筹算》，讲筹算方法。卷二十三为《远镜说》，叙述用望远镜观测日月星辰的方法。卷二十四为《日躔历指》。卷二十五、二十六为《日躔表》，均叙述日躔行度（所谓日躔是我国古代的历法术语，表示太阳在黄道上的位置及其变化。用二十八宿的赤道宿度或黄道宿度表示，分别相当于现代天文学的赤经或黄经。古人把周天分为三百六十五又四分之一度，认为太阳日行一度。到公元6世纪，北齐长子信发现日行有盈缩：冬至最盈，春分平，夏至最缩，秋分又平。隋代刘焯的《皇极历》创立了等间隔二次差内插法来计算日行盈缩，后唐代的《大衍历》改进为不等间隔二次差内插法，到元代的《授时历》又采用等间隔三次差内插法来计算）。卷二十七为《黄赤正球》，列《黄赤道距度表》。卷二十八至卷三十一为《月离历指》。卷三十二至卷三十四为《月离表》（所谓月离是指月球在百道上的位置和变化，也用二十八宿的赤道宿度或黄道宿度来表示。早在东汉时期人们就已经发现月行有迟疾，以后进一步认识到与日行不均匀而应该加以修正）。卷三十五为《太阴二之均数总数加减表》，皆为月行规律与行度。卷三十六至卷四十四为《五纬历指》。卷四十五至卷五十五为《五纬表》,叙述五大行星运行规律、行度与会合周期、恒星周期。卷五十六至卷五十八为《恒星历指》。卷五十九至卷六十一为《恒星表》并附图,示恒星分布位置。卷六十二、六十三为《恒星出没表》,叙述恒星在各接气的出没时刻。卷六十四至卷七十为《交食历指》,叙述日、月食历理与观察、计算等。卷七十一为《古今交食考》,为对《尚书》《诗经》以来日、月食的考证。卷七十二至卷八十为《交食表》,叙述日、月食观测与计算数据。卷八十一、八十二是《八线表》,叙述割圆八线表的计算原理、方法及应用。卷八十一至卷八十六是《几何要法》,为西法几何学的原理及应用。卷八十一至卷九十六是《测量全义》,为西法天体测量原理与具体方法和应用。卷九十七为《新法历引》,讲述西方历法之基本原理和各种方法。卷九十八为《历法西传》,叙述传入我国的古今西法。卷九十九、一百为《新法表异》,将中国历来各朝所用历法与本朝新历进行比较,并叙述新法之独特发展与原理。最后三卷是汤若望于清代所作。

该书的特点是:

1. 全书采用丹麦天文学家第谷所创立的宇宙体系。这是介于托勒密地心体系与哥白尼日心体系之间的一种折衷体系,该体系以地球为宇宙之中心,日、月和恒星均绕地球运行,而五大行星则绕日运行。这一体系虽比托勒密地心体系进步,但却比哥白尼日心体系落后许多,因为它的基本理论仍属于地心体系。虽然也引用了哥白尼的论点,但是始终未能采用日心体系,这不能不说是一大憾事。造成这一现象的原因在于,当时的传教士并未把当时最先进的学术思想带过来。

2. 采用本轮、均轮等一整套小轮系统的天体理论与计算方法。小轮系统起源于古希腊,在解释日、月、五星的视运动方面见长,因此得到徐光启的赏识。但由于小轮系统是建立在地心体系之上的,所以与当时欧洲已经成熟的开普勒的行星运动三定律相比,是不科学的。只不过是由于开普勒的行星运动三定律建立在日心体系之上,才使得传教士们有意回避。

3. 第一次将地球的概念和把地球表面按经、纬度划定及其测定与计算方法,从欧洲引入中国。这对于中国古代天体理论来说是一大进步,是前所未有的,这一概念的引入,有助于日、月食的计算,也有助于提高天文计算的精度。

4. 引进了视差、蒙气差(即大气折光差)和时差的概念,这对于提高天体测量和计算的精度同样是至关重要的。例如视差概念的引进，尤其是对周日视差的改正，就优于我国古代凭经验的近似计算。又如因引进蒙气差的数值改正，从而区别开了冬至点和日行最速点（即近地点）的不同。对于传统天文历法来说，这些都是重要的进步。

5. 引进西方平面三角学与球面三角学知识，使得我国在天文学计算方面达到了当时最先进的水平。此前元代郭守敬编制《授时历》时使用的是“弧矢割圆术”，而三角学的引入，显然是又前进了一大步，无论从计算方法、计算能力和计算范围方面，都有了突破性进展。

6. 在测量手段上，引进了西方观测仪器。如象限仪、纪限仪和伽里略望远镜等的引入，是我国观测仪器从古代向近代迈进的开始。

7. 引进西方的恒星编号与星等的概念，并从此为我国所采用。还根据第谷星表与我国传统星表，绘制了我国第一张全天星图，其中包括我国所未能见的恒隐圈外的南极天星，兼用黄赤道坐标系。以后清代的星表都以此为基础而修正、补充，并沿用至今（所谓星图，是描绘恒星及恒星组合的图画。我国古已有之，迄今发现最早的是河南濮阳一座古墓葬中用蚌壳及人腿骨拼成的龙、虎和北斗图案，从公元前5世纪的出土文物已经可以看出，当时的二十八宿知识已相当成熟，对于星图的描绘手法和精确性随历史变迁而不同。后世关于星图的描绘手法有两种：一是示意性的，其恒星位置并不精确，甚至可任意改变以适应构图之需要；一是写实性的，描绘者力图精确表现恒星的实际位置。星图的起源可上溯到盖天说的盖图）。

8. 引入了西方天文学度量制度。如将圆周分为360度，度以下用六十进位制，每天24小时，每小时60分，每15分为一刻，全天共96刻。又引进西方的黄道坐标系，并采用从赤道算起的九十度纬度制与十二次系统的经度制，从而使我国的天文度量制度与西方同步。

9. 引进西方的天文学理论与数据。如日、月、五星的远近距离理论与数据，岁差与回归年长度的数据等。

总之，《崇祯历书》是明末最主要、最全面地介绍西方天文学成就的著作，它是我国天文学从传统迈向近代的开始。因而这部著作以及相关的一系列翻译西书的活动，其影响是巨大的，是我国天文学从传统向现代过渡的里程碑式的著作。这一成果的取得，与当时身居要职的中国知识分子和西方传教士的活动密不可分。

但是，以《崇祯历书》为标志的明末，在引进西方天文学成就的活动中也有十分遗憾的地方，那就是未能将当时最先进的哥白尼日心说天文学理论引进及运用。徐光启等确实努力将历法建立在正确的天文理论基础之上，当时哥白尼的《天体运行论》在欧洲早已问世，而且也有一些相关著作传入中国，但参与修历的传教士龙华民等人却故意回避和封锁这些先进的学术思想。其原因就在于哥白尼的天文学理论从根本上动摇了基督教义的神学基础，传教士们对往日与日心说学派的争论依然耿耿于怀，于是对此秘而不宣。这使得哥白尼的日心说理论传入中国晚了近百年，也为先进学术思想的传播留下了一些遗憾。

科学是不能被长期封锁的，随着1727年英国天文学家布拉德雷发现光行差，验证了地球的运动，从此地动说得到了普遍的认可。这使罗马教廷不得不于1757年取消了对哥白尼学说的禁令。1760年，法国传教士蒋友仁在向乾隆皇帝进献《坤舆全图》时，首次在中国公开介绍了哥白尼的学说。其实在早期来华的传教士中就不乏哥白尼学说的崇拜者，如邓玉函、卜弥格就与伽利略、开普勒这些哥白尼学说的推进者保持着密切联系。他们也曾经有过将日心说传入中国的打算，但当他们得知伽利略因宣传哥白尼学说而被教廷判罪时，就失去了勇气。只是在《崇祯历书》中引用了大量的《天体运行论》的材料，也介绍了哥白尼，说他是西方四大天文学家之一，但并未介绍他的日心说。

二、清代天文学研究的发展

清钦天监是清王朝专门从事天文学研究和制定、修订历法的政府机构，在其存在的二百年间，坚持每天的天象观测、研究和制造了大量的天文仪器，还编纂了相当数量的、足以反映当时中国天文学水平的学术著作，如康熙朝奉敕编纂的《历象考成》，乾隆朝奉敕编纂的《历象考成后编》《御定仪象考成》和道光朝奉敕编纂的《仪象考成续编》等。由于明朝末年大批传教士参与了《崇祯历书》的编纂，清初又有汤若望等主动表示愿为清廷效力，所以在清钦天监任过职的传教士先后有数十人，其中有衔职的是汤若望、南怀仁、闵明我、庞嘉宾、纪理安、戴进贤、徐懋德、刘松龄、鲍友管、傅作霖、高慎思、安国宁、索德超、汤士选、罗广祥、福文高、李拱辰、高守谦、毕学源等。清钦天监在很长时间内设监正两人，一名由满人担任，另一名为西洋人，上述各位传教士或为监正，或为监副。此外还有不少虽无衔职但参与钦天监工作的，如利类思、安文思、恩理格、苏纳、白乃心、李守谦、徐日升、安多、张诚、白晋、宋君荣、巴多明等。此外，众多的中国学者也参与研究，共同为天文学发展付出了辛勤劳动。

清代所颁行的历法《时宪历》，是根据汤若望删定之《西洋新法历书》(即《崇祯历书》)编成，而成于明末的《崇祯历书》由于是中西方学者初次合作，再加上主持人徐光启在成书之前即已辞世，因此该书存在许多方面的问题甚至错误。于是康熙五十三年(1714)，钦天监奉命进行修订，并于康熙六十一年(1722)完成了《历象考成》四十二卷。该书题清圣祖(康熙)撰，实为钦天监的集体研究成果，由德国传教士戴进贤主笔。

《历象考成》分上下两编，上编《揆天察纪》十六卷，阐述天文理论。卷一为《天象、地体、历元、黄赤道、经纬度、岁差》，卷二、三为《弧三角形》上下与《计算之法》，卷四为《日躔历理》，卷五为《月离历理》，卷六至卷八为《交食历理》，卷九至卷十五为《五星历理》，卷十六为《恒星历理》。下编《明时正度》十卷，阐述计算方法。卷一为《日躔历法》，卷二为《月离历法》，卷三为《月食历法》，卷四为《日食历法》，卷五为《土星历法》，卷六为《木星历法》，卷七为《火星历法》，卷八为《金星历法》，卷九为《水星历法》，卷十为《恒星历法》。另有附表十六卷，是根据法国天文学家卡西尼的数据编制而成的。卷一为《日躔表》，卷二至卷四为《月离表》，卷五至卷八为《交食表》，卷九为《土星表》，卷十为《木星表》，卷十一为《火星表》，卷十二为《金星表》，卷十三为《水星表》，卷十四为《恒星表》，卷十五、十六为《黄赤经纬互推表》上下。

《历象考成》更正了《崇祯历书》中的一些错误，如《崇祯历书》中某些图与表不符，对某些问题的解释不清楚甚至自相矛盾，还有一些数据也有错误。这些在《历象考成》中得到了更正，还改进了一些具体数据与计算方法。例如《崇祯历书》中所定的黄赤交角是 23°31′30″，而《历象考成》则改为实测数据 23°29′30″。该书还吸取了我国学者的研究成果，如王锡阐在《晓庵新法》中首创的月体光魄定向、日月食初亏与复原方位的计算等，还有明代方以智的《物理小识》中关于光肥影瘦的理论(《历象考成》将其更名为“分光”)，也都吸收进《历象考成》之中。

但此书在总体上仍属于第谷体系的天文理论和计算方法，采用地心说在当时已属落后，所以随着时间的推移，其误差也逐渐显现。如雍正八年(1730)六月初一的月食，预测与实际不符。于是，时任钦天监监正的明安图奏请由监中的传教士戴进贤、徐懋德两人负责进行修订。他们是根据卡西尼的数据与计算方法推算出一系列的历表，但却未说明所根据的天文学理论和具体的算法。因此在整个钦天监内也只有明安图等少数几人能够使用。

由于《历象考成》仍基本沿用了《崇祯历书》中落后的第谷地心说体系的天文理论、计算方法和数据，所以随着时间的推移，其误差也越来越显著。乾隆二年(1737)，吏部尚书顾琮奏请修历，于是乾隆命组织钦天监内外天文学家共同增修表解图说。参加者除戴进贤、徐懋德外，还有明安图、梅瑴成、何国宗等数十人。到乾隆七年(1742)完成《历象考成后编》十卷，主要目标是对《历象考成》末十六卷附表所依据的原理进行说明。卷一为《日躔数理》，卷二为《月离数理》，卷三为《交食数理》，卷四为《日躔步法，月离步法》，卷五为《月食步法》，卷六为《日食步法》，卷七为《日躔表》，卷八、九为《月离表》上下，卷十为《交食表》。

《历象考成后编》的进步表现在彻底抛弃了旧的小轮体系，而采用地心系的椭圆运动定律与面积定律。尽管这一理论依据仍然是错误的，只不过是开普勒行星运动第一、第二定律之颠倒(即认为太阳绕地球运动的轨道为一椭圆，而地球的位置在此椭圆的一个焦点上)，但是毕竟比小轮体系要进步。而且由于只涉及日、月运动与交食问题，所以对开普勒定律之颠倒及对于运算结果并无大碍，而其精度却大大高于第谷体系。此外，在对历表的具体说明方面，也采用了当时较先进的研究成果，因而比《历象考成》有许多进步。

奉清高宗乾隆敕命编纂的天文学著作还有《御定仪象考成》，又称《仪象考成》，正文三十卷，卷首二卷。此前曾于康熙十三年(1674)由传教士南怀仁主编完成的《灵台仪象志》一书，由于成书仓促，对来源不一的资料未能作仔细地甄别与校正，错误较多且有重复。乾隆九年(1744)，正逢甲子，钦天监观测到黄赤交角比《灵台仪象志》所记已有显著差别，恒星位置也有变化。经钦天监奏请，敕准重新测算星表，并于乾隆十七年(1752)完成。此书虽为“御定”，实为传教士戴进贤主编，参加者达二十六人。乾隆十九年(1754)送武英殿刊印，正值历时十年之久的大型天文仪器“玑衡抚辰仪”制造完成，因此又在卷首增二卷，书名也因之定为《仪象考成》。

卷首二卷为《御制玑衡抚辰仪说》，介绍玑衡抚辰仪的性能和用法。正文三十卷为星表：卷一为《恒星总记》，卷二至卷十三为《恒星黄道经纬度表》，卷十四至卷二十五为《恒星赤道经纬度表》，卷二十六为《月五星相距恒星黄赤经纬度表》，卷二十七至卷三十为《天汉经纬度表》。全书的星表以乾隆九年甲子(1744)冬至为历元，共列星表三百官，三千零八十三星(星官是具有中国特色的天文学名词，是我国古代对恒星的命名单元。根据恒星所在星空的周围状况，选取少到一颗多到数十颗星，构成一个星组，给予一个名称。这些名称中有不少是朝廷中的官职，故名星官。也有大量星组是根据其构成的图形的形状来命名的。无论如何命名，在古代中国的占星术中，都赋予了主宰有关事物的吉凶福祸的能力。因此统称其为星官)。其中与古代记录相同者二百七十七官、一千三百一十九星，比南怀仁的《灵台仪象志》多十六官、一百零九星。也有在我国所见不到的近南极的二十三官、一百五十星，这些全凭西方数据。《仪象考成》是以 1725 年英国修订再版的《弗兰斯提星表》为底本，经过实测修正而编成的。有的经过验证即直接用弗氏星表的数据，再加上岁差修正。对于差别较大者，则采用自己新测的数据。《仪象考成》比《灵台仪象志》有明显的改进，所以沿用了八十年，直到《仪象考成续编》成书为止。

《仪象考成续编》三十二卷，成书于清道光二十四年(1844)。由于岁月变迁，《仪象考成》中星表所给出的星象位置有了较大变化。于是奉清宣宗道光之命组织了一次全天星象的测定，其成果便是《仪象考成续编》。该书正文前有道光十八年八月十一日、二十二年六月二十六日、二十二年七月初一日、二十四年十一月十五日、二十五年七月初二日所呈五份《奏议》，详细叙述了重新测星的缘由、具体经过、测定结果和人员费用等。

正文中卷一为《经星汇考》，分为六部分：《东西岁差考》，每岁差五十二秒，计六十九年有余而差一度，但未可泥为定率；《南北岁差考》，实测为二十三度二十七分；《恒星隐见考》，较《仪象考成》复隐七星而多增一百六十三星；《恒星高卑考》，中西未计，必然有之；《恒星行度考》，判自西说；《天汉界度考》，考明东、西、南、北之界度。

卷二为《恒星总记》，记录所测全天垣星星数。计三垣二十八宿共二百七十七座一千三百十九星，外增一千七百七十一星。合近南极之二十三座一百三十星，外增二十星。总计三千二百四十星。

卷三为《星图步天歌》。先列出《赤道北星图》、《赤道南星图》、《赤道南北星图》、《天汉全图》，继在《步天歌说》中云：《步天歌》历代有改易，今行乃康熙五十八年钦天监博士何君藩所订，星座步位尚有不合。今依现测星度详细点图，按韵歌行，略调平仄，以俾学者易于成诵。此下即列《紫微垣图》、《太微垣图》、《天市垣图》与二十八宿每宿星图，每图皆配以《步天歌》。

卷四至卷十五为《恒星黄道经纬度表》，分别列出黄道十二宫恒星之黄道经纬度、星等、赤道经纬度、赤道经纬岁差等数据。

卷十六至卷二十七为《恒星赤道经纬度表》，分别列出黄道十二宫恒星之赤道经纬度、黄道经纬度、黄道经纬度岁差、星等等数据。

卷二十八为《月五星相距恒星经纬度表》，也是黄道十二宫恒星之数据。

卷二十九、三十为《天汉黄道经纬度表》，分别是《黄道北天汉界度》和《黄道南天汉界度》。

卷三十一、三十二为《天汉赤道经纬度表》，分别是《赤道北天汉界度》和《赤道南天汉界度》。

《仪象考成续编》以道光甲辰（1844）冬至为星表历元，共收三百星座，三千二百四十星。与《仪象考成》相比，少六颗星未测到，而增加一百六十三星。虽然增加不多，但给出了年代可靠的新测恒星坐标数据，为后世研究当时的观测精度提供了资料，而且其确定的恒星名称体系一直沿用至今。这些实测数据是该书的重要成果。此外，在理论研究上也有所发展。如，明末以来，传教士们一直把恒星的星等看成是恒星本身直径大小的反映，并据此推断各恒星半径与地球半径之比。《仪象考成续编》则认为还与恒星到地球的远近有关，因为一些恒星的星等与《仪象考成》所载不同，原因只能是恒星本身的星等发生变化，或与地球的距离有了变化，而把横行于地球的距离变化考虑进去，正是考虑到了恒星的视运动，这在当时也是很先进的认识，因为关于视向运动的概念，在欧洲也是 1868 年才提出的。

由以上几部天文学著作看，有清一代对于天文学的研究是非常重视的。在研究过程中，也能吸取当时世界上最为先进的研究成果。这与当时几位皇帝是分不开的，特别是与康熙帝对西方最新科学成果的关注有关。康熙帝本人对科学技术有着极大的兴趣，他命传教士为他讲解西方科学知识，包括数学、物理学、生物学、医学等，所以有助于西学在中国的传播。但是他并没有认识到先进的科学技术在促进经济发展方面的作用，也不可能有在人民群众中普及科学知识的打算，因而使得西学仅仅在很小的范围内传播。再加上保守势力的过于强大，使得中国的科学技术水平仍然越来越落后于欧洲，并最终在与帝国主义列强的战争中显露出来。

三、汤若望历案

在清代天文学发展史中不能不提的，就是汤若望历案。汤若望（1591－1666），字道未，德国人，1622年来中国直到去世。关于他的情况本书前面已有介绍，他是清钦天监第一位西洋人监正，以其在天文学方面的专长，被清政府授予二品顶戴，掌钦天监印信，赐号通玄（微）教师[①]。顺治二年（1645）颁行的《时宪历》即是他呈献的。发生在1664年至1669年的中国科学史上的一桩冤案，其中的主要人物就是汤若望。这桩冤案反应了当时我国改革与守旧两种观点、两种势力的争斗，具体地说，就是在天文历学领域是学习西方的新科学还是坚持传统的旧方法之争。

明末清初，西方使用的天文历法已经较中国传统的天文历法先进，这是从明末徐光启主持的修历工作已经证实了的。汤若望能够进入钦天监，也与徐光启有直接关系。开始时参与修历的传教士有龙华民和邓玉函，龙华民还兼任中华耶稣会总会长之职，再加上他对利玛窦的方略持不同看法，对修历并不感兴趣，故不久便退出修历工作，而邓玉函也在第二年去世，于是徐光启上书请求再招两名传教士以接替此项工作："先是臣光启自受命以来，与同西洋远臣龙华民、邓玉函等，日逐研究翻译，……不意本年四月初二日臣邓玉函患病身故。此臣历学专门，精深博洽，臣等深所依仗，忽兹倾逝，向后续业甚长，止藉华民一臣，又有本等道业，深惧无以早完报命。臣等访得诸臣同学尚有汤若望、罗雅谷二臣者，其术

①《清实录》第三册，卷六、卷七、卷七十三、卷九十三。

业与玉函相埒，而年力正强，堪以效用。”[①]汤、罗二人因此进入钦天监参与修历的工作。汤若望任职钦天监后，利用他的影响及与上层的关系，使得清廷决定采用他所建议的新历法《时宪历》。但这一做法遭到朝廷内保守势力的激烈反对，先是顺治十四年(1657)四月，回回科秋官正吴明烜上书指新法之“谬误”，但这一次经实测证明吴明烜是错误的，所以汤若望幸免于难。顺治帝去世后，汤若望失去了靠山，又逢辅政大臣鳌拜专权，在其支持下，以钦天监杨光先为首的保守势力再次向汤若望发难。杨光先是一个主张“宁可使中国无好历法，不可使中国有西洋人”的保守派，他于康熙三年(1664)七月上书攻击汤若望，说西洋理论荒谬，汤以邪说惑众，蓄意造反。指控汤若望“只进二百年历”，是影射大清帝国短命。又以新历书上印有“依西洋新法”字样，诬蔑汤若望以此五字“暗示正朔之权以尊西洋”。这些将学术问题硬与政治混在一起的诬陷，使得无人敢为汤若望辩护。杨光先还以荣亲王安葬时辰之误归罪于汤若望，这是更为荒唐的指控，事件夹杂着迷信与巧合。事情是这样的：顺治之爱子荣亲王夭折，钦天监刻漏科择定的下葬日期为当年八月二十七日辰时，并将所择时刻报礼部。礼部郎中吕朝允误将辰时译为午时，最终也是按照礼部确定的时刻下葬，而造成了时刻之误。按迷信的风水观点，午时下葬，不利于死者的双亲。只是事有凑巧，荣亲王死后两年，其母皇贵妃董鄂氏病故，顺治帝又于董鄂氏死后仅四个月零十七天也去世。这种巧合，使得人们愈加相信风水。其实当初钦天监已经发现了礼部将时辰误译的问题，并要求礼部改正，只是礼部不肯。当一系列的巧合发生时，礼部为推卸责任，竟然嫁祸于人，致使汤若望蒙冤。结果是判汤若望死刑，受牵连的有南怀仁、利类思、安文思及汤氏门人潘尽孝和学生李祖白等。当时的皇族中也有同情汤若望的，那就是顺治的母亲孝庄皇太后，她对传教士素有好感，反对对汤的处理。正在此时，又一件巧事发生了：行刑时恰逢北京地区发生强烈地震。京城人都认为这是传教士的冤情所致，在孝庄皇太后的直接干预下，汤若望得以赦免，但钦天监的职务被免除，《时宪历》被废止而恢复原来的《大统历》。而汤若望本人也因高龄和在狱中受尽苦难，于出狱后不久即去世。

杨光先得势后于第二年任钦天监监正。但他毕竟不懂科学，在其任内，历法

---

①转引自江晓原、钮卫星《天文西学东渐集》，上海书店出版社，2001，第331页。

屡屡出错，造成了清廷对他的不信任。已经亲政的康熙帝，对西方的科学技术有强烈的兴趣和爱好，他命杨光先与南怀仁当众进行天象测算比试。监测人员以中午时分为试题，结果是南怀仁“逐款皆符”，而杨光先、吴明烜等“逐款不合”，从而以实验的方法证明了西方科学的正确性。康熙帝遂为汤若望平反昭雪，除拨帑银厚葬外，还撰文纪念：“鞠躬尽瘁，臣子之芳踪；恤死报勤，国家之盛典。尔汤若望，来自西域，晓习天文，特畀象历之司，爰赐‘通微教师’之号。遽尔长逝，朕用悼焉，特加恩恤，遣官致祭。呜呼！聿垂不朽之荣，庶享匪躬之报。尔有所知，尚可歆享！”杨光先也因此被夺官，后又因被告依附于鳌拜而被遣送回籍（徽州歙县），卒于途中。

这一案件从表面上看，是清代钦天监内部的传教士与回回派在修历、治历方面的一场权力之争，实质上则是科学文明与封建迷信、愚昧的较量。在愚昧强权政治的支持下，杨光先曾一度置汤若望于死地，然而科学最终是不可战胜的。这是在中国第一次以科学实验的方式验证、并由皇帝亲自主持的一次辩论，结果是科学战胜了迷信。它使中国人第一次通过实验认识了科学的力量。这一冤案的平反，当然与康熙皇帝有关，特别是在漫长的封建帝制社会中，皇帝的思想倾向乃是最终的裁决依据。《清史稿》有如下的评论：“历算之术，愈算则愈深，愈进则愈密。汤若望、南怀仁所述作，与杨光先所攻讦，浅深疏密，今人人能言之。其在当日，嫉忌远人，牵涉宗教，引绳批根，互为起仆，诚一时得失之林也。圣祖尝言当历法争议未已，己所谓学，不能定是非，乃发愤孥讨，卒能深造密微，穷极其阃奥。为天下主，虚己励学如是。呜呼，圣矣！”①

四、欧洲测天仪器理论与制造技术的引进

从明朝初年开始，我国在测天仪器方面就基本停滞不前了。从明初到万历年间，天文学方面也基本没有什么进展，历书的编制依据仍然是《授时历》，仪器制造技术不但很少创新，而且连宋元时期的成果都未能完全继承。这一方面大概是由于元代在天文历算方面取得的成就很大，明代因之满足于沿用前朝的仪器；另一方面也与明朝皇帝对科学技术所持的态度不无关系，这一点仅从明太祖

①《清史稿》，中华书局，1998，第10025页。

朱元璋将献给他的“水晶刻漏”视为“淫巧”而击碎之就可以看出。当然，仅以皇帝的好恶来解释中国计时器的落后是不完全的，但在一个皇权至上的国家，皇帝对于“奇技淫巧”的态度，就不仅仅是影响天文仪器的制造，而会对整个国家的科学技术进步起到抑制作用了。相比之下，在对待新技术的态度上，来自北方游牧地区的蒙古族统治者反而更开明些。回顾中国历史，凡改朝换代大多不用前朝旧宫（在北京只有清代例外），例如明成祖迁都北京时，出于政治方面的（其实是风水理论）考虑，将元大都宫殿完全拆毁重建，而在测天仪器上却愿意使用前朝旧物。洪武元年（1368），明朝在南京建都，设立司天监和回回司天监。洪武十七年（1384），将北京司天台的北宋浑仪、元代简仪等大型仪器迁运到南京鸡鸣山。当利玛窦在明末看到它们时，发现它们是根据经度 36 度安装的，而南京的经度却是 32.25 度，可想而知，明初的统治者大概对于测天仪器的知识甚为贫乏。洪武三十一年（1398），司天监改称钦天监。成祖迁都时也并未将这些仪器运回北京。

明朝也制造过一些测天仪器，据《明太祖实录》和《大政纪》记载，洪武二十四年（1391）和洪武二十九年曾两次铸造“浑天仪”。英宗正统二年（1437），朝廷批准钦天监的建议，派人到南京用木料仿造那里的天文仪器，做出木模型运回北京后再经校验北极高度，然后用铜铸造。正统四年十一月至正统七年（1439—1442），铸造简仪、浑仪、浑天仪（即浑象）、圭表各一架，安置在观星台。观星台即观象台，位于元大都城墙东南角楼旧址。这些仪器在设计上完全模仿宋元浑仪和简仪等，在制造工艺方面使用的也是中国古代早已成熟的成型和加工技术。总之，当 16 至 17 世纪欧洲天文仪器不断发展时，中国却在相当长的一段时间内停步不前。16 世纪中叶，民间天文学家周述学制造或讨论了“沙漏”和“浑仪更漏”，但在机械技术方面已经明显落后于欧洲的钟表了。

从明朝末年开始，随着西方传教士的到来，欧洲的先进天文学成果包括测天仪器一起来到了中国。在这些传教士中，第一个介绍和试制欧洲天文仪器的是利玛窦。他在肇庆刊印《山海舆地全图》后，着手制作天球仪和地球仪，把铜日晷之类的仪器送给与他交往的官员[①]。来北京之前，他就制造过天球仪、地球仪、

①利玛窦、金尼阁撰，何高济等译《利玛窦中国札记》，中华书局，1983，第 182 页。

钟表、日晷、星盘、象限仪和纪限仪等，也指导一些求教者制作天文仪器，还用星盘和其他天文仪器测定一些地方的地理位置，用象限仪测量塔的高度等。他与徐光启合译的《几何原本》前六卷和《测量法义》，为人们提供了新的几何学和测量方法。在利玛窦之后的来华传教士中，也有大量精于天文历算的学者。对欧洲天文仪器所做的大量、全面、系统介绍，是从编制《崇祯历书》开始的。在该书的《浑天仪说》和《测量全义》中，比较系统地介绍了欧洲天文仪器的结构、原理、制造、安装和使用方法。应该注意，在介绍这些天文和数学等欧洲科学知识的过程中，采用了一些中国传统的仪器名称和术语，例如"浑天仪"、"浑象"、"立运仪"等，也创立了不少新术语，如"象限仪"和"纪限仪"等，这些术语有的一直沿用至今，说明这些名词的翻译和使用是很成功的，这一贡献应与徐光启的工作有直接关系。

测天仪器的欧化主要体现在三个方面，其一是仪器测量精度的提高，这与引入西方的天文学理论和几何学的应用有关；其二是仪器的结构更趋合理，这主要是使用了欧洲最新的数学和物理学的研究成果；其三是增加了一些新的测量设备。

汤若望在《恒星历指》卷一里根据功能列出了观测仪器的种类和要求：

> 测恒星、测七政躔度，公理也，而有四资：一曰测器，二曰子午线，三曰北极出地度分，四曰视差。四资既具，非其时，又不可测焉。测器者何也？凡测星有三求：一求其出地上度分，二求其互相距度分，三求其距黄、赤二道之何方何度。所用器亦有三：一为过天顶之圈，如象限仪、立运仪等，此为测地平高度之器；一为纪限仪，此为测两距度之器；一为浑天仪，南北观象台所有即是，是为兼测二道经纬之器。今所用测星者则纪限、浑天二器，而非大不得准，非坚固不得准，非界画均平、安置停稳、垂线与窥筒景尺一一如法，亦不得准也。……凡七政视差有二：一为地半径差，一为清蒙气差。

中国古代关于仪器的传统论著是不考虑大气对观测结果的影响的，因此没有视差、地半径差和清蒙气差等概念。《恒星历指》引入上述概念，对提高观测的精度起到了重要的作用。

《测量全义》卷十为《仪器图说》。先介绍古三直游仪、古六环仪、古象运全仪和古弧矢仪，然后在《新仪器解》中介绍各类新仪器，按圆仪（环形、弧形仪器）和平仪分别介绍和比较，认为圆仪较优。之后介绍了各仪器之用法、制作所用材料，照准仪、照准器的构造原理，以及取得度、分、秒、微观测值的刻度划分法。分析了仪器的大小、材质的优劣，还比较了恒仪与游仪。该书中在介绍"仪器"一词时说：

> 仪器之用有六，一测日、月、星地平之纬度，二测地平东西南北之经度，三测日、月、星各两点相距之度分，四测日、月、星赤道上之经度、纬度，五测日、月、星黄道上之经度、纬度，六测定时刻。
>
> 古今仪器造法百变，综而论之，其形体则大仪胜小仪，其材质则铜仪胜铁仪、木仪，其置顿则恒仪胜游仪。何者？仪大则分画愈细，可得分秒；小则每度仅容分许……。铜仪不受侵蚀，永无渝变。铁多锈损，雕镂更难。木多攲斜，易致毁折，故曰铜胜它材也（或用铜铁杂，或用铜木杂，随宜造之；或杂锡木者，则应猝小器，易于雕刻，亦变屡更，皆属权法，不堪久用……）。恒仪定方向置之，永久不易，恒与天行相准。游仪动荡，得数未真，故曰恒胜游也。

《测量全义》又在《新法》中讨论了欧洲仪器细分刻度的横截线法，利用几何学原理分析了忽略其误差的合理性。这是中国古代关于仪器的论述中极少讨论的：

> 新法：一象限分九十度，每度又当为六十分。一度之弧不容分矣。今以直角为心、边为界作弧，次内复作一弧，两弧相距为五十分半径之一。约每两度，两弧之间各成甲乙丙丁方形，又从心作线六平分之，戊、丁、庚、己等六长方形。各形作戊丁等对角线，每线十平分之，仪大则二十平分；是一小分为六十分度之一，一分也；或为百二十分度之一，三十秒也。因戊丁对角线大于丁己弧，则其小分亦大于弧上之小分。
>
> 论曰：凡直线方形之对角线任为若干分，从各分作线与腰平行必分底，

而底之分与弦之分比例等。今从心所出之甲丁、乙丙两腰非直线形之两腰，即甲乙、丁丙两底不等。或疑以为难用，不知仪大弧小（六分度之一，五千四百零分象弧之一），以较直线形所差极微，……所差者非目所能见，亦非推算所及用也。[1]

所有这些理论、方法的应用，无论在测量误差的修正还是仪器自身精度的提高方面，都是传统仪器很少考虑的。所以，明末清初由传教士帮助制造的一系列天文仪器，其性能优于传统仪器，同时也使我国的天文学研究工作开始与世界接轨。

在仪器设备的机械结构方面，也充分利用了当时的物理学研究成果。例如擅长制作天文仪器的南怀仁，在设计天文仪器时按照伽利略的力学理论，总结了一些经验性的原则，并绘图加以说明。他明显注意了以下几个问题：不同的材料有不同的强度，材料截面越大其纵向抗拉能力越强；悬臂梁的承重能力低于同样截面的吊杆；竖放的矩形截面梁的弯曲强度与抗变形能力高于同样宽度的方形截面梁；圆梁直径越大，抗弯强度越大；当悬臂梁的长度达到一定程度时，梁的自重将像悬挂重物那样导致梁的下垂和折断。之所以说这些是经验性的，是因为当时的技术科学尚处于探索阶段，精确计算的理论和方法并未成熟，也不严谨。然而对于中国人来说，虽然这些经验性的知识在以往的设备中也有所体现，但将其放在物理学范畴内进行系统研究，确实是一种全新的概念和方法。此外，螺栓、齿轮等也开始在仪器上使用。南怀仁在《新制灵台仪象志》中是这样描述黄道经纬仪的：

黄道经纬全仪之圈有四，各圈之四面分三百六十度，每一度细分六十分。其外大圈恒定而不移者，名天元子午圈，其外经六尺[一寸]，其规面厚一寸三分，其侧面宽二寸五分。此圈之内包括诸圈。其冲天顶之下半，加宽一寸五分，而夹入于云座仰载之半圈，欲其不薄弱而失圆形故耳。其圈之侧面，从天顶起算，南北各去顶一象限，即为地平线。从地平线起算，上下安定

①转引自张柏春《明清测天仪器之欧化》，辽宁教育出版社，2000，第100、104页。

京师南北两极之高度分。于两极各安钢轴，而各轴之心与圈侧面为一点，侧面为下半圆而合之，加伏兔上之半圆以收之。盖因度分之界，指线所切，窥表所及，皆在侧面故也。南北两轴相向，左右上下，丝毫不谬。子午圈内，次有过极至圈。南北赤道两极，各以钢轴相贯之。两极在规面之中心，而中心内外有钢孔[枢]，钢轴入钢枢，免致铜枢磨宽。其北钢枢则安于内规面，用小铁条以贯之，而过极圈不致垂下而失圆形矣。其南钢枢则安于外面，不令铜面转磨而离于仪之中心焉。又从南北赤极起算，各去二十三度三十一分零三十秒，定黄道极。去极九十度，横置次三圈，名黄道圈，与过极圈相交(过极圈亦名带黄道圈)。两交处，各陷其中以相入，令两圈为一体，旋转相从。黄道交，一在冬至，一在夏至。黄道圈内，安次四圈，名黄道纬圈，结于黄道南北之两极，其钢轴钢枢安法皆与带黄道圈无异。夫子午圈内共三圈，各规面之宽约二寸五分，便于刻度分秒，其厚约一寸三分。纬圈南北两极，各有兽面以衔圆轴，其圆径约一寸以为径表。轴之两端有螺柱定之。若欲不用圆轴，即开螺柱而安径线以代表，任意用之。其轴之中心，立圆柱作纬表，表之纵径与黄道中线正对，下与纬圈侧面恒定为直角。而黄道经圈纬圈各有游表数具，于各弧之上游移用之。又当天顶设极细铜丝为垂线，下置垂球，至下圆孔之内。全仪下有双龙，于南北两边而承之。龙之后足安置于两交梁，两梁则以斜交相交而收敛之，令其地宽裕而便于测验。两交梁之四角有四狮以项承之，而上则有螺柱定之。①

清代传教士中，在仪器制作方面贡献最大的当数比利时人南怀仁。汤若望在编制历法时，因采用欧洲通行的360度和60进位制而使得中国过去的传统天文仪器不能再用。又考虑到徐光启时期制造的仪器多为木结构，不能长久，于是康熙八年(1669)命南怀仁制造新仪器。在南怀仁指导或亲自制作完成的天文仪器共有五十三件。其中六件是专为北京观象台所制，即天球仪、黄道经纬仪、纪限仪、象限仪、地平经仪和地平纬仪。这些仪器制造极其精细，其结构不但符合力学原理，而且按照中国传统观念饰以龙的造型；所用青铜合金更是科学，以至

①转引自张柏春《明清测天仪器之欧化》，辽宁教育出版社，2000，第188页。

于数百年后仍保有极好的光泽；其在球体和圆环上的刻度也是当时最精细的，而且使用了游标以提高读数的精度。这六架仪器上没有安装望远镜，所以仍属于古典仪器，只有象限仪是以前所没有的。另外一个缺憾是把地平经仪和地平纬仪分为两个仪器，给测量带来不便。后来纪理安于 1715 年将二者合一制成地平经纬仪。但最为可惜的是他们在制造新仪器时，毁坏了元代王恂、郭守敬制造的简仪和仰仪作原料，将宝贵文物破坏。1900 年，这六件仪器曾被德国人窃走并运到柏林，1919 年德国战败，根据国际协定才被迫归还中国。南怀仁将仪器制成之后，并未及时向同行讲解其使用方法，故引起钦天监官员的不满，疑其有技术垄断之嫌，连康熙帝也有怀疑。为此南怀仁编写了一部《仪象志》呈报皇帝，此书即前文所述《新制灵台仪象志》。康熙帝对此书很满意，准于刊印，南怀仁还因此得到晋升，加封太常寺少卿职衔。

现代天文仪器的引进，望远镜是重要的，它打破了肉眼的界限，扩大了人的能力，它的出现给天文观测带来了许多新发现，促进了天文学的发展。望远镜进入中国，同样也为中国的天文研究带来新气象。正如罗雅谷在《五纬历指》中所说：

> 问：古者诸家曰：天体为坚、为实、为彻，照今法，火星圈割太阳之圈，得非背昔贤之成法乎？
>
> 曰：自古以来，测候所急，追天为本。必所造之法与密测所得略无乖爽，乃为正法。苟为不然，安得泥古而违天乎？以事理论之，大抵古测稍粗，又以目所见为准，则更粗；今测较古，其精十倍，又用远镜为准，其精百倍。是以舍古从今，良非自作聪明，妄违迪哲。

从明代利玛窦将望远镜带到中国来时，就引起了中国学者的极大兴趣。明人郑仲夔在《玉麈新谭·耳新》卷八中说："番僧利玛窦有千里镜，能烛见千里之外，如在目前。以视天上星体，皆极大；以视月，其大不可纪；以视天河，则众星簇聚，不复如常时所见。又能照数百步蝇头字，朗朗可诵。玛窦死，其徒某道人挟以游南州，好事者皆得见之。"可见望远镜明代在我国已经流传。

第三节 数学

北京地区的数学，虽然在元代有突飞猛进的进展和举世瞩目的成就，也出现了著名的大数学家，宋元时期的数学四大家中北京地区有两位，他们的成就在当时处于世界领先地位。可是到了明朝，这样的形势似乎改变了，没有什么大的进展。这大概与当时最高统治者皇帝的态度有直接关系，同时也和社会进步程度以及经济发展水平相关。明末欧洲传教士们带来的西方文化，使得我们的数学才逐渐又有新的进步。清代初期的康乾盛世，中国国力强大，经济繁荣，特别是康熙、乾隆两位皇帝对西学的兴趣，使得西方近代数学对我国数学的影响加大。北京作为首都，此时出现了一批研究西方数学有较深造诣的数学家。

一、缓慢前进的明代北京数学

明朝前期，在数学方面的进展不大。这时期，中国学术界受程(颐)、陆(九渊)等主客观唯心主义的影响，做学问讲究"即物穷理"，轻视对自然科学的研究，因此包括数学在内的自然科学的进展十分缓慢。只是到明朝后期由于东西方文化的交流，由传教士们带来的欧洲新科学技术成果，才使得自然科学研究出现新气象。在数学方面有突出贡献的，仍是前面提到的徐光启。他的主要贡献是与传教士利玛窦合译《几何原本》前六卷，从而将西方近代数学首次引入我国。不过我们必须看到，中国传统数学同样十分优秀，李约瑟曾称赞中国古人在记数法方面的成就："黄河流域早于世界各地就已开始使用十进位，并用空位表示零，于是出现了十进制计量法。早在公元前1世纪以前，中国工匠已经用十进制刻度的游标卡尺来检测自己的工作了。在中国的数学领域，根深蒂固的始终是代数思维而非几何概念，宋元时代中国人就已率先找到了等式的解法，因此以布莱斯·巴斯卡的名字命名的三角，1300年时在中国已不是什么新鲜事物了。类似的例子俯拾皆是。"[①]特别是宋元时期的几位大数学家的出现，更使中国的数学研究处于世界领先地位。但中国传统数学与西方数学有很大区别，这主要表现在

①李约瑟著、李彦译《中国古代科学》，上海书店出版社，2001，第15页。

两个方面：首先，我们的传统数学注重实用，表现在数学著作上就是将全部数学知识以问答的形式来表述，把生产生活中所能遇到的问题归为几个大类，每类再细分为若干小类，分别讲述其解法，因此是非常实用的；而欧洲数学则多以研究"数"本身的规律为主，他们对于数学的研究，可以是很抽象的，并不与具体的事物联系起来。其次，我们的传统数学按今天的观点看，是以代数学为主的，几何学和三角学基本上没有形成体系，甚至在天文计算方面，也不用几何和三角而以代数方法完成。由于几何学没有形成独立的学科体系，所以严格的逻辑推理和证明方法并未建立。而欧洲的数学从古希腊时起，就是建立在一系列公理体系和逻辑推理的基础之上的。严格的推理和证明，使得数学的理论体系结构严整，便于学科自身的发展。由于这些区别，使东西方数学沿着不同的轨道前进，明朝末年开始的西学东渐，使这两种类型的数学相互交流，在这一交流中徐光启和利玛窦的工作是开创性的。此外，二人合著的《测量法义》一书，将几何学原理运用到测量学、建筑学和水利工程上，这在当时也是了不起的新贡献，在促进东西方科技交流方面的作用不可低估。

同时期的中国学者李之藻的贡献也是十分重要的，他与利玛窦合译了《同文算指》一书。李之藻(1565—1630)，字我存，又字振之，杭州仁和人。万历二十六年(1598)进士。官南京工部员外郎。1601年，他在北京与利玛窦相识，遂师从其学习西方地理学与历算。受利玛窦影响，积极主张输入西方科学，参与翻译、刊印的西方科技书籍颇多，涉及数学、天文、历法、水利诸科，堪称我国科技翻译事业的先驱者。利玛窦对徐、李二人的学识也倍加赞赏："自吾抵上国，所见聪明了达，唯李振之、徐子先二人耳。"[①]《同文算指》主要是根据克拉维斯《实用算术概念》和程大位的《算法统宗》编译的[②]，是第一部介绍欧洲笔算的著作。《同文算指》的内容分为前编、通编和别编三部分。前编两卷，介绍笔算和定位法，讲自然数、小数的四则运算。在讲述了古代的筹算和当时流行的珠算后，讲解了以笔算代替珠算的书写方法和十进制位权记数法的运用规则。该编介绍的方法与现

---

①方豪《中国天主教史人物传》，中华书局，1988，第113页。

②程大位(1533—1606)，字汝思，号宾渠，明徽州新安(今安徽歙县)人。生平事迹不详。仅知其幼年曾学习数学，二十岁后在长江下游一带经商，四十岁左右回家乡从事数学研究，万历二十年(1592)杂采诸家之成，以古九章为目，附以595道难题，用珠算解题，并用珠算开平方、开立方，写成《算法统宗》一书。

代笔算的进位方法一样，加、减和乘法也与现代一样，唯除法与现代不同，是15世纪末意大利数学家发明的“削减法”。该编还介绍了西方的验算法和分数记法，只是当时的分数记法是分母在上分子在下，与今天的记法相反。通编八卷共十八节，讲述比例（包括正比、反比和复比）、比例分配、级数求和、盈不足、方程、开方等方面的内容。该编的有关内容是克拉维斯《实用算术概念》中所没有的，为李之藻从中国传统数学中选取补充。这些内容如一次方程组的解法、二次方程的数值解法和高次开方法等。此外还补充了程大位《算法统宗》中的难题和徐光启的《勾股文》与《测量法义》的有关内容。别编未译完，只有抄本流行。这是中西算术的第一次汇合，为后来于20世纪初在我国推行的阿拉伯数字的使用打下了基础，它使得西方的笔算越来越简单，甚至连小学生都很容易掌握。因此，《同文算指》在推动中国数学与世界同步及普及数学知识方面的贡献是同样不可低估的。

二、清代数学——北京逐渐与世界接轨

清代前期在数学方面的发展是突出的，这当然是由于继承了明末引进的西方数学及其研究成果，也与开国之初几位皇帝对数学的偏好有关。奉康熙帝敕编撰的数学专著《数理精蕴》，从康熙五十二年（1713）开始编纂，到雍正元年（1723）刊刻。全书共五十三卷，分上、下编。上编五卷“立纲明体”，下编四十卷“分条致用”，书中有对数、三角函数表八卷。其主要内容为翻译和介绍西方数学成果。上编卷二至卷四为《几何原本》，是翻译法国耶稣会士巴蒂的著作并略加增删，卷五《算法原本》实为欧几里得《几合原本》的第七卷。下编分为首部、线部、面部、体部、末部，讲述的内容广泛，包括基本算数运算、代数二次方程、平面几何、立体几何、西方代数学并首次引进“对数”概念和介绍了对数造表法。西方代数学中的“借根方比例”，主要是介绍指数运算法则，多项式的加减乘除法则，加号、减号、等号、移项的概念，对后世无穷级数的研究及宋元数学的复兴影响很大。对数造表法的引进，则是清末对数级数展开式研究的基础。代数方面还介绍了有欧洲风格的迭代法，并利用此法求解高次方程和椭圆体体积。

说到清代的数学研究，必须介绍大数学家梅文鼎的贡献，尽管他在北京生活的时间不长。梅文鼎（1633－1721），字定九，号勿庵，安徽宣城人。幼年时跟随

父亲梅士昌和私塾老师罗王宾学习儒家经典和天文学知识。青年时又跟随竹冠道士倪观湖学习《大统历》，并立志于历算研究，与两个弟弟梅文鼐、梅文鼏“依法推步，疑信相参，乃相与晨夕讨论”，最终写成《历学骈技》二卷。中年后学问益深，名声渐广，曾在北京参与审定《明史·历志》的初稿。晚年得康熙皇帝于南巡途中三次召见，问天象算法，可见其在学术方面的造诣和知名度，也因此对清代天文历法以及数学方面有一定影响。梅氏家族于学术上贡献颇多，其孙梅瑴成乾隆时在北京主持编纂《历象考成》、《律吕正义》、《数理精蕴》，还经常奉旨将其中一些内容送梅文鼎审定。梅文鼎一生学术著作非常丰富，共有天文、数学著作八十余种，其中数学著作二十余种，为清代著述最多、最有影响的天文数学家。梅文鼎对于学术研究是非常勤奋的，1689 年至 1693 年（康熙二十八年至三十二年），他在北京李光地家教馆，他的天文历算已有相当造诣。李光地对他的评价是：“梅定老（梅文鼎）客予家，见其无一刻暇。虽无事时掩户一室中如伏气，无非思历算之事。算学中国竟绝，自定老作九种书（筹算、笔算、度算、三角形、比例法、方程论、句股测量、算法存古、几何摘要），而古法竟可复还三代之旧，此间代奇人也。历书有六十余本，不能刻。七十二家之历，无不穷其源流而论之，可谓集大成者矣。”①

梅文鼎之所以能够成为一代宗师，在于他将百家学说熔于一炉并形成自己的学术观点，无论是天文学或数学都如此。就天文历法而言，他提出了“古疏今密”的观点，认为随着人类的不断观测、不断认识和修改，历法必然由疏到密，中外皆如此。历法的精确性取决于对天象的观测，而有关天象精确数据的获得，又有赖于数代人连续不断的测量和修正。所以天象观测的长期性决定了历法“理愈久而愈明，法愈修而愈密”的特点。这一结论是他详细研究对比了各种历法之后得出的。他研究了传统的《大统历》、西域的《回回历》和《九执历》，以及反映了西方历法的《崇祯历书》。通过对《崇祯历书》的分析指出：“多禄某之法至哥白尼而有所改订，哥白尼之法至第谷而大有改变，至第谷法略备矣。而远镜之制，又出其后，则其为累测益精，大略亦如中法。”②关于对“数”的认识，他说：“夫数学

①转引自尚智丛《明末清初的格物穷理之学》，四川教育出版社，2003，第 227 页。
②转引自尚智丛《明末清初的格物穷理之学》，四川教育出版社，2003，第 230 页。

一也，分之则有度有数。度者量法，数者算术，是两者皆由浅入深。”他把数学分成今天所说的几何和代数：“是故量法最浅者方田，稍进为少广，为商功，而极于句股；算术最浅者粟米，稍进为衰分，为均输，为盈朒，而极于方程。方程于算术，犹句股之于量法，皆其最精之事，不易明也。”这也是首次将数学细分为对图和数的研究。我国古代数学成就以今天观点看，主要是接近西方代数学，而对几何学研究甚少，至于与三角相关的理论就更没有研究了。许多西方人士用三角、几何解决的问题，中国古代学者总是换成代数问题加以解决，而且成就卓著。梅文鼎这一说法的确对中西学术交流起到了积极作用。他对西学的态度是认真和客观的，他认为“数者所以合理也，历者所以顺天也。法有可采何论东西，理所当明何论新旧，在善学者知其所以异，又知其所以同”。他主张“去中西之见，以平心观理”。这些主张对于中西文化的交融，起到了积极推动的作用。梅文鼎在京时间并不长，但他的成就卓著，学术思想影响很大，甚至引起皇帝的重视，因而其影响对北京乃至全国的科学研究都是举足轻重的。他的二十余种数学著作中，于1689年至1693年之间（此期间梅文鼎在京）完成或其成书期涵盖这一时间段的有：《平三角举要》（约1662—1721）、《勾股举偶》（约1662—1721）、《几何通解》（约1662—1721）、《几何补编》（1692）、《少广拾遗》（1692）、《笔算》（1692）等。

由于清代初期皇帝的重视，我国学习西方科学技术的成就明显。在数学方面，清乾隆时期另一部重要的著作是由明安图撰、陈际新等续的《割圆密率捷法》，共四卷，是一部研究幂级数展开式的数学专著，涉及三角函数和反三角函数的幂级数展开。该书成书于乾隆三十九年（1774），有清道光十九年（1839）初刻本，这是当时中国人研究西方数学的成果。

明安图（约1692—1764），字静庵，蒙古正白旗（今内蒙古自治区锡林郭勒南部）人。青少年时为官学生，后入钦天监学习历算，曾跟康熙帝玄烨学习数学。历任钦天监时宪科五官正、钦天监监正。早年参与编纂《律历渊源》，以后又参与编写《历象考成》（任考测）、《历象考成后编》（任总裁和汇编）和《仪象考成》（任推算）。陈际新，字舜五，宛平（今北京丰台区）人，是明安图的弟子。曾任钦天监灵台郎，并参加《四库全书》的校勘整理工作。18世纪初，法国人杜德美传入西方的三个幂级数展开式：牛顿创立的“圆径求周式”（圆周率π的无穷级数公式）、格列高里创立的“弧背求正弦式”和“弧背求正矢式”（即正弦和正矢的幂级数展开式)。但仅仅介绍了方法,并未介绍它们的证明过程。明安图花三十余年对幂级数展开式进行深入研究,不仅给出了上述三式的证明,而且给出了其他六个展开式及其证明。晚年将这些成果写成初稿,病危时嘱其弟子陈际新整理定稿。此书后由明安图之子明新及弟子陈际新、张肱共同续成。

今本《割圆密率捷法》共四卷。卷一为“步法”,在杜德美传入的三个幂级数展开式之外,又补充弧背求通弦、求矢法,弦、矢求弧背,通弦、矢求弧背这六个幂级数展开式。卷二为“用法”,以角度求八线,直线、弧线、三角形边角相求,共七题。卷三、四为“法解”,对前述九个幂级数展开式进行详细证明。其证明思路是将中国传统数学方法与当时传入的西方数学知识相结合,创立了“割圆连比例法”和“级数回求法”进行证明。据陈际新“亲承指受”并转述说:“因思古法有二分弧法,西法又有三分弧法,则递分之亦必有法也。由是思之,遂得五分弧及七分弧。……又思之,其数可超位而得,则以二分弧、五分弧求得十分弧,以十分弧求得百分弧,以十分弧、百分弧求得千分弧,以十分弧、千分弧求得万分弧。既得百分弧、千分弧、万分弧三数,然后比例相较,而弧、矢、弦相求之密率捷法于是乎成。”明安图根据相似三角形对应边成比例,得出一连串的比例关系式,求得用于逼近圆弧的折线长度。从折线与弦的关系导出弧和弦的关系。他在求到以万分之一弧的通弦为变量、全弧通弦的级数展开式后说:“弧,圆线也。弦,直线也。二者不同类也。不同类,虽析之至于无穷,不可以一之也。然则总不可相求乎?非也。弧与弦虽不可以一之,苟析之至于无穷,则所以不可一之故见矣。得其不可一之故,即可因理以立法,是又未尝不可以一之也。何为而不可相求乎?”这正是极限概念和微积分思想的萌芽,也正因为如此,他的这些成果对后期微积分学的发展有一定的促进作用。明安图的研究成果与当时西方的同类研究水平大体相当,九个幂级数展开式在该书未刊印之前,即已在数学界得到广泛应用。这一事实充分说明在中国封建社会皇帝的个人爱好对于科学技术的影响,由于清初两位皇帝(康熙和乾隆)对于西方科学技术的偏好,使得西学在中国的传播获得了比较好的条件,特别是康熙皇帝亲自学习西方科学知识,也带动了身边的一些官员投身于研究西方科学之中。明安图等人就是这一时期的优秀代表。

清代晚期在数学方面成就突出的学者还有李善兰,他是浙江海宁人,在京师同文馆担任过重要职务,于数学、天文学方面成就卓著。李善兰(1811—1882)原名心兰，字竞芳，号秋纫，别号壬叔。少年时即酷爱数学，遍读各种数学名著，与当时数学名家如顾观光、张文虎、汪日桢、戴煦、罗士琳、徐有壬等往来切磋。1852年到上海与英国传教士伟烈亚力等合作翻译西方科学著作，将西方的近代科学成果系统地介绍到中国。1860年开始，他先后在江苏巡抚徐有壬幕下及曾国藩军中做幕宾，1868年到北京任同文馆天文算学总教习，从事数学教育工作，并被授予户部主事、员外郎、郎中及总理衙门章京等官职。他的主要成就是成书于道光二十五年(1845)的《方圆阐幽》一卷和成书于同治六年(1867)的《垛积比类》四卷。此外还有《弧矢启秘》《对数探源》《四元解》《麟德术解》《椭圆正术解》《椭圆新术》《椭圆拾遗》《火器真诀》《对数尖锥变法释》《级数四求》《天算或问》《考数根法》《粟布演草》《测圆海镜解》《九容图表》等，译著有《几何原本》后九卷、《代数学》《代微积拾级》《谈天》《重学》《圆锥曲线说》《植物学》以及《耐端数理》(即牛顿《自然哲学的数学原理》)等。涉及自然科学的许多学科，可见其学识之渊博。此外，还有《则古昔斋文钞》等诗文著作，是一位非常全面的学者。

《方圆阐幽》是李善兰早期的数学著作，主要论述他自己创造的“尖锥求积术”，是他尚未接触西方微积分学时，在解析几何和微积分方面的独立研究成果。书中以十个“当知”的命题来阐明他的“尖锥求积术”：

命题一：当知西人所谓点、线、面皆不能无体。

命题二：当知体可变为面，面可变为线。

命题三：当知诸乘方有线、面、体循环之理。

命题四：当知诸乘方皆可变为面，并皆可变为线。

命题五：当知平、立尖锥之形。

命题六：当知诸乘方皆有尖锥。

命题七：当知诸尖锥有积叠之理。元数起于丝发而递增之而叠之则成平尖锥，平方数起于丝发而渐增之而叠之则成立尖锥，立方数起于丝发而渐增之变为面而叠之则成三乘尖锥，三乘方数起于丝发而渐增之变为面而叠之则成四乘尖锥，从此递推可至无穷。然则多一乘之尖锥皆少一乘方渐增渐叠而成也。

命题八：当知诸尖锥之算法。以高乘底为实，本乘方数加一为法，除之，得尖锥积。

命题九：当知二乘以上尖锥其所叠之面皆可变为线。

命题十：当知诸尖锥既为平面，则可并为一尖锥。

李善兰通过对以上十个命题的详细论述，表达了他积丝成绢、叠纸得书的微积分思想，并得到几个相当于现代幂函数定积分公式的尖锥术算式。运用这一方法，书中又解决了求圆面积的公式和求圆周率 π 的无穷级数表达式的问题。书中还以其所创“分离元数法”与项明达、戴煦同时在中国最早得到二项式平方根的幂级数展开式。这些具有近代数学模式的研究成果，与当时西方学者的工作是同步的，是完全由中国学者独立完成的。这一方面说明中国学者的才智，也说明了东西方文化交流的必要性。

李善兰的另一主要成果《垛积比类》四卷，成于同治六年(1867)前，是中国数学史上关于高阶等差级数求和(即垛积术)的集大成著作。全书四万五千字左右，每卷除图以外，分为四部分：

一，表和造表法：全书共给出 15 个数表，都是三角形数阵，是按不同方式对北宋“贾宪三角”的推广，属于垛积表或系数表。表下给出的 15 个造表法多为递归定义。

二，解：给出 57 个垛的定义式，分别与表和造表法定义的各垛相当。

三，有高(层)求积术：给出 124 个求和公式，为全书之核心部分。

四，有积求高(层)术：给出 100 个方程及 112 个列方程的草式，其中有一元十次方程，最大系数为 101，这部分的篇幅占全书一半。

全书体例清晰，逻辑严明，内容连贯，前后呼应。在元代朱世杰“落一”(三角垛)、“岚峰”(三角变垛)两类垛积的基础上，另创乘方垛和三角自乘垛两类新的垛积，形成自己独具特色的垛积系统。文字部分通篇为定义、定理、演草，共给出定义式、公式、方程式、草式四百余则，无一应用题。卷三所给出的三角自乘垛求和公式，即为现代组合数学著作中引述的著名的“李善兰恒等式”。此书将中国古代传统的垛积术提高到了一个新的水平，为后人从整数论、级数论、组合数学等不同角度总结垛积术成果提供了丰富的内容。李善兰在书中自豪地宣称：“垛积之术于《九章》外别立一帜，其说自善兰始。”

《垛积比类》在数学史上影响甚广。此书于 1867 年刊行，被时人称之为“朱氏(世杰)以后当首屈一指”。其后四十年间，平均两年出版一种垛积著作，可见其影响之大。直到 20 世纪 30 年代后，中外数学家仍对其中的“李善兰恒等式”

极感兴趣，已从不同角度给出了这一恒等式的十几种证明。

李善兰之所以称得起为一代宗师，是因为他高深的学术水平。他与伟烈亚力翻译《几何原本》后九卷（前六卷已于明代译出）时，第十卷尤玄奥……善兰笔受时，辄以意匡补。译成，伟烈亚力叹曰："西士他日欲得善本，当求诸中国也！"难怪李善兰也自谓精到处不让西人[①]。

第四节　物理学与机械制造技术

中国的科学技术，自明初开始变得发展缓慢，与宋元时期大批科技成果的取得形成了鲜明的对比。由于闭关自守的政策和最高统治者对"奇技淫巧"的蔑视，使得我国的科学技术水平渐渐落后于欧洲。让我们对明末学者徐光启和与他大致生活于同一时期的欧洲科学家伽利略作一大致的比较，即可看出我们在科学技术领域的落后状态。1621 年，我国主张学习西方先进科技的徐光启在学习西方先进技术铸炮御敌时，欧洲的伽利略已经在研究抛物体的运动轨迹了（1638 年，伽利略完成了《两门新科学的对话》，该书讨论了材料抗断裂、媒质对运动的阻力、惯性原理、自由落体运动、斜面上物体的运动、抛射体的运动等问题，给出了匀速运动和匀加速运动的定义）。换句话说，就是当我们还在考虑如何将炮弹发射到更远的地方时，欧洲人已经在研究怎样才能使炮弹更准确地命中目标的问题了。可见当时中国和欧洲在科学技术方面的差距确实是很大的。明朝后期，随着传教士的到来，中国人才开始逐渐接触到西方的科技成果，这其中自然包括物理学和机械制造技术。其主要内容有西方力学、热力学、光学、西洋钟表和火器制造技术等。

一、西方力学的传入

中国古代在物理学和机械制造方面，如前文所述，曾经有过非常辉煌的成就。例如早在战国时期就发明了指南针，发现了小孔成像现象，在声学和音乐方面的成就更是遥遥领先于世界，制造于三千年前的精美青铜器，无论从铸造工艺

---

①《清史稿》卷五百二，第 14011 页。

还是合金配比上均显示出高超的水平。只是由于研究方法的不同，使得其成果在表述形式等方面有异于西方。明末清初开始的西学东渐，将西方现代科学思想带到中国，这其中有些成果是我们早已掌握的，例如杠杆原理，我们早已用来称重和应用于工程施工，而传教士们带来的是杠杆平衡的计算公式，是完全按照西方惯用的表达方式描述的。但有些由传教士带来的西方成果也是我们当时所不了解的，例如用三棱镜才能看到的光的色散现象。

明末利玛窦与李之藻合编的《同文算指》的前编《同文算指通编》中，介绍了当时西方的力学，包括物质比重的测定和计算、阿基米德原理和杠杆平衡等问题。关于杠杆平衡问题，《同文算指通编》卷一"变测法"列举两则计算的例子，其中之一是：

> 问：象牙一枝无大称，用小称称之不及，其锤重一斤十两，外加一锤重一斤四两八钱，称得六十七斤。依小称算，该几斤？
>
> 法：并原加锤数为首率，以称得数以次数，原锤数三率。一，四十六两八钱；二，六十七斤；三，二十六两；四，一百二十斤又五之三（用加六法求之，即九两六钱）。

此题将所用的称看作杠杆，显然，其重臂是固定的，重物（即象牙）的重量也是固定的。二锤共同使用，力臂长度为六十七斤（可以用称杆刻度表示长度），求使用单锤时的力臂长度（依然以重量表示）。设原锤重为 M_1，加锤重为 M_2，"并原加锤数"即为 M_1 与 M_2 之和，按两计为四十六两八钱。二锤重之和（M_1+M_2）除以原锤重（M_1）再乘以"得数"（六十七斤），即得使用原锤称时所得的斤数（一百二十斤九两六钱）。

第二个例子是：

> 问：原称物重八斤二两，失去原锤，欲另锤配用，不知轻重。另借别锤二斤五两以较原称之物，只六斤，则原锤若干？
>
> 法：此需化斤为两，以加六通后，称数九十六两为首率，以所借锤三十七两为次率，原称数一百三十两为三率。得所求原锤数，以斤法除之，二十七

两又十三分钱之二(一斤十一两三钱二分七毫不尽)。[①]

此题按一斤等于十六两计算,首先都以“两”为单位。按杠杆原理,两个锤的重量分别乘以各自的力臂长是相等的,因此容易得出计算方法:九十六乘以三十七再除以一百三十。所得结果的小数部分为循环小数(27.3230769231……)。

此二例所使用的方法为西方的反比例算法,实际上我国关于杠杆的计算问题古已有之,《同文算指》中只是介绍了西方的反比例算法。

明末传入我国的西方近代力学和机械学知识,主要集中在《远西奇器图说录最》中,该书由传教士邓玉函口授,王徵笔述并绘图。王徵,天启进士,曾在广平府任职,为明末传播西方现代科学技术知识的主要人物之一。该书三卷,第一卷六十三款,叙述力学基本知识与原理,包括地心引力、重心、各种几何图形重心的求法、重心与稳定性的关系、各种物体的比重、浮力等。第二卷九十二款,叙述各种简单的机械原理与计算,包括杠杆、滑轮、螺旋、斜面等。第三卷介绍各种实用机械,共绘图五十四幅。

二、声学方面的成就

明代在声学方面的成就是突出的。在建筑声学方面,如众所周知的天坛圜丘的声学效果,皇穹宇的回音壁和三音石以及近年来发现的对话石等;而音乐方面的成就则更为突出,皇室成员朱载堉关于十二平均律的研究,是现代音乐赖以存在的理论基础,在当时是处于世界领先地位的。

位于今北京天坛公园内的回音壁为一半径约32.5米的圆形围墙,墙高约6米。围墙之内有三座建筑物,北面一座皇穹宇,距围墙最近处约2.5米。整个围墙光滑整齐,具有良好的声反射特性。围墙的弧形使得当声音的入射角度小于22°时,声波可被围墙连续反射而不受皇穹宇的影响。因此,如果一人贴近围墙讲话,另一人若在相距较远的地方也贴近围墙,则可以清楚听到讲话的声音,因为在传播过程中声音的衰减极小。三音石是位于圆形回音壁中心处的一块石板,人站此处击掌,可听到三次击掌声,这是由于位于东西两侧建筑的墙壁和围

---

①转引自曹增友《传教士与中国科学》,宗教文化出版社,1999,第130—131页。

墙的反射声所造成的，由于各个反射声音的墙面与三音石的距离不同，使得反射声和再次反射声到达发声点的时间错开，我们就可以听到三次回声了。对话石则是近年来发现的，站在东西两侧建筑的北山墙下，可与位于围墙大门处的人对话，虽然彼此之间因建筑物阻挡不能看见，但利用各建筑物墙壁对声音的反射，可以清楚地听到对方的讲话声音。圜丘坛始建于明嘉靖九年(1530)，今天所见为清乾隆年间改建的。圜丘坛为一座三层石质圆形平台，中心一层高出地面约5米，直径约23米。平台中心略高，向四周延伸则逐渐降低。圆台周圈除东西南北方各留一门外，都围有石栏板，具有反射声音之功效。人站在台中心讲话，由于石栏板与逐渐倾斜地面的共同反射，使声音从四面八方同时返回到中心，于是讲话人感觉到自己的声音非常洪亮。上述这些属于建筑声学方面的成就，是举世瞩目的，所以凡是到天坛旅游参观的人，几乎都要来此一试。

不过上述声学现象，并不能说明当时人们对于声音传播规律的认识已经达到了很高的水平。因为凡是圆形围墙，只要直径足够大而且足够光滑坚硬，都会有回音效果。在我国具有回音壁功能的建筑不止一处，许多皇帝的陵寝就有类似的建筑，因而也有回音壁的效果。三音石和对话石也只是因为建筑物的体量足够大，并不能绝对排除偶然性。在声学理论方面，最值得中国人骄傲的还是十二平均律的发现，现在的天坛公园祈年殿前东侧配殿内，还长年展出古代乐器和十二平均律的基本知识，介绍他的发明人朱载堉的事迹。

在音乐方面，十二平均律的发现，具有特别重要的意义。这一成果是明皇室成员朱载堉的贡献，朱载堉(1536—1611)，字伯勤，号句曲山人。幼即聪颖好学，精乐律和天文历算。其父朱厚烷在嘉靖六年(1527)袭封郑恭王，后因进谏未成又遭到诬陷，于嘉靖二十九年(1550)被废为庶人，幽禁安徽凤阳。朱载堉愤怒不平，遂于宫门外筑土室、席藁草独处十九年，潜心于天文、算学与乐律研究。隆庆元年(1567)其父复爵，朱载堉也恢复世子冠带。朱载堉时年二十三。次年，搬出土屋重居王室。万历十九年(1591)其父病故，朱载堉屡屡上表。恳请让爵于族兄弟载玺(即当年诬告其父的祸魁之孙)，后获准。他一生著作颇丰，有《瑟谱》十卷，《律学新说》四卷，《律吕精义》二十卷，《乐学新说》与《算学新说》不分卷，《律历融通》四卷(附《音义》)，《圣寿万年历》二卷，《万年历备考》三卷，《操缦古乐谱》与《旋宫合乐谱》不分卷，《乡饮诗乐谱》六卷，《六代小舞谱》、《小舞乡乐谱》、《二佾缀兆图》、《录星小舞谱》皆不分卷,《律吕正论》四卷,《律吕质疑辨惑》一卷,《嘉量算经》三卷,《圆方句股图解》、《醒世词》、《韵学新说》、《切韵指南》、《先天图正误》五部(或不分卷或不明卷数)。总计二十三部,内容涉及乐律、器乐、乐谱、舞谱(包括舞蹈绘画)、算学、历法、度量衡等。朱载堉于律学(律数、律吕、律历)尤其精通,最杰出的贡献在于创建了十二平均律(朱载堉称之为"新法密率"),找到了在一个倍频程内十二个音的频率的公比。这不仅在我国是首创,而且领先欧洲一百多年。在音乐方面的代表作是《乐律全书》四十七卷。十二平均律的发现在当时确实是非常重要的成果,朱载堉也确实为此付出了艰苦的劳动。据他说,自嘉靖四十五年(1567)至万历九年(1581)的十五年间,写成了《乐律全书》中有关篇章的初稿。万历九年后,又将此书逐一修订、删节润色,最后确定书名并为之作序,刻行于万历三十四年(1606)。

十二平均律是现在国际音乐界应用最为普遍的一种律制,西方把它称之为"标准律制"。按音分计算,八度为 1200 音分,十二个半音之间各为 100 音分。虽然这是人为的,但是并不影响人的听觉,用这种律制制成的乐器,特别是键盘乐器,是可以任意旋宫转调的。因此它的发明,对于音乐体系的完善、音乐思维的发展和乐器演奏功能的提高,都具有极大的影响。

人类从远古时期就有音乐活动,并且在制作乐器和演奏的实践中不断探索中,逐渐总结出一些规律,例如前文所提到过的"三分损益法"。我国古代曾经使用过的律制有三种:三分损益律、纯律和平均律。但是三分损益律和纯律都不能旋宫。早在汉代,就有著名的易学家京房对此进行过研究,他提出按三分损益方法生律十一次后继续生律,直到六十律。其目的就是为了"周而复始,旋相为宫"。南北朝时期的何承天为了解决京房六十律遗留的微小音差,提出了新律制。他将三分损益律的古代音差平均分为十二分,然后将这平均数累加到十二个律上,使十二律在差部分形成一个等差数列,其旋宫的效果已经很接近平均律了,一般人的听觉几乎分辨不出。何承天之后,又有隋代的刘焯、五代的王朴等继续研究,直到朱载堉才终于完成,解决了一千多年的律学问题。

今天,我们求 2 的 12 次方根并不费事,但应该看到朱载堉完成这一工作时并无对数表,他是将表示八度音程的弦长比 2 开平方、又开平方、再开立方,得到 2 的 12 次方根的数值 1.059463094,即两个相邻半音频率的比值,由此可见朱载堉的数学功底也是相当深厚的。除此以外，朱载堉还特别注意乐器制造技术，他发现以管定律和以弦定律的差别，提出了“异径管律”论。这实际上是一种管口校正方法。朱载堉的成就在于创建十二平均律和提出管口校正法，这两项成就说明他不仅是音乐理论家还是音乐实践家。他曾经亲自种黍、裁竹制管，研制“均准”测律器，亲自校点笙来验证“密率”。他还制造了世界上第一架按照十二平均律的弦乐器，这是为了验证他的密率理论而制造的一架律准。他对笙的调律方法与现在对钢琴的调律方法是一样的。

朱载堉的成就远远超前于欧洲，到 18 世纪前半叶，德国作曲家巴赫才分别于 1722 年和 1744 年创作了上下两卷的《平均律钢琴曲集》。但是在中国，朱载堉的成就却没有受到重视，也没有得到推广，连《明史》也没有记载。这当然与顽固的守旧势力过于强大有直接关系。朱载堉生平活动地区并不在北京，但他的研究成果之所以没有在中国得到推广，却是与北京这个封建势力最强大的都城有着直接关系的，这里的保守势力太强大，而且又是皇家统治的中心地区。所以当他把《乐律全书》呈献给朝廷时，竟遭到冷遇。守旧势力将三分损益法奉为神圣法则的时代，新法密率被拒之门外是必然的。因为在守旧者心目中，古人没有做过的不能做，创立新说是大逆不道的，密率即对传统律学的叛逆。于是十二平均律只落得了“宣付史馆，以被稽考，未及实行”的结局。以后的三百年中，很少有人关心这项重大的发明。

三、机械制造技术在测天仪器方面的表现

在天文测量仪器方面，明朝的正统仪器在设计上完全模仿宋元时期的浑仪、简仪等，其制造工艺也仅仅沿用我国古代早以成熟的成形和加工技术。不仅在测天仪器方面，就是在整个天文历法方面，从明初到万历年间都是基本上停滞不前的。历书编制的依据仍然是《授时历》，使用的仪器既很少创新，又没有完全继承宋元时期的成就。这期间虽然有民间科学家进行过一些研究和改进，但不可能发挥太大的作用。这或许是由于统治者满足于宋元以来的科技成果，而忽略了继续研究与创新的结果。明成祖迁都北京时，南京的仪器并未带回，英宗正统二年(1437)才决定仿造南京的设备，于 1439 年至 1442 年在北京陆续铸造了简仪、浑仪、浑天仪(浑象)、圭表各一架，安置在观星台。从以上事实可以看出，我

国古代天文仪器在宋元时期虽然已经达到巅峰，但自明朝开始就陷于停滞了。

与此同时，天文学在欧洲得到了突飞猛进的发展。在测天仪器方面，第谷和赫维留使欧洲古典天文仪器达到了顶峰。随着望远镜、测微计等装置的发明，天文仪器在欧洲实现了近代化，已经超过了当时中国的测天仪器。随着西学东渐的开始，1600 年前后，利玛窦把欧洲的天球仪、星盘和日晷等小型仪器介绍到中国。1629 年后，邓玉函、罗雅谷、汤若望等传教士应徐光启之邀来到中国的皇家天文机构工作，当时完成的《崇祯历书》等书籍中介绍了十几种欧洲的天文仪器，包括托勒密时代的仪器、第谷的仪器和伽利略的望远镜。他们还试制并使用了部分欧式测天仪器。从 1669 年到 1674 年，南怀仁为北京观象台制造的仪器有黄道经纬仪、赤道经纬仪、地平经仪、象限仪、纪限仪和天体仪。如前文所述，他同时还编写了包括图纸的有关说明书。这些仪器取代了传统的浑仪和简仪等传统设备，使得北京观象台的仪器设备达到了新的水平。南怀仁在制造这些仪器时，其工作原理是依据第谷的理论，在设备造型方面采取了中国的造型艺术。他把欧洲的机械加工工艺与中国的铸造工艺相结合，因此这些仪器从表面看与中国传统仪并无差异，而机械结构却大量地采用了欧洲技术。1713 年到 1715 年，传教士纪理安为观象台制造了一架欧洲风格的地平经纬仪。1745 年至 1754 年，戴进贤、刘松龄与中国合作者按照皇帝的意愿，为观象台制造了一架玑衡抚辰仪。他遵循中国浑仪的结构旧制，采用了南怀仁用过的刻度制、零件结构和制造技术。

从以上所叙述的内容看，西方天文仪器对我国的影响主要有两个方面：欧洲的天文学理论和根据先进理论以及欧洲的机械技术制造的天文仪器。当时的欧洲在这两方面的水平都高于中国。关于天文学理论的情况，已如前所述。在机械方面从欧洲传过来的技术，主要是螺旋和金属切削加工等技术。不过传教士们先后介绍的 30 多种仪器或仪器零部件，以及 20 余项机械设计和制造技术，虽然在中国已属先进，但与欧洲同时期的测天仪器相比却是落后的。即便如此，这些仪器也没有起到促进中国有关学科的发展，也没有引起中国决策者对于西方科技的研究兴趣，有些仪器自制成时起就只是皇帝的御用物品。

总之，当时的中国统治者以实用为目标，并不注意其学术价值。一旦发现欧洲天文学水平高于我们，就长期采用西法并只依赖传教士们主持天文历法工作，而钦天监并没有培养自己的通晓西学的科学家的计划。大概明清两朝的统治者已经把欧洲传教士看作是召之即来的臣民了，这种现象在清代康乾盛世的表现尤其明显，一个以天朝大国自居而且国家经济力量雄厚的皇帝就是如此。首先他们不可能认识到科技水平的重要性，其次他们即使个人喜好西方科学，也仅仅是个人爱好而已，并不想将科技知识普及。如与天文观测有密切关系的机械钟表也是如此，他们并没有也不想培养自己的钟表制造工匠，更不懂培养自己的精通机械钟表原理的科学家的重要性。在很长一段时间内，西方的精密机械产品仅仅是供皇帝欣赏的御用物品，都是从欧洲购买或赠送的，今天我们还可以在北京故宫博物院见到它们。从基层工人方面考虑，这些机械加工技术没有能够取代中国工匠的传统加工技术的原因是什么呢？主要是中国传统的加工工艺及其机械制造技术已经相当成熟，工匠们更相信这些传统的、已经成熟的技术。传统的技术知识是靠了经验的积累而形成的，工匠们一旦掌握这些技术，便很自然地对其他技术产生一种排他情绪。他们以传统的、精巧的铸造工艺和其他技术就可以制造出合乎要求的金属零部件；不使用螺旋，也可以使用其他机构来实现各种装置的功能。另外一个不可忽视的原因是：传统技术是能够满足小农经济社会的需求的，当生产力尚未发达到一定程度时，新技术也不可能迅速普及。当然中国的工匠极少有机会直接接触西方传教士也是原因之一。

第五节　地理学

明清两代的北京，作为封建社会最后时期的帝都，其科学技术的发展较其他地区快，加之从明末开始的由西方传教士推动的西学东渐，使得北京的科学技术融入了西方现代科学技术的因素，这一时期也出现了一些有较大影响的学者。从地理学方面看，我国传统的地理学著作主要是以“游记”的形式出现的，许多著名的地理学著作多出自大旅行家。而在西方，地理学曾被看作是“科学之母”，许多学科都是从中分离出来的，所以在西方，地理学在整个科学界的地位是比较高的。尤其是在西学东渐的过程中，地理学更是起到了先锋的作用。当时中国的开明人士就是通过传教士带来的西方地理学知识开始认识世界的，并因此动摇了传统的中国与四夷的旧观念，接受了世界上有许多国家并存的现实，也开始认识到自身的不足,从而产生向西方学习的思想。因此,在研究明清两代地理学的发展时,理顺此时期我国地理学如何从传统走向现代,是很重要的。

一、明代地理学的发展

明代地理学著作仍以游记体为主,最为著名的莫过于徐弘祖的《徐霞客游记》,不过徐弘祖是江苏人,他无意仕宦、一心游历,虽然最北也到过燕、晋等地,但不属于本书介绍范围。另外明代著名的郑和下西洋带动了航海事业的发展,从而促进了有关的地理学。根据从1405年开始历经三十余年的郑和七次下西洋的所见所闻,产生了1430年费信所著的《郑和航海图》(原名《从宝船厂开船从龙江关出水直抵外国诸藩图》)一卷。还有用于航海的书籍,例如《海道经》《两种海道针经》等问世。针经是一种应用指南针导航的手册,亦称针谱或针路簿,说明在明代我国在与航海有关的各学科领域,也有相当可观的成果。

明代北京地区的地理学著作中,游记体有《北山游记》一篇。作者王嘉谟,字伯俞,号弘岳。顺天(今北京)豹韬卫人。明万历十四年(1586)进士,授礼部行人司行人。奉使列藩,凡诸王馈遣,一无所受。以才能声望,选为礼科给事中。以敢于直言名震一时。迁陕西参议,后调四川。参与评定播州之乱,为《平播全书》作序。平生好读书著述,有《蓟丘集》四十七卷。《北山游记》一篇即收于内。

《北山游记》是北京地区的野外考察手记,它记录了从北京西直门出发,经高梁桥、昆明湖、白浮、瓮山,出蓟县境,而后越百望、灌石、高崖、了思台,西至灰岭、北山的地理景观。他在描写这一带的地理、生态环境时是这样说的:“自高梁桥水度至白浮、瓮山,出蓟县境。瓮山斜界北望,是山也。南阻西湖,神皋兰若毕萃焉。北通燕平,丛丛蝼碗,背而去者百里犹见其峰焉。是宜禾黍。山之阳有祠焉,高十五丈,蹬之可以望京师,可以观东潞。出百望十里为长乐河,河水不甚阔而驶。由北二里位玉斗潭,潭箕园仅丈,腐草罨之,深不可测,或云是有物焉。由两牛斗而饮,陷于潭,辄不可得。又北十里为灌石,驻跸山在焉。其山长西北袤凡二十里,石皆壁立,高可十余丈,巑沓欹危,如堕如挽。首临平川,一望无际,孤堠时隐,猿鸣悲号,行者凛凛。”这段话记述了从高梁桥到昌平西南的驻跸山的景色,其描述方法颇具文学色彩,又如实记录了沿途的地形、地貌。对各类地物也能精确地描述其方位、距离、相对高度、大小、分布和形状等。

又如描写清水涧一带："是涧也，两山如门，行可二十里，山皆奇峭宠岚。山中飞泉彪洒，或决地，或分流……。仰视重峰，时有孤石揭揭，深黯迷离，天气自噎。岩间百合、忍冬、棠杜、牛妳、相思、郁薁、黄精、唐求之属，渗味扶芳，烁红陨翠，飞沫击枝，坠而复起，新实含濡，落而不变。奇禽异羽，嘤嘤满耳。鸟窠雉园，偏其岩穴。山鹿之毛，豪猪之毛，丰茸随风，溯流而行，高高莫及。"这段描述，十分生动地将这一地区的生态系统呈献给读者。除了对各地自然生态、景观描写外，还从经济方面对各自然区域加以评价。王嘉谟根据实地考察，系统地描述自西直门重镇边城一带的水系、山丘、气候、生物等，揭示自然界相互影响、相互制约的有机系统，文中对该地区的名胜、古迹、村落、居民、寺庙、道路、桥梁、农作、园艺等均有记载。这种对地理景观的系统描述，具有某些近代地理学的萌芽。该文多次为后世著作转引，如《长安客话》《读史方舆纪要》《钦定日下旧闻考》《春明梦余录》《天府广记》《顺天府志》等，因此影响较大。

明代另一部地理学著作是明末崇祯九年(1636)陈祖绶绘制的《皇明职方地图表》，又名《皇明职方地图》和《皇明职方两京十三省地图表》三卷。这是一部为国防安全需要而绘制的地图和地理学著作。陈祖绶是崇祯年间的进士，官兵部职方主事。主张加强国防，抗清御倭，因此主持绘制《皇明职方地图》，撰《皇明职方地图大序》《或问篇》及所附图解说明、表格等。

陈祖绶任兵部职方郎中时，感到旧的地图存在许多不足，正如他在《皇明职方地图大序》中写的那样，"旧图于郡县惟记其名，不画其险，所以郡县可考，而山川之险阻莫测"，不能满足军事及其他方面的需要。所以他认为："京省郡县，全在责实于内，故凡逋逃薮泽，不可不备，旧图于边墙图其内，不绘其外，所以图以内易见，而图以外难知。九边之要，全在谨备于外，故外夷出没，不可不详。旧图边镇不大，大宁、开平、兴和、东胜四边虽失，犹二祖之版图也，乌可遂弃之不问？旧图有黄河有漕河，皆今莫辨，而无农丈人之《禹贡河山图》，无《江山图》，无《弱水图》，无《黑水图》，以此高山不足以刊旅，大川不足以涤源。旧图《漕河》太略，无《海防》而有《海运》，无《太仆图》。旧图在万历以前，今历两世，朝代异则沿革异。"因此他组织四十六人绘制新图。新图于崇祯八年正月开始，参照《寰宇记》《大明一统志》《大明官志》《舆地图》《广舆图》《广舆考》《罗记》《京省图》《边镇图》《川海图》《河运》《海运》《江防》《海防》《图叙》《边图》《海图》等图书，于崇祯九年初夏完成本书。

《皇明职方地图表》集元明舆图之大成并有所发展，图中水系详尽，前人地图遗漏全部补上，已经改道的也加以改正，地方一律按当时称呼。它的另一特色是图、表、说相结合，这是与其他地理学著作不同的地方。其学术传统仍为元朱思本《舆地图》和明罗洪先《广舆图》的体系。

这部地理学著作，不属于游记体，纯粹是为国防服务的地理学专著。明代以军事为主要目的的地理学著作的出现，并非偶然。明代二百余年间常有战事。前期由于元顺帝北撤大漠后，仍保有强大的军事实力，随时可能重新卷土中原。东部沿海则由于倭寇的骚扰，也使边境不安全。正统十四年(1449)与瓦剌之战中明军全军覆灭，英宗被俘，瓦剌军于同年十月大举南犯，兵临北京城下。虽然在于谦指挥下阻止了瓦剌军，但这些都足以证明当时军事形势之严峻。明代自宣德以后开始走下坡路。到正德年间，政治危机频频发生，北部边境形势紧张，农民起义此起彼伏。明末在全国大规模农民起义的形势下，北方与清军的对峙对于明朝来说，更是生死存亡的事情。所有这些，都是促使明代军事地图和相关地理著作产生的原因。

明代地理学还有一个特点，那就是后期西方传教士来华，带来了西方地图和西方地理学，这对中国的地理学产生了很大的影响。这些西方地理学知识主要有大地球形说、地图投影学、地球五带说、海陆分布、世界名山大川、国名和地名等。在传教士的指导下，我国学者也逐渐接收了西方的地理学思想，并制作过地球仪。中国传统地理学开始了向近代地理学的转变。

应该指出的是，我国明末清初时期，正是西方近代地理产生前的酝酿阶段。而此时中国也有一些类似的转变，这大概与明末学术界提倡的探求“自然之理”和主张“经世致用”之学的风气分不开。所以，在地理学方面才出现了一批探索大自然奥秘和以国计民生、军事应用为目的的地理学家。

明代地理学的发展，不能忽视著名的郑和七次远航，与之相关的地理学成果是费信等完成的《郑和航海图》一卷(原名《自宝船厂开船从龙江关出水直抵外国诸蕃图》)。郑和(1371－1434)，云南昆明(今晋宁)人，原姓马，小名三宝，人称三保太监。郑和十二岁时父亲病故，进入燕王朱棣府做了宦官，并受重用。永乐二年(1404)正月初一，被赐姓郑。今天北京西城区的三不老胡同，明代原名三宝老爹胡同，即因为郑和在此居住。到清代称三伯老胡同，后又改称三不老胡同至今，不过郑和故居早已无存，仅留地名而已。

郑和曾事成祖、仁宗、宣宗三朝，七次奉使远航，到达南海及印度沿岸三十余国，行程十万余里，时近三十年，为明朝海外各国的通商和友好往来做出了贡献。他航海纪录的最终完成，比哥伦布发现美洲和达·伽马发现好望角要早半个多世纪。《郑和航海图》成为我国最早的一份远洋航海图。之所以在明初有郑和七下西洋之举，主要原因是明成祖继位后，怀疑建文帝逃到海外，又因为要向海外炫耀中国的富强，才决定派人出使西洋。其船队的规模在世界航海史上是史无前例的。

《郑和航海图》是属于针路图系统的对景图或航海图。作者费信，字公晓，吴郡昆山(今江苏)人。家世贫寒，笃志好学。永乐七年九月，郑和第三次远航时随从前往。自太仓刘家港出发，中经福建长乐，先后至占城、爪哇、满剌加、苏门答腊、锡兰、小呗喃、柯枝、古里等国。开读诏书，赏赐财物，于永乐九年六月回国。永乐十年参与第四次远航，随奉使少监杨敏等自福建五虎门出海，至榜葛剌等国，于永乐十二年回京。次年又随郑和自长乐太平港出海，于榜葛剌直抵忽鲁谟斯等国，于十四年还京。宣德五年(1430)，郑和受命第七次远航，费信与其他人合作绘制海图。次年随郑和从福建五虎门出洋，至占城、爪哇、旧港、满剌加、苏门答腊、锡兰、古里、忽鲁谟斯等地，至宣德八年还京。费信每到一处都考察其山川、居民、物候、风习等并笔录成文。晚年整理成书，分为两帙。前集记录他在各地的亲眼所见，后集采辑传译之所得，题为《星槎胜览》。又撰《天新记行录》附后，最后是与众人合绘的航海图。正统元年(1436)正月，撰《星槎胜览自序》，将书与图献给英宗。他认为中国是世界的中心，皇帝对四海之民务必一视同仁，而宜以不治治之。郑和奉命第七次远航时，在确定出使的国家后，郑和命费信等绘制海图，以作指南。所绘以针路为主，其他如大陆海岸线、沿岸山峰、港湾、河口、居民点、城垣、官署、庙宇、宝塔、桥梁、旗杆、岛屿、礁石、沙滩、浅沙等。除上述地、物名称外，还有针位、更数、航道深浅、天体高度、航海注意事项等。全图分为两部分，第一部分自南京至长江口，自西向东。为配合出长江口后自西北向东南，绘制时颠倒方位，成为上北下南左东右西。第二部分自长江口起至图终，其方位为上北下南左西右东。但在印度的孟加拉湾、阿拉伯半岛的亚丁湾、渡亚丁湾到东非等处，因大转弯采用上下对列法。全图在从南京至非洲东岸蒙巴萨的广阔地域内，有自太仓至忽鲁谟斯针路五十六线，由忽鲁谟斯至太仓计五十三线。记载沿途的自然与人文地理，用山水图形式表示山峰、港湾、河口、岛屿、礁石、沙滩、岬角等，反映其地形特点。所记海域，其海岸地形被分为岛、屿、洲、礁、沙、浅、石塘、港、硖、门等十一种。还记有国家、行政、卫所、庙宇、桥梁、宝塔等，反映国内二百余处、国外约三百处的状况。航海时，使用陆标、罗针、天文及相互结合的导航方法。该图不仅是一幅航海图，而且还是中国古代航海知识与技术的总结。

二、清代地理学的发展

明末形成的以经世致用为目的的学术思想，对明末清初的地理学领域的影响是明显的。例如著名学者顾炎武（1613－1682）就把地理学作为经世的工具，用以探求有益于国计民生的方略，并认为地理学的研究成果可用于军事目的，以备抗击满清之用。又如孙兰（1625－1715），对传统地理学著作颇为不满，认为类似的著述“更有作焉，是赘疣也”。在他的地理学思想中，主张地理著作不仅要志其迹，记其事，而且要“说其所以然，又说其所当然”。也就是说，在研究时应该努力探求自然现象的来龙去脉、前因后果和发展规律，这种思想已与近代地理学大体一致。

清中期，由于大兴文字狱而使学术思想沉闷，学者不能也不敢开拓新的科学领域，只能在封建专制的严格限制下，做一些校注与解释经典的工作，形成了以考据见长的乾嘉地理学派。例如为《禹贡》和《山海经》作注释的就有多人，此外，与《水经注》有关的著作也不少。

鸦片战争以后，列强对我国的侵略和掠夺日益加剧，学者们深感因边疆地理知识的不足以及对外国地理知识的贫乏而影响到边境的安全，因此这一时期的边疆地理和域外地理研究有所进步，如魏源的《海国图志》，徐继畬的《瀛环志略》，黄沛翘的《西藏图考》，张穆的《蒙古游牧记》，曹廷述的《东北边防辑要》、《东三省舆地图说》等。

清代专门研究水系的地理著作也很多，例如黄宗羲的《今水经》，齐召南的《水道提纲》，万斯通的《昆仑河源考》，徐松的《西域水道记》等。

另外，由于清朝各级政府都十分重视编写地方志。所以，清代的方志学也发展很快，留下了大量的文献，其中尤以康熙、乾隆、光绪三朝编修最多。这也促进了地理学的发展。

在游记方面，清代也有不少知名的旅行家撰写了多部游记体地理学著作，最著名的旅行家是康熙时期的图理琛（1667－1740），其主要地理学著作是成于康熙五十四年（1715）的《异域录》。图理琛，字瑶圃，满洲正黄旗人。少时家贫体弱，好学不辍，通满汉语言文字。康熙二十四年（1685），经例监廷试，任翻译纲目。次年，授内阁中书舍人，奉命散赈山陕，监制绵甲，颁发诏书。迁掌印中书、内阁侍读、礼部牛羊群总管。康熙五十一年，以内阁侍读、兵部员外郎出使土尔扈特蒙古（今欧洲伏尔加河下游、里海北岸），三年后还京，迁兵部职方司郎中。后又受遣前往俄罗斯两次，商谈中俄关系。雍正元年，擢广东布政使。历任陕西巡抚、兵部右侍郎、吏部侍郎、内阁学士。乾隆时，迁工部侍郎，卒于官。由于图理琛多次奉命出使外国，有机会了解域外风情，且出使前康熙曾指示途经俄罗斯时，于该国人民生计、地理形势亦需留意。图理琛遵嘱，每到一地均认真观察其自然社会情况，并绘制地图。归国后，“谨具奏疏，及沿途山川形势，恭缮黄册舆图，进呈御览”。《异域录》是有关蒙古、俄罗斯、土尔扈特等地的地理著作，记录了各地的原野、山川、水文、生物、道路、村落、物产、器用、气候、风俗等。

书中记述了各大地区的概貌。如俄罗斯“地寒而湿，雨雪勤，多阴少晴。幅员辽阔，林木蕃多，人烟稀少”。而对各小地区的记述则更多，例如记柏海儿湖（贝加尔湖）及其周围情况：“自马的柏兴向西北行三百余里方至。沿途皆大木林薮。其间有小柏兴六七处，间有田亩。柏海儿湖，南北有百余里不等，东西有千余里。西面皆山，色楞格河自西南流入，其巴尔古西穆河自东南流入，鄂辽汉洲从东北流入。又有一河名曰昂噶拉河。鄂辽汉洲居柏海儿湖之东北，阔五十余里，长二百余里。其洲之上有山岗，产杉、松、榆树、丛柳，并各种野兽。布拉特蒙古五十余户游牧于此，蓄牛、羊、马匹。柏海儿湖内，产各种鱼及獭。于十二月中旬，冰始结实，人方行走。三月尽，冰始解。柏海儿湖之西北，流出一河，亦名昂噶拉河，向西北而流。两岸皆大山林薮。约行五十余里，皆山岗，川谷宽阔。”有关贝加尔湖的记载，早在汉代开始就有，但直到图理琛的《异域录》才比较详细，只是把南北与东西的距离颠倒了。

该书对所经过地区的河流、山脉、生物和各民族生活习惯及性格均有详细的纪录。关于河流，记录了发源、流向、支流、水色、水流大小、流速、冰冻期。例如纪录昂噶拉河（安加拉河）“自柏海儿湖流出，向西北，绕过厄尔口域，仍向西北而流，汇于伊聂谢河（叶尼塞河），归于北海（北冰洋），水清流急，大于色楞格河。千余里后，水渐浊”。

有关山脉的情况，如记费耶尔和土尔斯科佛落克岭“在费耶尔和土尔斯科城之西北，其间二百余里。山不甚大，沿途皆林薮，有马尾松、果松、杉、松、杨、桦、樱、薁、刺玖。山颠岭上，随处流泉，地甚泥泞。上岭五里许，下岭十余里”。

记录生物的分布情况，如楚库柏兴（色楞格斯克）山中“有熊、狼、野猪、鹿、狍、黄羊、狐狸、灰鼠、白兔。河内有鲴鱼、鳍鲁鱼、哈打拉鱼、他库鱼、鲤鱼、石斑鱼、穆舒儿呼鱼、鲫鱼、松阿打鱼、禅鱼、勾深鱼、牙鲁鱼”。河流“沿岸皆从柳、樱、薁、榆树”。居民“畜驼、马、牛、羊、犬、鸡、猫。种大麦、荞麦、油麦。有两种萝卜、蔓菁、白菜、葱、蒜”。

论述各民族习俗，如俄罗斯人“以去髭须为姣好，发卷者为美观。婚嫁用媒妁。聘取之日，往叩天主堂，诵经毕，方合卺。殡殓有棺，具送至庙内葬埋，起坟墓，无丧礼。喜饮酒，亲友至，毕出酒以饮之，不知茶。服毡褐苎布，以麦面做饼食，亦食各项鱼肉，不食饭。每食用匙并小叉，无箸。务农者少，藉贸易资生者多。知种而不知耘，不知牛耕”。“每逢吉日，男子相聚会饮，醉则歌咏跳舞。妇女不知规避，争相装饰，各处游戏，队行歌于途”。

《异域录》虽为游记体，但不同于以往的游记体地理学著作。全书以地为纲，着重描述自然景观，不同于逐日记载奇闻逸事的纯游记作品，而是一部详实的地理学著作。又因为该书是我国历史上经由西伯利亚与乌拉尔山，到达里海北部地区旅行家所留下的第一部著作。所以在当时起过很大的作用，它扩大了中国人的眼界，并因此在以后一段时间内为许多书籍所采用，例如清代的《一统志》《四裔考》，并被编入《四库全书》，还被译成法文、瑞典文、俄文、英文等。至今，它仍是研究蒙古、西伯利亚、伏尔加河等地的古地理，研究俄罗斯、土尔扈特历史和中俄关系、研究中央政府与土尔扈特蒙古关系的珍贵资料。

清代关于水系的专门研究不少，且在地理学研究方法方面颇有成就，从以下所举的两部著作中可见一斑。这两部地理学著作是齐召南的《水道提纲》和徐松的《西域水道记》。

《水道提纲》二十八卷，成于乾隆二十六年(1761)，作者齐召南(1703—1768)，字次风，号琼台，晚号息园，浙江天台人。乾隆元年(1736)，举博学鸿儒，授翰林院编修，累迁而至礼部右侍郎。历充《大清一统志》《大清会典》《明鉴纲目三编》《续文献通考》等书纂修和副总裁官。晚年堕马折骨，归乡讲学，主讲于蕺山、敷文等书院，著述丰富。所著经史著作，于经传源流得失、史籍版本同异，考证精密详明。

《水道提纲》是清代全国及朝鲜的水文地理学专著。全书二十八卷，分别为：卷一，海；卷二，盛京诸水；卷三，京畿诸水；卷四，山东诸水；卷五，黄河，附录诸水；卷六，入河巨川；卷七，淮，入淮巨川；卷八至卷十，江；卷十一至卷十四，入江巨川；卷十五，太湖源流；卷十六，浙江、福宁诸水；卷十七，闽江；卷十八至卷二十，粤江；卷二十一，云南诸水；卷二十二，西藏诸水；卷二十三，漠北阿尔泰山以南诸水；卷二十四，漠北黑龙江；卷二十五，入黑龙江巨川；卷二十六，海，自黑龙江以南诸水、朝鲜国诸水；卷二十七，塞北各蒙古诸水；卷二十八，西域诸水。所记水域之广，东起鄂霍次克海、日本海、黄海，西至巴尔喀什湖、葱岭以西，南达南海，北到贝加尔湖地区。其范围除了包括今天我国国土以外，还包括朝鲜、蒙古以及原为清政府所辖后割让的东北、西北一些地区。从所记水体的规模看，则书中分类包括海、江、河、运河、巨川、大水、小水、支津、溪、井、泉、沟、湖、泊、沼、泽、淀、泺、川、涧、滩、浦、港口等，大至万里，小仅丈余，是记载河流与其他水体最多的一部著作。例如，全长不过817公里的湘江，记有大小支流百余条。全书共记河流七千多条。

齐召南十分重视边疆地理。《四库全书总目提要》中评论说，齐召南预修大清一统志，外藩蒙古诸部，使所分校。故于西北地形，多能考验。如书中所记伊犁河"又西北曲流沙漠中，五百余里汇为吞思鄂模，东西长，形如瓜瓠，周围三百数十里"。其中吞思鄂模即今巴尔喀什湖。又如对东北地区的库页岛是这样描写的："大长岛为黑龙江口海中大护沙，南北衺邪，长一千六百余里，东西最阔三四百里，或一百里。"又具体描写岛内情况："地形夭矫如游鱼。中脊有山，连峰自北而南，松林相望，蜿蜒不绝，水分流东西入海。近海平地，有居人数处。其山有名者，曰英喀申山，正其岛中。其水西流入海者有八，东流入海者有九。"且对这十七条河流均逐一记载。

书中记述了各水源地，例如指出黄河上游有三源，而以中源阿尔坦河即约古宗列渠为其正源。此说直到1987年，因探明南源卡日曲长于中原，才有所变更。至于江源，齐召南并列岷江、雅砻江和金沙江，而从远、长与水盛三方面考虑，肯定以金沙江“为大江上源无疑也”。又详细记录了金沙江水系，叙其三源，虽误以当曲为正源，却记载明沱沱河最长。金沙江三源究竟以哪一条为主，是直到1977年才确定的。齐召南在二百年前即有此说，足见其勘测之细。

该书还有一点值得特别指出，即对所有地物，用经纬度定位。这说明作者注意吸收西方经纬度学说，并实际应用，正是这一时期东西方文化交流的具体体现。由于《水道提纲》上承《水经》以来描写水系的经验与方法，根据当时众多的河湖资料和先进技术测绘的地图，在我国地理学史上，开创了用经纬度记述水道的先河，对于地理学的发展做出了贡献。该书也比以前的地理学著作更先进，书中提供的许多资料，至今仍可作为参考。

齐召南在自序中说：“讥古来记地理者，志在艺文、情侈观览；或与神仙荒怪，遥续《山海》；或于洞天梵宇，揄扬仙佛；或于游踪偶及，逞异炫奇，形容文饰，只以供词赋之用。”所以，他费时数十年而完成的这部地学专著，使地学摆脱了神怪、宗教、旅游与文学，而成为一门独立的学科。这一点在我国地理学发展中，占有非常重要的地位。

齐召南还在书中提出我国诸水为一完整系统的思想。他说：“以一水论，发源为纲，其纳受支流为目；以群水论，巨渎为纲，余皆为目；以流域中心论，则会归有极；惟海实为纲中之纲。”这是按海、巨川、大水、小水、支流的次序构成的地表水体系，这一体系是由层次不同的众多系统所组成的一个大系统，用他的话说即“目中有纲，纲中有目”。

《西域水道记》五卷，成于清道光元年（1821）。作者徐松（1781－1848），字星柏，直隶大兴（今北京）人。清嘉庆十年（1805）进士。由翰林院庶吉士至编修。如直南书房，任文颍馆总纂，颇得嘉庆帝信任。出为湖南学政，因家中厨师以买茶点与诸生而获罪。十七年遣戍伊犁。徐松建议先做实地调查，为松筠采纳，于是他每到一处均利用指南针测界，并与驿卒、通事等讨论。最终改名为《新疆识略》，出版共十卷。由于系罪臣，故未能列名其上。嘉庆二十年，塔什地区反清，松筠率兵镇压，徐松以幕僚身份受命摄篆伊犁。二十五年，返回京城任职朝廷。自道光二十年(1840)起历任江西道监察御史、江南道监察御史、陕西榆林知府等官。

《西域水道记》的成书，是因为徐松看到当时俄罗斯窥视我国北方疆土和西北地区形势复杂，他认为西域"耕牧所资，守捉所扼，襟带形势，厥赖导川"(《西域水道记序言》)，所以他从边疆到京城后，大力提倡研究西北史地，依据考察所得，参议旧史、方志、档案等，撰成此书。

该书属于地区性水文地理著作，共论述了十一个湖泊，与流入各湖泊的河流及沿河地形、物产、水利、交通、村落、城镇、古迹、民族和重要历史事件等。依次为罗布淖尔、哈喇淖尔、巴尔库勒淖尔、额彬格逊淖尔、喀喇塔拉额西柯淖尔、巴勒喀什淖尔、赛喇木淖尔、穆然尔图淖尔、阿拉克图淖尔、噶勒札尔巴什淖尔、宰桑淖尔。记述了这些湖泊的名称、方位、形状、大小和特点，包括各湖所纳各水系的导、过、合、从、注，主流的出、径、会、自、入和支流的发、经、汇等水文状况。尤其对塔里木河及其支流喀什噶尔、叶尔羌和阗河的描述最为详细。对诸河发源山脉的名称、方位的记载都比较准确。对沿河的地貌、物产、村庄、城邑、军台、卡伦、厂矿、农作、交通、古迹、民族、语言、风俗、史事等也都有记述。

徐松对自然地理现象的记述也很详细，只是不同于今天的习惯和标准。例如描述不同的冰川地形，将素尔岭上的冰分为"三色：一种浅绿，一种白如水晶，一种白如砗磲"，分别与相当于今天的小粒雪变质成的冰晶、由冰水再凝成的青冰和冰晶粗大而呈白色的冰。对冰蘑菇的描述是："冰中时函马骨，又含巨石如屋。及其融时，冰细若臂，衔石于巅，柱折则摧，当者糜碎。"称雪盆为雪海。记其造成的险境："上岭数里，渡雪海，周三四里，一线危径，界海正中，劣裁容马。"记冰瀑所带来的危险："由本素叶岭行走四十余里，地多冰石相杂，内有两里，全系冰山，滑不可行。"

《西域水道记》在继承和发扬《水经注》体例的基础上，描述了玉门关以西地区的地理状况，为认识该地区的水系、冰川地形、历史遗迹、社会状况做出了贡献，为清代关于西域地区最著名的地理学著作。对西域、蒙古的历史研究也有重要作用。

以上三部地理学著作虽然基本上类似游记体，但已经与过去传统的游记有所不同,已经向现代自然地理学方向靠拢了。另外我们还应该看到,成书较早的两部《异域录》和《水道提纲》是清朝鼎盛时期的地理学著作,疆域辽阔,国家富足,再加上与邻国交往频繁,所以也促使有关地理学的进展。而《西域水道记》是成书于道光元年(1821),距鸦片战争仅十九年,此时的清朝已经走下坡路,国力开始衰弱,帝国主义列强觊觎中国,这部书正是为了防备北方俄罗斯的侵略而撰写的。

清代由中央政府组织绘制的影响较大的地图是《皇舆全览图》,这项工作是由传教士负责完成的。清初,平定了西藏和新疆等地区的骚乱后,全国一统的政局已基本奠定,乾隆皇帝为昭一统之盛,特命传教士蒋友仁编绘《皇舆全览图》。蒋友仁在康熙时期的《皇舆全览图》基础上,利用西域、西藏两地的实测资料,及《西域图志》等绘制完成。此图也称《乾隆内府地图》又称《皇舆全览图》和《乾隆十三排地图》,成于乾隆二十六年(1761)。作者蒋友仁(1715—1774),字德翊,法国人,耶稣会会士,乾隆九年(1744)来我国传教。入京后,在钦天监协助修历,为圆明园设计、监造人工喷泉。乾隆二十年,奉命参与测量西域经纬度、节气。二十四年,主持绘制《皇舆全览图》,并负责制成铜板。他还常为乾隆讲解西方科学,如抽气筒结构、反射望远镜原理等。乾隆三十八年,又进献《坤舆全图》,介绍大地椭圆球体学说,是深得乾隆赏识的一位传教士。

《乾隆内府地图》是在史册基础上绘制完成的全国省级地图,并且是具有亚洲大陆全图性质的地图集。全图共一百零四幅,包括北起北冰洋,南至南海、印度洋,东起太平洋,西达波罗的海和地中海的广大地区。

图上绘有山脉、水系、政区、居民点。全图以通过北京的经线为中心经线,对罗布泊和珠穆朗玛峰的位置、东部海岸线的轮廓作了正确的描绘。地名,凡汉族地区均用汉字注记,东北、蒙古、青海、西域、西藏等地,则用满文。经纬线均为直线,彼此斜交成梯形。图的比例尺为一百十万分之一。

清初用于政治军事目的的地图,早在康熙年间已经出现。康熙二十八年(1689)中俄签订《尼布楚条约》之后,康熙皇帝已认识到精确的地图在政治、外交方面的重要性,于是下决心引进西方先进的测绘和制图技术。聘请外国专家,购买测量仪器,每到各地出巡,命外国专家随行,测定各地经纬度,为制图做好准备。康熙四十七年(1708),开始了全国范围的三角测量和绘制地图的工作。康熙皇帝亲自制定计划，甚至具体的组织机构、人选和工作质量他都要过问。还在大规模测绘开始之前，即在北京附近进行试点，并且亲自校勘，比较新图和旧图，当确认新图优于旧图后，才下令开始全国性的测绘工作。从康熙四十七年开始，历时八年终于完成了实测工作，又经过两年时间整理资料，在传教士杜德美的主持下，完成了前面提到的著名的《皇舆全览图》。这项成果在当时是世界领先的。参加该项工作的人员二百余人，由各国传教士与中国学者混合组成。这也是我国引入西方先进大地测量学和制图学后的一项重大成果，在世界地理史上具有重要地位。

但是《皇舆全览图》并未包括新疆西部和西藏地区，这是由于当时这些地区有战事而未能实地测量。到乾隆时期，战事平息，江山一统，于是有可能继续此项工作。因此《乾隆内府舆图》是在《皇舆全览图》的基础上，进一步补充完成的。这一时期的地图测绘成果，一直影响到民国时期。民国这一段时间内出版的地图，大多根据这一成果。

清代康乾时期所取得的这些地理学成就，是吸收了当时欧洲的先进地理学思想和使用了欧洲技术设备而完成的，应该说是自明末开始的西学东渐的结果。此时恰逢两位皇帝对西学感兴趣，再加上当时中国国力强盛，于是便大量引进欧洲的仪器设备，这确实为中国地理学的发展起到了推动作用。当然，政治和军事方面的因素也是重要的，也是促成地理学在此时期得到较快发展的动力。清初，完成国家统一之后，为了管理的需要，必须要有一份精确的地图，同时为了边防之需，也必须要有一份详细的、能用于军事作战的地图。所以，此时期的两份重要地图都是由中央政府组织，甚至皇帝亲自过问而完成的。

第六节　医药学

明清两朝均以北京为首都，作为皇帝的居所，也必然聚集了一批医学专家为皇族服务。这些专门在皇帝内廷供奉的医生，医术当然是很高的。但是也正因为只为少数人服务，接触的病人少，所见到的疾病种类有限，医术便难以继续提高，所以御医并不一定是最有名的医生。一位医生在成为御医之前，肯定已经有相当高的水平，但成为只为少数人服务的御医后，医术的进步很可能变得缓慢。

就全国范围看，御医当然仅占医生的极小一部分。按《清会典事例·太医院·设官》记载："国初，设院使一员，左院判一员，右院判一员，吏目三十员。"可见人数并不多。

总体看来，这一时期我国传统医学（即今天所说的中医）的进展，明代有比较多的研究成果，清代前期还有一定进展，但到了清后期，保守崇古思潮占据主要地位，由于缺乏创新，传统医学的进展不大。另外，始自明末的"西学东渐"，必然带来了当时欧洲的医学思想，由于西医在若干方面显示出优势，因此在我国得到一定程度的认可，尤其在上层社会，已有不少人开始接受西方医药，这也为西医在我国的进一步传播打下了基础。清代雍正、乾隆时期，厉行禁教，西方传教士除少数人外难以进入内地，所以西学东传步伐趋缓，唯西医东传仍得继续。其原因就是当时设在广州的英属东印度公司中的医生，他们以西医有效、实用的医疗技术，能补中医的许多不足，使得前往就医的中国人对其信服，乃至影响到上层社会。如康熙三十二年(1693)九月，康熙皇帝患疟疾久治不愈，服用了传教士洪若翰的西药金鸡纳后痊愈。另外两位传教士罗德先和樊继训也因治愈皇室要人的疾病而获得信任。西方传教士也看到了这一优势，所以传教士裨治文与伯驾在广州创办博济医院，并指出，"欲介绍基督教于中国，最好的办法是通过医药，欲在中国扩充商品的销路，最好的办法是通过传教士"。传教士中的医生逐渐增多，进一步促进了西方医药学在中国的传播。

一、明代的医药学成就

在传统医学的基础研究方面，明代有较多的成果，主要表现为在总结实践的基础上对古典医学理论著作的考注。以下仅举两个例子，一为张介宾的《景岳全书》，一为杨继洲的《针灸大成》。

张介宾(1563—1640)，字会卿，号景岳，又别号通一子。早年随父到北京，师从名医金梦石，尽得其传。壮年从军，曾到河北、山东，出榆关，履碣石，经凤城，渡鸭绿。后因功名未成而返归故里专攻医学。对《素问》、《灵枢》研究甚深，历三十年编成《类经》三十二卷，对《内经》以类分门，探索《内经》精义，阐发颇多。他是温补派代表人物之一，对后世影响甚大。《景岳全书》是张介宾晚年完成的一部在我国医学史上具有重要地位的学术著作，其中包括了作者穷毕生精力的研究成果，临证经验丰富，理论精湛。

《景岳全书》六十四卷，成于明天启四年(1624)，为一部综合性医书。其中卷一至卷三为“传忠录”，载医论三十五卷；卷四至卷六为“脉神章”，载脉论四十八篇；卷七、八为“伤寒典”，列述伤寒、温病证治；卷九至卷三十七为“杂证谟”。除卷二十六至卷二十八论五官科疾病外，重点是论述内科杂病，分为七十一门，每门均首列“经义”，引述“内经”“难经”有关本病的记载；次为“论证”，讨论本病之虚实、寒热及所犯脏腑；次为“论治”，介绍各种治法；次为“论列方”、“备用方”，开列相应方剂。有的门下有“述古”一项，介绍历代医家对本病的看法，并加以评述；有的还附有病案。卷三十八、三十九为“妇人规”；卷四十、四十一为“小儿则”；卷四十二、四十五为“痘疹诠”；卷四十六、十七为“外科录”；卷四十八、四十九为“本草正”；卷五十、五十一为“新方八阵”；卷五十二至卷六十为“古方八阵”；卷六十一至卷六十四依次为妇人方、小儿方、痘疹方和外科方。

《景岳全书》是作者晚年完成的，集中体现其基本学术思想。张介宾不同意元代朱震亨的“阳常有余，阴常不足”的理论，认为朱震亨的论点是“大悖经旨、大伐生机之谬谈”。并针锋相对地提出“阳常不足，阴常有余”的观点，认为“难得而易失者唯此阳气。既失而难复者，亦此阳气。有何以见阳之有余也”。

作者对金代刘完素的火热论亦有不同观点，认为属火之病症有虚火、实火之分，而刘完素“不辨虚实，不查盛衰，悉以实火言病”。他说“实火为病，固为可畏，而虚火之病，尤为可畏……矧今人之虚火者多，实火者少”。这是作者重虚轻实的观点。基于以上观点，张介宾主张温补，特别是温补肾命，反对刘、朱多用寒凉之药。他的理论是：“实火固宜寒凉去之，本不难也。虚火最忌寒凉，若妄用之，无不致死。”指出：“止堪降火，安解补阳。若用之，则戕罚生气而阴以愈亡。”书中针对当时一般泥守刘、朱之说的医家，指出滥施寒凉，“多致伐人生气，败人元阳，杀人于冥冥之中，而莫之觉也”。在用药方面重视温补，慎用攻伐，在“本草正”中推人参、熟地、附子、大黄为药之“四维”，指出：“病而至于可畏，势非庸庸所济者，非此四物不可。”于四维又细分，以人参、熟地为“良相”，以附子、大黄为“良将”。并解释道：“病不可久用，故良将用于暂；乱不可忘治，故良相不可缺。”意即人参、熟地为温补之药，故可常服；附子、大黄为攻伐之药，只能暂用。作者尤其善用熟地，故人称“熟地张”。

张介宾在该书《传忠录·阳不足再辨》中说:“天地阴阳之道,本自和平,一有不平,则灾害至矣。”他强调“阳常不足”之论点,主要是由于感到“丹溪补阴之说缪,故不得不为此反言,以救万世之生气”。在理论上,他也注意到了“真阴”损伤的问题。并在《杂证谟·虚损》中指出:“凡虚损之由……无非酒色、劳逸、七情、饮食所致。故或先伤其气,气伤必及于精;或先伤其精,精伤必及于气。但精气在人,无非谓之阴分。盖阴为天一之根,形质之祖,故凡损在形质者,总曰阴虚。”看到了精气之间的虚损转移,又把“损在形质者”统谓之“阴虚”,这就在一定程度上改变了理论上的“一偏之见”。

此外,张介宾将《内经》的理论内容按摄生、阴阳等分为十二大类,也为后世分类学习和专题研究《内经》创造了条件。

杨继洲(1522－1620),字济时,浙江衢州人,出身于医学世家,幼年攻举子业,屡试不第,遂改学医。他的祖父曾任太医院太医,家藏医书甚多,苦读不辍,倬然有悟,尤于针灸一门,造诣精深。曾任嘉靖帝侍医,隆庆二年(1568)任职于圣济殿太医院,直到万历年间。行医数十年,足迹遍山东、山西、河北、河南、江苏、福建等地,在医界声誉卓著。他通晓各家学说,临床实践经验丰富,结合家传《卫生针灸玄机秘要》一书,编成《针灸大成》,为集明代以前针灸学精华之作。

作者鉴于当时流行的针灸文献记述不一,于是以整理修订《卫生针灸玄机秘要》一书的方式,对这些文献作了一番“参合指归,汇同考异”的工作。后巡按山西监察御史赵文炳患痿痹之疾,虽经众医治疗而未能奏效。杨继洲至则三针而愈。作为答谢,赵愿出资刊印《卫生针灸玄机秘要》,但杨继洲觉得此书材料尚不够丰富,于是参考《神应经》《古今医统》《乾坤生意》《医学入门》《医经小学》《针灸节要》《针灸聚英》《针灸捷要》《小儿按摩》等书,并结合自己的临床经验,细加补订,又摹刻太医院铜人像,详著腧穴,撰成《针灸大成》一书。该书由赵文炳资助梓行并作序。

《针灸大成》(一名《针灸大全》),十卷,成于明万历二十九年(1601)。该书首列仰、伏人体总穴图。具体内容分布为:卷一,“针道源流”,简要介绍历代有关针灸著作,此后大量引述《内经》《难经》文字,并予以注释;卷二,载赋十篇;卷三,载歌二十首,及策四道,皆摘自前人医书,亦加以注释四道策为作者考卷;卷四,先列诸家针法,次述杨氏针法;卷五,为十二井穴、子午流注法等;卷六、七,述经穴及主治；卷八，首列取穴法，其后分二十三门，详述各种疾病之针灸治疗；卷九，首列“治症总要”，然后是东垣针法、名医治法、各家灸法，最后为杨氏针灸治疗医案三十一例；卷十为小儿按摩。

杨继洲特别重视针灸在治疗中的作用，在该书卷二“通玄指要赋”中，他认为治疗虽可用药，“然药饵或出于幽远之方，有时缺少，而又有新陈之不等、真伪之不同，其何以奏肤攻，起沉疴也？唯精于针，可以随身带用，以备缓急”。并强调“劫病之功，莫捷于针灸”，并据此赞同前人“一针、二灸、三服药”的说法。但他并不否定药物的治疗作用，在卷三“诸家得失策”中指出：“其致病也，既有不同，而其治之，亦不容一律，故药与针灸不可缺一者也。”应根据疾病的部位来决定用哪一种方法治疗，如“疾在肠胃，非药饵不能以济；在血脉，非针刺不能以及；在腠理，非熨焫不能以达”。在书中记载的杨氏医案中，也有单用者，也有合用者，可见作者对于药物和针灸在疾病方面的治疗作用是实事求是的。

在针灸学理论方面，杨继洲主张溯源穷流，强调“不溯其源，则无以得古人立法之意；不穷其流，则何以知后世变法之弊”。主张“既有《素》《难》以溯其源，又有诸家以穷其流”（卷三《诸家得失策》）。还将针灸与脏腑阴阳、经络疏阻、虚实表里、寒热燥湿及人的喜怒忧惧、饥饱肥瘦等各种主客观疾病因素结合起来，全方位地探讨取穴行针之道。

作者认为针灸取穴不在多而在准，正如在卷三《头不可多灸集》中所述：“三百六十五络，所以言其繁也，而非要也；十二经穴，所以言其法也，而非会也。总而会之，则人身之气有阴阳，而阴阳之运有经络，循其经而按之，则气有连属，而穴无不正，疾无不除。……故不得其要，虽取穴之多，亦无以济人；苟得其要，则虽会通之简，亦足以成功。”其中的关键在于“循其经而安之”，只要能“得其要”，则取穴不在多。在临床应用上，主张根据具体情况而定，卷三《穴有奇正策》中说：“时可以针而针，时可以灸而灸，时可以补而补，时可以泻而泻；或针灸可并举，则并举之；或补泻可并行，则并行之。治法因乎人，不因乎数；变通随乎症，不随乎法；定穴主乎心，不主乎奇正之陈述。”

该书对前人针法进行概括，总结为爪切、持针、口温、进针、指循、爪摄、退针、搓针、捻针、留针、摇针、拔针等十二种手法，并逐一介绍其用法。还配有“十二歌”，读之上口，便于记忆，如其“总歌”曰：“针法玄机口诀多，手法虽多亦不过。

切穴持针温口内，进针循摄退针搓。指捻泻气针留豆，摇令穴大拔如梭。医师穴法叮咛说，记此便为十二歌。”十二法之中，除“口温”一法欠卫生外，其余各法均沿用至今。书中还介绍了烧山头、透天凉、苍龙摆尾、赤凤摇头、龙虎交战、龙虎升降、子午补泻等多种针刺手法。

中医的脏腑学说和经络学说是并重的，针灸就是以经络学说为依据。在中西医结合方面，经络学说虽然不及医药学，但似乎比其他领域更容易被西医接受，西医的康复医学、疼痛医学和麻醉学都接受了针灸学的“针刺疗法”。针灸是中医特有的治疗方法，它所依据的是人体遍布全身的经络。沿每一条经络线分布着许多穴位，这些穴位与人身体各个脏器相关，用针刺激穴位可以治疗疾病。这是从古代就发现的治疗方法，为了标准化，还制造了著名的针灸铜人。但是以今天的科学水平，还解释不了穴位治疗的原理，甚至在解剖刀下并不能发现经络，也看不到穴位。所谓寻经传感现象有时又因人而异，这就更增加了这种治疗手段的神秘感，也吸引了许多学者研究，但直到今天都还没有圆满解释这个医学课题。因为有效，所以中医仍然按照传统穴位进行治疗。《针灸大成》是我国古代医学史上一部最完备的针灸学专著，不但是对前人医学理论的总结，更有作者行医经验，对后世的影响也是巨大的。

明代医学成就中还有众所周知的医药学的大发展，这一时期中药与方剂空前丰富，最具代表性的成果莫过于李时珍的巨著《本草纲目》，它是我国药物发展的一个里程碑，但由于李时珍在北京的时间并不长，故仅对该书及作者作简要介绍。

李时珍(1518—1593)，字东璧，号濒湖山人，蕲州(今湖北蕲春县)人，幼承家学，好读医书。中秀才后，三赴乡试不中，遂决心学医。因医技精湛、医德高尚而声誉卓著。嘉靖三十年(1551)，楚王朱英硷召往武昌为其子治愈“惊风病”。后被聘为楚王府奉祠正，继而举荐至京，任太医院判。不久托病辞归，专攻医道，尤在药物学方面造诣极深，对前人本草中的许多错误，以科学的态度作了纠正。他经常到深山去实地考察和采集药物，虚心向药农、樵夫、猎人、渔民等请教，并亲自栽培和试服某些药物，因而获得了大量第一手资料。所撰《本草纲目》五十二卷，约成于万历六年(1578)。该书共分十六部，六十二类，载药一千八百九十二种，其中植物药一千零九十四种，其余为矿物及其他类药。其中三百七十四种为作者新增药物。书中附图一千一百零九幅，方剂一万一千零九十六首。这样的结构使得该书在药物分类方面具有创造性的发展。所述十六部为按药性区分的大类，每部之下再分若干类，以部为纲，以类为目。不但层次分明，条理清晰，形成了一个严密的体系，而且进一步表达了各药物间存在的各种关系，显示了作者对自然界较高的整体认识水平。

《本草纲目》以科学的态度纠正了前人的错误多处，这也是对整体科学技术的贡献。例如关于水银，书中指出："大明言其无毒，本经言其久服神仙，甄权言其还丹元母，抱朴子以为长生之药。六朝以下贪生者服食，致成废笃而丧厥躯，不知若干人矣。方士固不足道，本草其不可妄言哉"。（卷九）另对前人所谓"草子可以变鱼"、"马精于地变为锁阳"等说，也逐一加以澄清。

《本草纲目》是我国16世纪以前药物学的一个总结，在国内外都有很大的影响。明万历三十五年即已东传到日本，后又传入朝鲜、欧洲，有日、朝、英、法、意、德、俄、拉丁等多种文字译本。达尔文称此书为"古代中国百科全书"，并在自己的著作中多次引述其内容。

二、清代医药学成就

清初，社会比较安定，社会生产力得到一定发展，医学也有相应进步。中后期，随着对内高压、对外闭关锁国政策的实施，学术空气沉闷，医学进展缓慢。这一时期对传统医学的研究和创新较少，而保守和崇古思想逐渐成为医学界之主流。但是广大医生在医疗实践中仍然有一定的探索。北京作为首都，有不少来自各地的医家，他们的成果中，按时间为序有以下几项，即陈士铎的《辨证录》、吴谦等人的《医宗金鉴》、吴瑭的《温病条辨》、王清任的《医林改错》、唐宗海的《血证论》和《中西汇通医书五种》。最后一部书显然是在西学东渐潮流中，研究中西医学汇通的著作。以下将分别简要介绍。

《辨证录》又名《辨证冰鉴》、《伤寒辨证录》、《百病辨证录》等，十四卷。成于康熙年间，后道光三年(1823)由钱松将该书删为十卷，改名《辨证奇闻》。作者陈士铎，字敬之，号远公，别号朱华子、大雅堂主人。明清间浙江山阴县人。少时习儒但屡试不第，后出游京师，又不得志，遂潜心医学。由于其祖父好方术，得览所遗医籍秘本，又博览医书，医术渐精。治病多有奇效，医药不受人谢。康熙二十六年(1688)客居北京时，诡称得岐伯、仲景传授医理，归而撰《石室密录》六卷，列治法一百二十八种，其中“霸治法”治大渴、大吐、大泻，“吸治法”治产后胎盘不下，均具特点。康熙三十二年(1694)再游北京，见疮疡患者多用刀针，不喜方药，乃纂《洞天奥旨》(又名《外科秘录》)十六卷。书中多附家传及古今验方，于内治法疗外科疾病颇具特色。陈士铎一生著作很多，因为他说：“习医救一人，不若救一世也，救一世不若救万世也。”所以他立志编纂医书。《辨证录》是一部综合性医书。卷一，首论伤寒门，次论中寒门。卷二至卷十，论中风、痹症、咳喘、虚损、咽喉、口舌等各类杂症，计七十五门。卷十一、十二，妇人科，统论经、带、胎、产诸症，计十四门。卷十三，外科，包括痈、疽、疔、疬、痔漏、接骨、金疮等二十九门。卷十四，幼科，包括惊疳、吐泻、痘疮、胎毒等六门。共计一百二十六门。在各门病症之下，列有数则或数十则该病症候。每一病症，首列症状，然后运用阴阳、五行、六经等理论分析症候的性质，再给出处方，并说明方药作用和配伍关系。每一病症除有一个主治方外，还附一其次之方于后，以为参考。该书中所列各病症及其治疗方法多为作者之经验，有较高的临床价值，刊行之后，流传甚广，是清代有一定影响的临床医学著作。但由于作者在写此书时，称其于康熙二十六年秋客居京师时，遇岐伯、仲景二老传授，书中也多称神仙传授，所以《四库全书总目提要续编》以为“此类医籍经学有根柢者之识别，或亦有可节取，若无识粗工盲从之，则误人非甚少矣”。

《医宗金鉴》，九十卷，为清代吴谦、刘裕铎等奉敕编纂，成于乾隆四年(1739)至乾隆七年(1742)之间。作者吴谦是安徽歙县人，官至太医院判，供奉内廷，很受乾隆皇帝信任，并多次在群臣中表扬、赏赐。与当时的张璐、喻昌并称清初三大名医。1739年，乾隆命太医院修医书，由吴谦、刘裕铎担任总修官，主持编纂《医宗金鉴》。因此这部书是奉皇帝之命，由当时全国的最高医学机构完成的一部医学著作。乾隆也很赏识吴谦，曾在众臣面前夸赞：“吴谦品学兼优，非同凡医，尔等皆当亲敬之。”

该书为一部医学方面的丛书。共收医书十四种。卷一至卷二十五收《订正仲景全书伤寒论注　金匮要略注》；卷二十六至卷三十三收《删补名医方论》；卷三十四收《四诊心法要诀》；卷三十五收《运气要诀》；卷三十六至卷三十八收《伤寒心法要诀》；卷三十九至卷四十三收《杂病心法要诀》；卷四十四至卷四十九收

《妇科心法要诀》；卷五十至卷五十五收《妇科杂病心法要诀》；卷五十六至卷五十九收《痘疹心法要诀》；卷六十收《幼科种痘心法要诀》；卷六十一至卷七十六收《外科心法要诀》；卷七十七至卷七十八收《眼科心法要诀》；卷七十九至卷八十六收《刺灸心法要诀》；卷八十七至卷九十收《正骨心法要诀》。为了便于学习，凡子目中有名为“要诀”者，均以歌诀形式，以便记诵。各部分主要内容是：

《订正仲景全书》，二十五卷，包括《伤寒论注》和《金匮要略注》。作者对《伤寒》和《金匮》有深入研究，认为“古医书有法无方，唯《伤寒论》《金匮要略》。《杂病论》始有法有方”。但《伤寒论》《金匮要略》两书义理渊深，方法微奥，领会不易，且多讹错，旧注随文附会，难以传信，所以作者详加删订，先撰成《订正伤寒论注》和《订正金匮要略注》，后稍加修改收入《医学金鉴》。《伤寒论注》和《金匮要略》原文比较深奥，清代以前为其注释的不下三百余种。吴谦在订正中参考了各家注释，采用了四十多家注本，对原文逐条进行校注。书中每篇首为纲领，次具证、出方、因误致变、因逆成坏。篇中每条的次序为：首经文，次注释、集注、方药、方解集解。全书层次清楚，博采众家之说，又有作者的成果，所以是学习研究《伤寒论》及《金匮要略》的重要参考。

《删补名医方论》，八卷，为医方著作，书中选编了《金匮要略》《千金要方》《外台秘要》等书，以及清以前名医如王好古、李杲、刘完素、朱震亨、张从政等人用的药方二百多首，按其性质分为温、清、消、补等类。书中每方先列主治病症、药味剂量、治法服法，后附以方义的注释和历代医家对该方的论述，以说明方药配合、药理作用以及加减变化等问题。该书实用，成为后世学习名医方论的重要参考书。

《四诊心法要诀》，一卷，为中医诊断学专著。所谓“四诊”即望、闻、问、切四种诊断方法。综合传统医书中之诊断方法编成四诊要诀，简明易学，是学习、研究中医诊断的参考书。

《运气要诀》，一卷，为阐述中医理论中“五运气化”的专著。中医有所谓五运六气之说，即指木、火、土、金、水五行的运气和风、热、湿、火、燥、寒六种气象的流转。有关理论虽然在《内经》中已有论述，但经文散见于各篇，学习不方便，所以本书也以歌诀的形式表述，并加注解和附图，较《内经》更容易学习和记忆。

《伤寒心法要诀》，三卷，是学习《伤寒论》的入门书。针对初学者学习《伤寒论》所常遇到的困难，将其内容分类，撮其要旨，加以注释。

其他各科心法要诀类著作，包括杂病、妇科、幼科、外科、眼科、刺灸、正骨等。例如《杂病心法要诀》主要论述包括中风、类中风、痉病等四十余种内科疾病。有关儿科的几部书特别在痘疹、种痘方面为总结宋代以来研究成果的论述，反映了清代儿科学在专科方面的发展。关于外科和骨科的两部，也均十分精辟，还附有各种手法和器具图。该书内容丰富、文字简明扼要，且联系临床实践，便于学习和运用，是我国医学书籍中最完备的一种。此书在清代曾作为医学教科书，影响较大。

《温病条辨》，七卷，成于嘉庆三年(1798)。作者为吴瑭(1758—1836)，字配珩，又字鞠通，江苏淮阴人。十九岁时父病故，悲痛欲绝："以为父病不知医，尚复何颜立天地间？"(《温病条辨》自序)遂立志学医。乾隆四十八年(1783)秋，进京参与检验《四库全书》，得见各家医书，专心钻研吴又可著《瘟疫论》，并遍考晋唐以来诸名家之论。虽经十年研习，且颇具心得，但仍不敢轻治一人。乾隆五十八年(1793)京师瘟疫流行，当时医生按伤寒论医治，死不胜数。吴瑭在朋友强请之下行医，存活数十人，从此名声大振，成为清代名医。

《温病条辨》是一部系统研究温病学的专著。全书立法二百六十五条，附方二百零八首。卷首"原病篇"，引经文十九条为纲，分注为目，源温病之始。卷一为"上焦篇"。卷二为"中焦篇"。卷三为"下焦篇"，分述属上、中、下三焦之温病。卷四为"杂说"，补充三焦治法精义及病后调理。卷五为"解产难"，专论产后调治与产后惊风。卷六为"解儿难"，专论小儿急慢性惊风及痘症等。该书仿《伤寒论》体例，逐条论证，又于每条之下加以阐发注释，故称"条辨"。在理论方面，主要承袭有"温热大师"之名的叶桂的学说。吴瑭的贡献主要是：首先，从理论上将温病与伤寒加以区分。他认为伤寒之原，原于水；温病之原，原于火。又根据《内经》八风理论，对寒、温、风三邪的性质加以分析研究，指出温邪首犯太阴、寒邪首犯太阳的道理，并提出风无定体，指出冷冽之风与温暖之风的不同，因而奠定了伤寒病中可见中风、而温热病中又有风温的理论基础。他通过对寒、温之邪的性质研究，确立了温病学理论基础。其次，吴瑭认为温病的病机是从三焦而变化的，所以他把风温、温热、湿温、秋燥等病，均分作上焦、中焦、下焦来论述，并明确指出上焦病主要指肺与心病，中焦病是指脾与胃病，下焦病是指肝与肾病，而温病发展过程则为始于上焦，终于下焦。并把叶桂的卫气营血辨证思想融入其三焦辨证之中。他提出的三焦辨证方法，深为后世医家所推崇。第三，确定了一套比较完备的温病治疗法则。他指出伤寒始终以救阳气为主，而温病则始终以救阴精为主，确认了清热养阴的基本方法。该书还给出了一系列针对不同症状的汤剂，从而使温病学说从理论到临床形成了一套完备而严整的体系。

《医林改错》，二卷，成于道光十年(1830)。作者王清任(1768－1831)，又名全任，字勋臣，河北玉田人。二十二岁开始行医，嘉庆二年(1797)，出游滦州、奉天府等地，后至北京，设知一堂药铺行医，闻名于京师。他注重对人体解剖的认识，在《医林改错》一书中说："治病不明肝腑，何异于盲子夜行？"主张按解剖知识修正中医的脏腑。他立志重新绘制人体脏腑图，经过四十余年的努力终于完成。

该书为我国中医解剖医学的重要著作，其内容分为：卷上，脏腑论叙、脑髓说、气血合脉说、心无血说、方叙、通窍活血汤所治之症目、膈下逐淤汤所治之症目；卷下，半身不遂论叙、瘫痿论、瘟毒吐泻转筋说、论小儿抽风不是风、论痘非胎毒、少腹逐淤汤说、怀胎说、痹症有淤血说、辨方效经错之源论血化为汗之误。王清任在自序中说，之所以这样安排全书的结构，其本意在于"记脏腑后，兼记数症，不过示人以规矩，令人知外感内伤，伤人何物，有余不足，是何形状"。

《医林改错》所反映出的王清任研究成果，首先体现在医学研究方法论方面。他主张医学理论必须与医疗实践相结合，在卷下"半身不遂论叙"中指出："医者立言著书……必须亲治其症，屡验方法，万无一失方可传于后人。若一症不明，留与后人再补，断不可徒取虚名，恃才立论，病未经见，揣度立方。"因此他不囿于经典，注重实践。在"脑髓说"中，他明确否定了"心主思"的说法，指出"心乃出入气之道，何能生灵机贮记性？"认为"灵机记性在脑"，对脑的功能作出了更科学的解释。又通过对尸体的观察，发现了幽门括约肌，在其所绘的胃图中，在幽门部位画一块状物，指出："有疙瘩如枣，名遮食。"另外对肺、胃、肝、胆、胰、胰管、胆管等脏器的描述，也都较前人所绘脏器官图有所改进。王清任是自古以来直言为传统医学理论"改错"的第一人，可见其求实的精神和勇气。然而限于当时的条件，他的观察仍有不少错误，他所绘制的改正脏腑图 36 幅，都是在墓地观察被狗咬破肚腹的贫困人家病死儿童的尸体，或去刑场查看被处决犯人而得出的，并非现代意义上的解剖。例如他因为尸体的动脉管内已无血液，就误认为这是"气"

的通行路径，又根据尸体观察而得出“心无血”的结论，从而认为动脉和心只传送“气”而无血。当然这样的错误在人类企图通过实体观察来了解自身的早期阶段是难免的。王清任这一错误认识几乎和古希腊的厄拉西斯特拉图一样，古希腊这位学者也认为动脉无血，只输送“灵气”。可见人类认识自然、认识自我的过程是十分艰难曲折的。今天看王清任的研究工作，虽然与现代的科学方法不能相比，但他的勇于实践、不囿于传统思想的精神，在当时确实是难能可贵的突破。虽然如此，王清任的观察还是很细致的，他甚至发现有视觉神经从眼球通往脑部，并由此断定：眼所见、耳所听、鼻所闻，都通于脑。书中专设“脑髓说”一章，根据李时珍“脑为元神之府”理论与自己的观察，力求推翻《内经》的“心主神明”之说。这种求实精神和对学问的钻研态度为后人所称赞，在中医学理论的充实和提高方面的贡献不可忽视。

在临床方面，王清任认为治病要诀在于明白气血。他对于气血之病有深入研究，并以淤血症和气虚血瘀症为重点。他强调元气之重要性，他说：“人行坐转动全仗元气，若元气足则有力，元气衰则无力，若元气绝则死矣。”（卷下“半身不遂本原”）又认为：“气有虚实，实者邪气实，虚者正气虚。”（卷上“气血合脉说”）他把许多疾病都归之于气虚。对于血，他认为“血有亏瘀”，尤其强调血瘀，积平生经验，罗列血瘀症五十种之多。可以说王清任虽然在脏腑的观察方面改进了许多传统观点，可治疗方面还是没有脱离经典气血理论，但他所设方剂仍十分有效，所以其活血化淤法对后人很有启发。

《血证论》和《中西汇通医书五种》两部医学著作，均为清末唐宗海所著。唐宗海（1847－1897），字容川，四川彭县人。光绪十五年（1889）中进士，授礼部主事。后因父亲多病，遂潜心研究医药，成为当时名医，曾游京、沪、粤等地。他是一位提倡中、西医相结合的人，主张“参酌乎中外，以求尽美尽善之医学”，是我国倡导中西医汇通的代表人物。

《血证论》八卷，是内科血症专著，也收入到《中西汇通医书五种》之中。其内容为：卷一，总论。首先论述阴阳水火气血和男女之异同，然后论脏腑病机、脉证生死、用药宜忌等；卷二至卷五，分述血上乾证治、血外渗证治、血下泄证治、血中淤证治，从吐血、呕血到经闭、胎气共三十二条；卷六，为失血兼见诸症；卷七、八为方解，共引用古今方二百零一首，并有各方适应的病机及方义。

该书对血症的病因病机及证治要点作了系统论述。作者十分重视气血的相互关系，在卷一“阴阳水火气血论”中说：“人之一身，不外阴阳。而阴阳二字，即是水火。水火二字，即是气血。水即化气，火即化血。”所谓“水即化气”，他是从《易》之坎卦的“一阳生于水中”悟出水为生气之原的。认为“人身之气生于脐下丹田气海之中。脐下者，肾与膀胱，水所归宿地也”。而肾与膀胱之水又是通过肺气心阳的蒸化来完成的。当气生成之后，即布于全身内外，又由于气的作用，进而化生津液。并进一步指出水的通调发生障碍，影响气的功能，便可致病，而气病反过来也能导致水病，因此“气与水本属一家，治气即是治水，治水即是治气”。同样，他认为“血与火原为一家，知此乃可言调血矣”。他还认为气与血、水与火是互相依存的。水火气血的存在形式不同，但属统一整体的两个方面。

唐宗海毕生研究血症，《血证论》在理论与临床方面都有较全面的阐述。指出：平人血液，畅行脉络，称为循经。一旦血不循经，溢出于外，即为血证。他把血证的病因病机分为四类，即：一为气机阻逆，血随上溢；二为脾之统摄，血无归附；三为火热炽盛，逼血妄行；四为淤血阻络，血行失常。对于血症的治疗，他总结出止血、清淤、宁血、补血四法。他在血证治疗方面不仅吸收古人经验，还亲自实践，并参照西医理论，形成了自己独特的观点和治疗经验。《血证论》为我国较有影响的血证论著作。

《中西汇通医书五种》为唐宗海医学著作之汇编，这五种书为《中西汇通医经精义》二卷、《金匮要界浅注补正》九卷、《伤寒论浅注补正》七卷、《本草问答》二卷和《血证论》八卷。这五部书中，多兼及中西医理论，也反映了当时西医开始传入我国时在医学界引起的反响，从中也能看出唐宗海在对待中国传统医学和西方医学的态度。

《中西汇通医经精义》，初名《中西医判》，又名《中西医解》《中西医学入门》。这是作者中西医学汇通思想的基础。全书以《内经》《难经》为纲，兼以中西医理论进行注释，并附以生理解剖图。卷上有人身阴阳、五脏所属、脏腑所合、五脏九窍、男女天癸、血气所生、营卫生会、五运六气、十二经络等十余条；卷下有全体总论、五脏所伤、脏腑为病、脏腑通治、诊脉精要、审治处方等十余条。他认为“中国脏腑图皆宋元后人所绘，与人身脏腑真形多不能合，故各图皆照西医绘出”。但他又认为《医林改错》中的脏腑图，是实际观察而绘，故与西医大致相同，且证以

《内经》形迹则更是丝毫不差，于是他企图以西医的解剖、生理知识来认证中医理论，所以多有附会之处。他认为西医长于“形迹”，中医长于“气化”，中医与西医各有长短，主张“损益乎古今”、“参酌乎中外”，对推动中西医的交流与沟通起了很大的作用。其他几部著作也都有参酌西医理论的部分，也反映了唐宗海的学术观点。

三、清代西医对中医的影响

随着西学东渐风潮的袭来，医药学也不可避免地要面对东西方医学的碰撞。这是比任何一门学科更为激烈的，因为传统的中医和西医属于完全不同的两个理论体系。尽管二者都能治病，而且都是延续数千年，也都在不断发展和完善，但是由于文化背景的不同，两个理论体系是建立在差别非常大的基础之上的。因此当西医借助于传教士们的活动出现在东方这个有数千年历史的文明古国时，两种医学体系自然会有一番较量，这种较量有时是十分激烈的。当然，无论哪一种体系，其所面对的都是同样的人类的疾病，既然都被历史证明是有效的，那么就必然可以统一到一起，只不过以今天人类认识自然的水平，还不足以完成这样的任务，以至于到了21世纪的今天，在医学界有关中西医结合的话题仍不绝于耳，北京地区的医院里，大多设有西医各科门诊、中医门诊还有中西医结合门诊。

清代早期的康熙和乾隆两位皇帝对西学特别有兴趣。正如在天文学一节中说过的，康熙为了检验两种天文理论的正确性，用当众做试验的方法令杨光先和传教士南怀仁比试，结果使得西方天文理论得以在中国立足，并为汤若望平反昭雪。这件事反映了康熙对待西学的基本态度，因此在医学等其他方面也是如此。康熙曾经在1693年患疟疾，服御医的药没有效果，这时传教士奉上金鸡纳，康熙服用后得以痊愈，从此金鸡纳被称为“圣药”。其实金鸡纳并不是使用化学方法制造的西药，它与中国的草药没有什么区别，“金鸡纳树皮”本是秘鲁印第安人的土著草药，后来被传教士从新大陆引入西班牙，到了19世纪才经过大量的科学研究，找到它的有效成分奎宁而成为具有现代科学根据的治疗疟疾的药物。我们可以想象，如果中国也有这种植物并且早已被发现，那么它肯定也会出现在《本草》中的，因为中草药的发现，就是遍尝百草之后的结果。然而值得我们深思的是，中西医的发展道路竟然如此不同，以至于后来的中西医在诊病理论上和药物方面的差别才会越来越大。同时我们也应该看到，明末清初，包括西医在内的欧洲科学能在中国迅速传播，与最高统治者皇帝的个人好恶是有直接关系的，北京作为封建帝国的都城，受皇帝的影响更大。

当然西医在中国的传播，受益的是中国的百姓，因为中西医的碰撞也好，交流也好，都会促进医学的发展和进步，总而言之是有利于人民的健康的。早期的传教士们在华行医，是利用科学传教，因而西医只是传教的工具，后期也有一些真正为了传播西医来华的传教士医生，例如晚清来华的传教士合信就是这样的人，他曾经反对英国政府对华的鸦片贸易。他的活动范围并不在北京地区，但他对我国医学发展有不可不说的贡献。他于1851年出版了《全体新论》一书，把王清任的《医林改错》和自己的著作同时发行，其目的是为了挑战中医传统的脏腑学说，但确实起到了推广王清任《医林改错》的作用。王清任于1830年完成《医林改错》的写作，1831年就去世了，但他在二十年后才在中国医学界引起震动，这与合信的工作有直接关系。合信一共出版了五部医学书籍，这是他企图把西方临床医学引到中国的计划之一。通过传教士的不断努力，以及中国一批接受了西方文化的知识分子的宣传，西医在中国逐渐站稳了脚跟。1900年以后很多教会利用庚子赔款在中国建立现代化的医院，这批医院不但行医而且开展西医教育，1921年建成的北平协和医学堂就是其中之一。从此之后，不但外国教会开设医院和西医学堂，中国政府也开办了一些西医学堂，如京师同文馆就在1872年设立了医科，天津也于1881年设立医学馆。但是这些官办的西医教育机构对于医学的推动作用不大，京师同文馆的医科学生没有临床实习，毕业后或从军或从政。这大概是由于当时洋务运动的主要目标是引进与西方实业有关的科技，医学并不是最主要的。

面对西医的挑战，中医开始注意研究西医理论，前文所提到过的唐宗海就是其中的一位。他比较完整地通读了合信的五种著作，于1892年写成《医经经义》一书。他认为《内经》《伤寒》大致上是没有问题的，只是中医学在近代失传，应当加以改善。他还认为西医比不上中医《内经》周详精密，中医只需要吸取西医的有用部分即可。虽然这种想法在今天看来是天真的，因为他只不过是希望在中医理论中掺和一些西医理论，但唐宗海确实是首先提出中西医可以汇通的观点的中国医生。

比唐宗海稍晚的医家张锡纯也是汇通中西医学的学者。张锡纯(1860—1933),生于河北省盐山县,主要活动范围是河北、天津、沈阳一带,晚年定居天津并开设国医函授学校,教授学生。他的主要著作是《医学衷中参西录》三册(八期),为他的临床验方和医学论述的辑集。第一、二、三期共八卷,收入作者十余年的经验方药一百八十余首,于内伤外感无不涉及。各方均来自临床实践,每方之后都有注释,并附重要医案。虽然是中医验方,但他能兼采西医与中医理论。第四期共五卷,内容为药物讲义、医论和医案三部分,其中药物讲义的前四卷讲中药,末一卷讲西药。所述中药均为在临床实践中别有创见的,予以详细讲解;对于西药仅作介绍,以为欲学习西医理论的中医的入门介绍。第五期共八卷,卷一论述哲学与医学,以及中西医关于人的生理、脏腑经络等问题;卷二讨论药物名实及炮制事宜等;卷三论脑、脏腑之内伤外感及治法;卷四论五官、咽喉、肢体及腹内疾病治法;卷五论伤寒、温病、瘟疹及伤暑、疟疾之治法;卷六论黄疸、痢疾、霍乱、鼠疫之治法;卷七论痰饮咳嗽、水臌、气臌及吐血等杂症;卷八为作者与医界同人论医学、养生、学医之法、教授之法的信函,以及医界人士采用《医学衷中参西录》诸方治愈各病后的函告信。第六期共五卷,前四卷是《志诚堂医案》,为作者各种临床医案的汇总。末卷是张锡纯诗集《种菊轩诗草》。第七期四卷,是伤寒讲义,附录收入瘟病验方十一首。第八期又名《医话拾零》,是张锡纯的遗稿。

该书反映的张锡纯的主要医学思想和成就是:

1. 力主中西医汇通。他说:“医学以活人为宗旨,原不宜有中西之界限存于胸中。在中医不妨采西医之所长(如实验、器械、化学等),以辅中医之所短;在西医尤当精研气化(如脏腑各有性情,及手足六经分治分主六气等),视中医深奥之原理为形上之道,而非空谈无实际也。”在临床上,他多喜取西药之所长,以补中药之所短,中西药并用。他指出:“能汇通中西药品,即渐能汇通中西病理,当今医界之要务,洵当以此为首图也。”①

2. 在药物研究方面,他特别注重实验。例如为了研究小茴香是否有毒,他

①转引自《中国学术名著提要》科技卷,复旦大学出版社,1996,第674页。

亲自向厨师调查。为了体验药性,他首先在自己身上试验,然后再施于病人。书中所列方剂绝大部分是自拟方,仅有少数为古方。所开方剂也有特色,为医林所重。对于西药他也是十分认真的,一个有趣的例子是,他以西药阿司匹林结合健脾滋阴中药治疗肺结核。他观察到中国人的体质不需用西医书上所说的大剂量阿司匹林,已经可以发汗生效,而肺结核患者由于体虚更不能大量发汗,所以应辅助以中药调理。他还注意到不属于结核的发热病服用阿司匹林特别容易见效。在用药方面,他取得的中西医结合研究成果很多。

3. 全书的医案非常详细、完整且简而不漏,融汇了西医临床病历的要求。所以为后人研究他的学术思想,提供了方便条件。

西医的引入对传统医学的影响是巨大的,在中国也曾经有过非常激烈的争论,清末民初坚决主张改革中医的有梁启超和余岩等。梁启超曾经痛斥五行学说,认为两千年来,中国硬把宇宙无数量的事理现象归为五类,以此支配关乎病人生死的医学,是学术界的耻辱。所以他认为中医基础理论之一的五行学说可以扬弃,中医学界必须彻底改革、创新学术。他的这种思想的根源是他更关心中国旧文化、旧制度的更新,以使中国不至于落后于西方文明。余岩认为阴阳五行、脏腑学说和经络学说作为中医的理论基础是虚妄的,否定了这一套理论,也就会使得中医从理论体系上崩溃。余岩曾经于1905年和1913年两次公费留学日本,在大阪医科大学毕业后回国,就开始攻击《内经》的阴阳五行学说,他的影响力很大,他力促政府"废旧医,行新医",并在国民政府中央卫生委员会议提案:"旧医一日不除,民众思想一日不便,新医事业一日不向上,卫生行政一日不能进展。"这一提案引起全国中医界的团体奔走抗议运动[①]。当时学术界的其他重要人物如严复、章太炎等也有同样的观点,甚至中医内部也有人赞成废旧学。

第七节　清末在中西文化交流中两种思想的碰撞

自鸦片战争开始,西方列强对中国的侵略愈演愈烈,中国的有识之士开始关注西方国家的政治、军事、经济和科学技术,以期找到强国的道路。但是随着西

①转引自区结成《当中医遇上西医》,三联书店,2005,第67页。

方文化的不断进入，在对待西学方面，中国国内也出现了各种各样的态度。

西方的科学技术，传入中国最为顺利的要数天文学、地理学和医学了。由于中国的皇帝自古以来就对观天象、制定历法特别关注，所以当西方传教士带来先进的天文学时，就很容易受到皇帝的重视，特别是当传统的历法屡屡出错时，皇帝就愿意使用西方历法，如前面提到过的康熙皇帝就是这样，所以西方天文学在中国获得了最好的传播条件。西方近代地理学的传入，比起天文学来稍微困难，这不仅仅是因为古代中国在地学领域也具有相当出色的成就，只是风格不同而已，还有一个原因是中国人始终认为自己是世界的中央，以中央帝国自居，认为周边都是蛮夷。当他们第一次看到世界上除了中国以外，还有那么多的国家时，特别是看到传教士带来的世界地图上中国只是偏于地图之一隅，有些接受不了。但是在西方列强的坚船利炮面前，又不得不接受这样的现实，何况在地理学学科内，西方的近代测量技术和仪器也确实先进，因此中国的地理学开始了与世界同步的进程。西医进入中国经历了三个阶段，开始时大部分中国人是持怀疑态度的，因为西医的诊病方法与中医相去甚远，后来经过试用证明是有效的，于是被接受，并由此传播开去，使得越来越多的中国人接受了西医，最后西医得以大规模进军中国。有趣的是，后来极力宣扬西医的人，许多是开始时最为激烈反对西医的人。可以说，在天文、地理、西医三科中，西医的传播最为广泛，因为它直接与人民的生活相关。以先进科学技术为基础的物质文明，是经得住时间的考验的，只要人们亲身体验，便可自己辨别其先进性，因而西学的大规模进入中国是必然的。

西学传入中国后，在中国士大夫中有人积极倡导，亲自学习西方科技知识，例如明末的徐光启，清代的林则徐、魏源等人，也有人坚决反对如前文提到过的杨光先等人，在他们眼里，学习西方的天文、数学等近代科学技术，就是“以夷变夏”，是不能容忍的。两派的争论非常激烈，甚至造成了清初的汤若望冤案。这时出现了两种调和双方观点的说法，即“西学中源”说和“中体西用”说。

一、西学中源说

西学中源说的基本观点是西学源于中国，即西方的某些科学技术、某些事物，是源自中国的，或者是从中国传出去的，或者是西方人从中国学去的。因此中国人学习西方科技知识，就是学习自己祖先流出去的旧知识，而不是背叛祖宗向西方人学习。这样的说法能够被两方面都接受，守旧派从自尊心上说得过去，不至于太丢面子；而主张向西方学习的人，也因此在旧势力过分强大的环境中，找到了学习西方先进科技知识、革新传统思想的理由。

关于所谓的西学源于中法之说，早在《四库全书总目》中就有所反映，在其中的利氏所著《乾坤体义》一书的“提要”中就这样写道：“是书上卷皆言天象，以人居寒暖为五带，与《周髀》七衡说略同；以七政恒星天为九重，与楚辞《天问》同……”这种说法显然是勉强的，屈原的《天问》是一部文学作品，当时的人也不可能对宇宙有这样的认识。其实西学源于中法的思想，最早还是康熙提出来的。他在《御制三角形论》中首先提出了“西学实源于中法”的论点，他说：“古人历法流传西土，彼土之人习而加精焉。”梅珏成在供奉内廷习天文算法时，康熙曾授以《借根方法》，并告诉他：“西人名此书为阿尔热八达，译言东来法也。”从发音看，阿尔热八达大概是英文 algebra 的音译，即代数学。实际上，欧洲的代数一词来源于 9 世纪阿拉伯数学家阿里・花拉子模所著《代数》一书的书名，这个单词即使有“东来法”的意思，这里的“东”也是阿拉伯，而不是中国。康熙还在《数理精蕴》一书的“立纲明体”部分中，首先明确中国的河图、洛书为数学之起源，并说：“至于三代盛时，声教四讫，重译向风，则书籍流于海外者，殆不一矣。周末，畴人子弟失官分散，嗣经秦火，中原之典章既多缺失，而海外之支流反得真传。”为什么会提出这样的观点？一方面是为了缓和两种思想观点日益尖锐的矛盾，另一方面也是出于维护皇帝尊严的需要，一位大清国的皇帝，想学习西方的科技知识，又不愿意丢掉天朝大国君主的面子，于是就提出了西学本来就源于中国的论点。此论一出，果然得到一片颂扬之声，梅文鼎首先说“大哉王矣，著撰家皆所未及”。他在《历学疑问补》一书中，反复强调“西学源流本出中土，即《周髀》之学”，“盖天之学流传西土，不止欧罗巴”。他的孙子梅珏成则在研究了《借根方法》之后，发现此法与李冶等人所用“天元术”有相同之处，这是他在数学研究方面的贡献，于是他愈加相信西学源于中法这一论点了。梅珏成还在修《明史》时提出“西人得浑盖通宪之器，寒热五带之说，地图之理，五方之法，皆不出《周髀》范围，亦可知其源流之所自矣”。在这些皇帝周围的学者的鼓动下，此论点至乾嘉时期还在继续发展。

另一位支持西学中源说的学者是戴震，他曾任四库馆纂修，其中天文、算法诸书之提要都是由他撰写的。他在《周髀》提要中说："荣方问于陈子……其本文之广大精微者，足以存古法之意，开西法之源。"他说由李之藻译述的《浑盖通宪图说》中的各种理论均出自《周髀》，而《测量法义》中所述仪器即《周髀》中所说的矩。戴震是一位很有成就的学者，他一生的经历艰难曲折，但于学问上兢兢业业，著述颇多。从他的生平即可看出：

戴震(1723－1777)，字东原，安徽徽州府休宁县隆阜人，出生于商人家庭，青年时期曾经商。自幼好学，在自然科学方面很早就显示出卓越的才能。二十二岁即写成《筹算》二卷，二十四岁又撰《考工记图注》，三十岁到三十三岁完成《勾股割圜记》《周髀北极璇玑四游解》等文。此期间他还有著作《六书论》三卷、《尔雅文字考》十卷、《屈原赋注》、《诗补传》等。

他的一生颇为曲折，三十三岁时，为避家仇到京师，以学识结交京城学界名士钱大昕、卢文弨、纪昀、朱筠、王昶等。他在科考上也屡受挫折，二十九岁始入学为秀才，四十岁才乡试中举，以后六试进士不第。此时戴震已经五十三岁，在学术方面已经取得很高的成就，乾隆以其声望，命与录取的贡士一同参加殿试，赐同进士出身，为翰林院庶吉士。

乾隆三十八年(1773)，戴震五十岁。由于《四库全书》馆正总裁于敏中以纪昀、裘日修之言，向乾隆推荐，戴震以举人身份特召入京为《四库全书》馆任纂修官。当时入选《四库全书》馆的均为国内一流学者。戴震在群英汇聚的四库馆出类拔萃，成果卓著。四年中，他利用《四库全书》馆的藏书条件，对天文、算法、地理、文字、声韵等书籍广为研究、精心考订，做出了卓越的成绩。他通过考证，精心勘校了许多颇有价值的书籍，整理和保护了古代的大量文献资料。他亲手所校之书主要有《九章算术》《五经算术》《海岛算经》《骨髀算经》《张丘健算经》《五曹算经》《夏侯阳算经》《缉古算经》《算术记遗》《孟子赵注》《孟子音义》《方言》《仪礼集释》《仪礼识误》《大戴礼记》《水经注》等近二十部书籍。其中算书中的《九章算术》《海岛算经》《孙子算经》《五曹算经》《夏侯阳算经》等大都世无传本，仅散见于《永乐大典》各韵部，经戴震辑出列入《四库全书》，各加按语，写成提要。他全力以赴，精心考订，直至五十五岁在北京崇文门西范氏颖园去世。

戴震在哲学、数学、天文、机械、水利、地理方志、语言、文字、声韵、生物及古代器物等方面均有精湛的研究，他一生著、校之书近五十种，可称为百科全书式的学者。

从乾隆三十年(1765)起，戴震开始研究北魏郦道元的《水经注》，直到乾隆四十年(1775)，才最终校定《水经注》，前后跨度十年。可见，他严谨的治学态度和求真务实的学风，极为难能可贵。他首先考证了《水经》的立文定例，又根据郦道元的注文来考定经文，使经、注大体有别，后来他整理成《水经》一卷，初步还原了该书的本来面貌，但尚未彻底订正错误。五十岁时，他再次勘校《水经注》，更正了若干经、注混淆之处。同年，戴震入《四库全书》馆，在《永乐大典》散篇内见到郦道元的《自序》，便对《水经注》再作增补，重新勘校。他三次校订《水经注》，为《水经注》总计补缺漏字 2128 个，删妄增字 1448 个，正臆改字 3715 个，使得《水经注》正本清源，还其本来面貌。一部《水经注》，三次勘校，十年完成，字斟句酌，字里行间，渗透着他的心血和汗水。乾隆四十年(1775)，乾隆皇帝赐戴震为进士，授翰林院庶吉士。乾隆四十二年(1777)，戴震因积劳成疾，辞世于任上。因他在《四库全书》馆内的业绩，乾隆曾亲自题诗，以示褒奖。

二、中体西用说

中体西用是晚清最为流行的一种说法，其说法包括：中学为体、西学为用，旧学为体、新学为用，中学为本、西学为末，中学重道、西学重器，中学形而上、西学形而下等。其中的新思想不外乎中学重要、西学次要，持此观点的人中，以张之洞的影响最大，他曾在《劝学篇》中详细论述这个观点。

主张中体西用说的人，大多数对于体、用并没有严格的界限。虽然张之洞曾经对此有过一些说法，例如他认为“四书”“五经”、中国史事、政书、地图为旧学，西政、西艺、西史为新学。但是不同时期、不同人对此的看法也不一定相同。这一观点的作用，主要是主张学习西方的人为了不至于引起太多顽固派的攻击，而采取的一面挡箭牌。起初在 19 世纪 60 年代，这一说法主要是主张学习西方、进行变法的人们的理论武器。力主学习西方的人之所以这样说，主要是为避开保守势力“以夷变夏”的攻击。他们的著作中几乎都有论述中体西用的部分，其实他们的著作的主旨都是论述向西方学习的必要性的。之所以如此，是不得已的，由此可见其良苦用心。

不过也有人对中体西用说提出批评，代表人物是严复。他说："体用者，即一物而言之也。有牛之体，则有负重之用；有马之体，则有致远之用。未闻以牛为体，以马为用者也。中西学之为异也，如其种人之面目然，不可强谓似也。故中学有中学之体用，西学有西学之体用，分之则并立，合之则两亡。"严复生于1854年，卒于1921年，他生活在中国日渐衰弱、不断受到西方各国侵略的的年代。1877年，他曾被派往英国留学，在格林尼次海军大学学习，回国后也曾在水师学堂供职。但他由于接受了西方学术思想，又积极翻译、介绍西方学术著作，所以社会影响很大，他是坚决主张变法自强的。严复一生中有若干年是在北京生活、工作的，他与北京的科技发展关系较大。1896年他协助张元济在北京创办通艺学堂，提倡新学，培养具有一定基础的京官及官绅子弟，在学习外语、天文、算学、舆地后，分门专攻理科、工程技术等科。戊戌变法失败后，通艺学堂被并入新成立的京师大学堂。1902年，受管学大臣张百熙之聘，任京师大学堂编译局总纂。1908年，应学部尚书荣庆之聘，任审定名词馆总纂。1912年，受袁世凯之命，任北京大学校长，并兼任文科学长。严复在新旧教育转轨方面亦贡献颇多。

严复最为人称道的是它在翻译西书方面的成就，特别是他翻译的《天演论》问世后，"适者生存"、"物竞天择"等新名词充斥报刊，甚至取名也有用"适之"、"竞存"的。在翻译工作中，他自立翻译三大标准，即信、达、雅。信，即内容准确；达，即表达贴切；雅，即文字尔雅。他的古文功底扎实，从《天演论》开头一段就可以看出："赫胥黎独处一室之中，在英伦之南，背山而面野，槛外诸境，历历如在几下，乃悬想二千年前，当罗马大将恺彻未到时，此间有何景物？计惟有天造草昧，人工未施，其藉征人境者，不过几处荒坟，散见坡陀起伏间。而灌木丛林，蒙茸山麓，未经删治如今日者，则无疑也。"当时及以后许多知名学者，对其翻译水平和该书对社会的影响，都给以非常高的评价。

总之，中体西用说和西学中源说的目的是相同的，即调和两派的矛盾，其中也包括中国人对于西方认识的变化过程。从心理上说，开始时，大部分人对西学是排斥的。这里有两方面的原因，首先是华夏中心思想，即独尊华夏、鄙夷外邦的思想；第二是民族文化自卫心理，长期的闭关锁国，使得我们对西方文化缺乏基本的了解，当外来文化入侵时，便自然而然地产生了排外的情绪。所以早期凡是西方的事物都加上一个"夷"字，如"夷技"、"夷船"、"夷语"等，其中是包含贬义的，也有使用比较中性的“洋”字的，而一般百姓则统称外国人为“鬼子”。第二次鸦片战争后，一方面有关条约明文禁止称西洋为“夷”，另一方面中国有识之士对西方也有了一些了解，此时“西”字渐渐取代了“夷”字，通称欧洲传来的学问为“西学”。这是一个纯粹以地理方位表示的名词，不含贬义。到戊戌变法时期，中学为体、西学为用之说盛行，此时报刊上频频出现“西学”一词，但逐渐也有人使用“新学”来表示西来之文化，因此张之洞说：“旧学为体，新学为用”，特别是伴随进化论思想的传播，新学的说法日渐频繁。此时的“新学”一词已经带有明显的褒义了。从名词的变化中也可以反映出当时的中国人对于西学认识的变化过程，这一过程开始是被动的，经过反复的争论，最后西方文化还是大张旗鼓地进军中国，直至封建统治的大本营——北京。

第五章　清后期北京地区的工程技术

学习西方科学技术，实现“师夷之长技以制夷”的愿望，虽然有识之士曾大声疾呼，然而由于守旧势力之顽固阻挠，使得西方先进科学技术进入我国，特别是进入百姓生活，仍举步维艰。经过近半个世纪的不懈努力，终于到清末时，这一前进步伐开始加速。作为封建帝都的京师，开始兴办铁路，并逐渐形成了以北京为枢纽的铁路交通运输网。与此同时，电报、电话、电灯、自来水等以近代科学技术为依托的行业也开始在北京出现。这些变化，不仅标志着古老的北京城开始了向现代化大都市的迈进，更使京城的官员和百姓在思想观念上产生了前所未有的变革，其影响是巨大的。我们应该把这一变化看作是北京城市发展和科学技术发展史上的一个里程碑。

第一节　以北京为中心的铁路交通网的兴建

一、北京最早的铁路

铁路这种与传统的交通工具截然不同的交通方式在中国出现，从一开始就受到了保守势力的强烈反对。《清史稿》记载了这样一件事情：“光绪初，英人擅筑上海铁路达吴淞，命李鸿章禁止，因偕江督沈葆桢，檄盛宣怀等与英人议，卒以银二十八万两购回，废置不用，识者惜之。”其中提到的李鸿章是后来力主引进西方技术的主要人物之一，而此事的处理清廷却委任他来负责，从对于此事的处理也可以看出，他的思想也是有一个转变过程的，同时也说明当时守旧势力之强大与顽固。其实北京地区早在同治四年(1865)就有英国商人杜兰德在宣武门外铺设过一条小铁轨试行小火车,此举的主要目的是为了广告和宣传。而清廷却认为这是怪物,由步军统领衙门出面,令其拆毁。此后虽有多人提出过修建铁路的请求,但均未获得批准。另一方面,由于西方列强对我国的侵略日益加剧,使得有识之士认识到学习先进科学技术之重要性,他们极力奏请皇帝批准兴建铁路。光绪六年(1880),刘铭传上疏:"自古敌国外患,未有如今日之多且强也。一国有事,各国环窥,而俄地横亘东、西、北,与我壤界交错,尤为心腹之忧。俄自欧洲起造铁路,渐近浩罕,又将由海参崴开始以达珲春,此时之持满不发者,以铁路未成故也。不出十年,祸且不测。日本一弹丸国耳,师西人之长技,恃有铁路,亦遇事与我为难。舍此不图,自强恐无及矣。自强之道,练兵造器,因宜次第举行。然其机括,则在于急造铁路。"李鸿章支持刘铭传的观点,认为"铁路之设,关于国计、军政、京畿、民生、转运、邮政、矿物、招商、轮船、行旅者,其利甚溥",同时他又提醒:"而借用洋债,外人于铁路把持侵占,与妨害国用诸端,亦不可不防。"刘坤一则认为铁路妨碍民生、厘税。张家骧甚至说修铁路有三大弊①。再复议,虽有李鸿章支持刘铭传,但又有反对者而且言辞激烈,因而作罢。后来经过中法之战,更进一步体会到铁路不发达带来的问题,在李鸿章、左宗棠、醇亲王奕譞等的倡议下,朝廷才逐渐接受了铁路这一新事物。

中国第一条铁路是光绪六年英国人修建的唐胥运煤铁路。这是京奉铁路的最早路段,但此路的获准修建是以不用蒸汽机车牵引为前提条件的,列车在铁轨上行驶,动力仍然是牲畜,故称"马车铁路"。

北京的第一条铁路是紫光阁铁路,为光绪十四年(1888)修建的清宫廷专列。这条专为慈禧等贵族服务的小铁路南起中海瀛秀门外的瀛园火车站,经紫光阁,出中海北门,入北海南门,沿北海西岸至极乐世界,向东到极镜清斋(静心斋)前的镜清斋火车站。全长约四华里,仅存两年,到1900年就被八国联军毁坏了。该铁路的修建于经济发展没有什么作用,仅仅是慈禧享乐的工具而已,然而它的影响是大的,因为这是首次在宫廷禁苑之内铺设的铁轨,因而在全国引起了很大反响,同时也对全国铁路事业的发展,减少了许多阻力。这也是李鸿章借重修西

①《清史稿·交通一》第十六册,中华书局,1998,第4428页。

苑三海之机，建议铺设这条铁路的主要用意。他还亲自经手从德国购进特制小火车，可见他在此事上是十分用心的。李鸿章是最早提倡洋务运动的重要人物，但洋务运动在其他方面都取得一定成绩时，唯有铁路建设进展缓慢，故此他采用了迎合慈禧享乐的手段，以达到发展铁路的目的。此时的慈禧虽然喜欢西洋的新鲜交通工具，但她非常迷信风水，怕火车鸣笛会破坏宫城气脉，所以列车的行驶并不用机车牵引，而是“每车以内监四人，贯绳曳之”。其实是在铁轨上行驶的人力车。由于这一条小铁路的修建，慈禧很快批准了建设津通铁路、卢汉铁路等奏请。从此，中国铁路才以比较快的速度铺设，并逐渐形成了以北京为中心，通向全国各主要城市的铁路交通网。

二、以北京为中心的四条铁路干线的修建

经过艰难曲折的努力，终于在 20 世纪初叶，建成了以北京为中心的四条铁路干线。它们是京奉铁路、京汉铁路、京张铁路和津浦铁路。

京奉铁路是北京通往东北地区的主要干线，开工修建最早，其经历也最为坎坷，其中最早建成的一段就是前面提到过的“马车铁路”。正是在修建马车铁路的同年，刘铭传认识到了铁路在漕务、赈务、商务、矿务、厘捐、行旅方面的重要性，而在军事方面的作用尤其重大，因此他还提出了以京师为中心的四条干线的设想。这一设想虽有李鸿章的支持，但终因反对派势力过大，在激烈争论之后并未成功。光绪十一年(1885)，李鸿章又以筹还中法战争借款为由，再次提出兴建铁路的建议，终于获得批准并成立开平铁道公司(后更名为中国铁道公司)，收买了唐胥铁路并将其扩展延长，1886 年延长至卢台，称唐卢铁路。1887 年，奕譞(时任总理海军衙门王大臣)提出修建从开平到阎庄的商办铁路，南接大沽北岸，再延至天津，然后再铺设到山海关的奏请，获准后于 1888 年建成津沽铁路，全程约 260 华里。1889 年唐津铁路展修到古冶，1892 年到滦州，修成横跨滦河的十七孔铁桥。1894 年再修到山海关，又将从天津到山海关一段称为关内铁路。1896 年从天津到北京的津卢铁路修到丰台，1897 年修到永定门，1900 年八国联军入侵占领北京期间，英军将北京车站延至正阳门，并由东便门修一支线向东达通州城。

1898 年开始筹划关外铁路的修建，1903 年关外铁路修到新民屯，1904 年日

俄战争在东北展开，日本人修建轻便铁路从新民屯到奉天，称新奉铁路。1907年从日本人手中购回，并将窄轨改为宽轨。到此，从北京达奉天（沈阳）的铁路全线贯通，称为京奉铁路，全程 1123 公里，历时二十七年才全部完工。

京汉铁路是北京通往中国腹地的铁路干线，于光绪十五年（1889）开始。是年台湾巡抚刘铭传提出由津沽造路至京师的建议，苏督黄彭年主张先办边防、漕路，建议先修建津通铁路为试点。粤督张之洞提出应缓办津通铁路，先修腹省干线的建议。并指出这样做有"七利"，即：一，内处腹地，不近海口，无引敌之虑；二，原野广漠，编户散处，修路时便于避开房舍、坟茔；三，干路袤远，厂盛站多，农商各界，生计甚宽，舍旧谋新，决无失所；四，以一路控八九省之冲，人货辐辏，贸易必旺，岂惟有养路之资费，实可裕无穷之饷源；五，近畿有事，即可迅速调兵，若内地偶有土寇窃发，便于发兵征讨；六，太行山以北煤铁丰富、质优，而道路最艰难，若修通铁路，则可以运去机器开采和使用西法冶炼；七，便于漕运①。最终，张之洞的建议被采纳，开始了京汉铁路的修建工程。开始称卢汉铁路，后更名为京汉铁路，从卢沟桥起，经保定、正定、磁州，厉彰、卫、怀等府达河南，再经郑州、许昌、信阳驿路抵达汉口。全路分为四段兴工，第一段为北京至正定，第二段从正定到黄河北岸，第三段从黄河南岸到信阳州，第四段从信阳州至汉口。先修第一、四两段，起初不打算借外债，由户部每年拨银 200 万两，后因工款难筹，未能及时开工。光绪二十三年（1896）成立筑路公司，以盛宣怀为督办，开始筹集工款。1897 年南北两段开始动工。1898 年卢保段完成，1900 年八国联军入侵，将路从卢沟桥扩展到正阳门。当年冬，保定以南各段相继完成。光绪三十一年（1905）黄河大桥落成，全线通车，称为京汉铁路，全程 1315 公里。到 1908 年，所有债务全部还清。

京张铁路起点为丰台，经八达岭出关到达张家口，全程 273 公里。光绪三十一年（1905）开始兴建，历时四年，于宣统元年（1909）完成。1911 年从张家口延至高阳，1921 年修至绥远，改称京绥铁路。1922 年又延伸至包头，从北京到包头共 813 公里。这是中国人自己筹款并筑造的铁路，总工程师为詹天佑，这条铁路的建成，在中国铁路建设史上具有重要意义。《清史稿 · 交通一》有评论："盖论

---

①《清史稿 · 交通一》第十六册，中华书局，1998，第 4432 页。

办路之优劣，官办则筹款易，竣工速，自非商办可及。而外债之亏耗，大权之旁落，弊害孔多，亦远过于商路。惟京张铁路，以京奉余利举办，詹天佑躬亲其役，丝毫不假外人，允为中国自办之路。而鄂之铁厂，制钢轨以应全国造路之需，挽回大利，尤为不尠。”

然而京张铁路的建成，其主要意义还在于向世界表明中国人有能力自己建造铁路。自鸦片战争以后，列强对中国的瓜分掠夺愈演愈烈，甚至各帝国主义国家之间为了瓜分在华利益，也进行了激烈的争夺。在北方铁路的修筑方面，以英俄两国争夺最烈。当时清政府曾利用这一矛盾借英抑俄，光绪二十四年(1898)五月照会两国驻华公使，申明："扬子江一代、长城以北乃中国土地，全在自主……将来中国设或欲造某处铁路，应有中国自主。"京张铁路的建设，正是完全由中国人自主完成的。总工程师詹天佑的出色才能赢得了世人的尊敬，也为中国人长了志气。

詹天佑 12 岁时考取了容闳举办的"幼童出洋预备班"，公费赴美留学。1881 年大学结业回国。八年后受聘于伍廷芳主持的中国铁路公司，开始参与铁路工程建设。在滦河铁桥工程施工和主持兴修新易铁路时，表现出卓越的工程技术才能。1905 年，他被委任为京张铁路会办兼总工程师。这一任命曾引起国外工程界的讥讽，说中国人不可能用自己的工程技术力量修筑此路，认为此乃不自量力之举，甚至说，能修筑铁路通过南口的中国工程师尚未出世！然而詹天佑对此有坚定的信心，他以强烈的爱国心和事业心，毅然担此重任并提前完成了任务。

在勘测、设计和施工过程中，詹天佑认为选择合适的线路为筑路成功之关键。因此他不仅多方收集资料，而且实地考察，骑着毛驴在崎岖的山路上勘查和访问当地农民。他夜以继日地工作，历时四十多天终于完成全路的初步测量。他将当时勘测获得的三条线路进行反复对比研究，从工程难度、工程用款等多方面权衡，最终选定的路线是：由京奉铁路柳村车站起，经西直门到南口，沿关沟越岭，在八达岭过长城，出岔道城再经康庄、怀来、沙城、宣化，最后到达张家口。其中最险的一段是从南口到岔道城一带的关沟路段，因为要在悬崖绝壁上筑路并穿过"天险"居庸关要塞和八达岭。詹天佑把关沟路段分为三段，再分段仔细勘查，塞外气候恶劣，但他坚持亲自测量作业。通过实地勘测，确定了全长二百多公里的京张铁路全线线路。他又提出将全线分为三段的施工方案，即第一段由丰台至南口，长约六十公里；第二段由南口至岔道城，长约三十三公里；第三段由岔道城至张家口，长约一百二十八公里。其中以第二段为最艰难，因为有关沟险段，地形十分复杂，需开凿大量隧道。

在施工中，詹天佑再次展现出他的卓越才能。在关沟段，采用1∶30的大坡度和半径为183米的曲线，在青龙桥站巧妙地设置“之”字形展线，使八达岭隧道的长度由1800米缩短为1091米，不但解决了越岭问题，还节省了工程量并使造价大大降低。在开挖隧道时，他率先采用直井开凿隧道技术，即先在预先设定的隧道走线上开凿直井，到达隧道的设计深度后，再向两侧掘进。这样一眼直井可以增加两个掘进工作面，从而加快工程进度。例如八达岭隧道，由于山势崎斜，石质坚硬，全部为人工开凿，其工程难度可想而知。此前曾有日本人雨宫敬次郎上书袁世凯，建议用机器钻洞，聘请日本机师一二名和钻工数人到中国进行指导。英国人金达耶曾对詹天佑表示过，中国人不能开凿隧道，必用外国人。但詹天佑最终靠中国人自己的力量，全部人工开凿成功。为加快进度，他设计在隧道沿线的山顶部位向下开凿直径为3.05米的竖井，井深33米到达隧道底部时再向两侧分别掘进。又在康庄方向入口处附近上方挖一较小竖井。这样一来，共有6个工作面同时掘进。当从大竖井底部向两侧掘进到180米时，洞内缺氧，于是在洞口安装通风机，以铁管通风至隧道内。当洞内空气仍显不足时，还辅以手拉风箱。隧道完成后，大竖井改建成通风楼，以解决火车通过隧道时的排烟问题。

1909年(宣统元年)9月24日，京张铁路全线通车，10月2日在南口站举行全线通车典礼。到会者约一万人，包括政府官员、各界名流、各国驻京使节和外国工程师。邮传部尚书徐世昌、京张铁路总工程师詹天佑和广东番禺朱君淇等在会上发表演讲。詹天佑在讲话中说：“夫本路当建筑之初，工程浩大，同事各员昼夜辛勤缔造，常患难奇欧美。鄙人默坐而思，亦复战战兢兢，深虑有志未能，莫敢自信。今幸全路告竣，倘非蒙邮传部宪加意筹划督率提挈，同司各员于工程互相考竟，力求进步，曷克臻此。溯铁路创始，起自英人斯特芬森，其时在1825年9月27日举行路工告成通车之日。我国虽进步稍迟，而告成此路，幸得奏功于此日，预决将来无退化也，不亦与斯特芬森先后辉映哉。窃思异日路工经始，预算册表限在四年，目前不至逾期，兼幸诸凡妥洽，款不虚糜，则前此之视兴路不敢自信者，今可告无罪于国人。兹幸各国来宾惠临，报负非凡者谅不乏人，万望于路政一门指教一二，匡其不逮，俾愈得增长学识，幸甚幸甚！”广东朱君淇在演说中回顾了建路之初外国人对此工程的议论、讥讽，而今铁路告成，“詹君可谓能与中国人吐气矣！”他还对中国之未来抱有热烈希望，说：“一夫善射，教成百夫。詹陈诸君既有此工程建筑之美术，他日传其技于四万万同胞，良工云起，我中国之兴，此其嚆矢欤？”

总之京张铁路的成功，在我国铁路史上具有重要意义。1912年（民国元年）9月18日，孙中山从北京乘专列视察京张铁路，在张家口接见铁路工作人员，询问修筑情况并盛赞了中国人靠自己力量修筑的京张铁路。1919年（民国八年）4月24日詹天佑因病在汉口逝世，为了纪念他为中国铁路事业做出的贡献，在青龙桥站竖立了詹天佑铜像，1962年11月1日在青龙桥站建詹天佑纪念馆。

津浦铁路是北京通往沿海地区的又一条南北干线，其修建过程极其复杂、艰苦。1880年刘铭传在疏陈铁路折中，曾经强调：“若未能同时并举，可先修清江至京一路”[①]，后又有曾纪泽于1886年建议修筑北京至镇江的铁路，均未获准。直到1896年再议，打算仿照京汉铁路修筑方式，又受到德国阻挠推迟了二年，直到1898年才与英、德两国协商，向两国借款筑路，条件极为苛刻，引起全国上下不满。几经周折于1908年以韩庄为界，分为南北两段先后兴工，终于在1911年竣工，次年通车，铁路全长931.5公里，自天津到浦口，故称津浦铁路。若从1880年刘铭传建议算起，历时三十一年才建成。

除了上述四条主要铁路干线外，清后期在北京周边还修建了一些支线铁路：1898年，为了运输石渣和煤炭而修建的琉璃河至周口店的支线；1901年，八国联军占领北京时建成的从东便门到通州的支线；1902年，为慈禧、光绪往西陵祭祖之用的由新城县的高碑店到易州之梁各庄的支线，此支线于抗日战争时期被拆除；1904年，建成的从良乡至坨里的支线，此支线于1945年被日本侵略军拆毁；1906年，建成永定门到南苑的轻便军事专线；1908年，建成从西直门经五路到门头沟的运煤铁路。此外，作为京张铁路支线的北京环城铁路也于1915年12月建成，1916年1月1日通车。旧时北京内城城墙外环绕有铁路，这是1914年设

①《清史稿·交通一》第十六册，中华书局，1998，第4428页。

计并开始建设的，从西直门出发，沿内城北、东城墙与护城河之间的荒地，经城北与城东各城门与原北宁路东便门站接轨。建设过程中，拆除所经各城门的瓮城城墙，保留箭楼，整修城墙及护城河，城门处设平交道口，每个城门设立火车站，共有德胜门、安定门、东直门、朝阳门四站。

现代化的交通是工业化的基础，北京地区的铁路建设过程虽然非常艰苦，但在清末终于建成全国的铁路交通枢纽。以后在人们的心目中，铁路已经逐渐融入正常的经济、生活之中，越来越受到人们的重视。随着城市建设的扩展，原来建在市区的火车站和铁轨已经不适应，所以有些铁路设施又逐渐在改变。例如著名的正阳门火车站，一直使用到1959年9月新北京站建成，今天我们还能看到它的建筑，只是铁轨已经拆除了。京汉铁路原来的起点站是原北京西站，也在1958年被拆除。北京的环城铁路今天也已经不存在，甚至城墙、护城河也都变成了二环路。此外，京张铁路和京汉铁路在西便门有一个交叉，所以这里曾经有过北京历史上最早的铁路立交桥。

第二节　邮政及电信业的出现和发展

电报和电话是近代科技发展的产物，邮政事业也有赖于近代新式交通工具和现代管理学的支持。这些来自西方的先进技术，开始出现在中华大地时，几乎是伴随着西方列强对中国的瓜分和掠夺而开始的。当中国的有识之士认识到这些时，便开始谋划自主发展之路，北京的邮电事业也是从这时开始的。

一、邮政

我国设立邮政之前，官方文书由驿站传递，民间信件则由信局转送。北京地区的驿站是从秦代开始的，秦始皇统一中国后，为防北方匈奴而修筑万里长城。与此同时，修建了以渔阳(今北京密云西南)为起点，经上谷、代郡、雁门、天中、上郡直达都城咸阳的宽阔驿道。至隋代，由于北京是大运河的终点，又设有水路驿站。以后各朝，因为北京为北方军事重镇，所以驿道不断维修和完善，尤以唐代最为兴盛，经太原、洛阳达长安的驿道每三十里设一驿站。自辽代开始，北京逐渐成为全国政治中心，当然也是全国的通信枢纽之一。元代大都城内设东、西两驿，一为马站，一为车站，规模都很大。通州还设有水驿和合驿，乘船可直达扬州。明代北京城内置会同馆，有馆夫四百多人，马驴三百多头，房屋七百多间，城外驿站和铺舍近七十余处。清代在皇城附近设皇华驿，有驿员四百多人，驿马六百多匹，马车一百五十多辆。

尽管北京古代驿路十分发达，但只负责官文书的传递，不送民间信件。当社会进一步发展，特别是出现资本主义萌芽时，递送民间书信的组织就应运而生了。这样的组织称为民信局。乾隆时在前门外打磨厂一带先后出现了广泰、福兴、协兴昌、胡万昌四家民信局，1840 年后逐步扩大，增至十多家。这些民间机构不但经营信件递送，而且还包括包裹、汇兑、报纸发行和现金运送等业务。这毫无疑问是以商品经济的发展和交通工具的进步为前提的。不过这些民信局并非现代意义上的邮政通信组织，当真正的邮政体系建立起来之后，这些民信局就被逐渐淘汰了。

清代驿站传递一般日行二百四十里，紧急文书最快不过日行五六百里，而民间书信的递送速度就更慢，而且多有丢失。因此现代邮政的兴起是必然的。事实上，鸦片战争之后各帝国主义国家为自己之需要，纷纷自设邮局，从此，在中国大地上出现了这种新的邮递方式。咸丰十年(1860)英法联军侵占北京之后，胁迫清廷签订《北京条约》，各国先后在北京设立公使馆。各国公使的信件，初由总理各国事务衙门交驿代寄，后改为总税务司管理传递。光绪二年(1876)总税务司英国人赫德奏请中国创设邮政，获准后于光绪四年(1878)开始在北京、天津、烟台、牛庄设送信官局，由赫德主管。后来又在九江、镇江等地设局开办邮政，并于当年开始发行邮票和收寄普通大众的邮件。所有这些，直到光绪十六年(1890)都是在通商口岸举办的。在此期间，各国也设立邮局，除北京外，主要分布于沿海口岸城市，例如上海、天津、广州、烟台、宁波等，另外还有沿长江的内地大城市如武汉、重庆等地。各国所设邮局数量不等，以日本最多，为 16 处，其次是德国、法国，各 14 处，英国 9 处，俄国 5 处，美国 1 处。此时一些有识之士开始认识到此问题之严重性，纷纷奏请设立国家邮政局。张之洞于光绪二十一年(1895)疏请举办邮政“泰西各国视邮政重同铁路，特设邮政大臣综理。取资甚微，获利极巨。即以英国而论，一岁所收之费，当中银三四千万两。各国通行，莫不视为巨帑。且权操于上，有所同意，利商利民，而即以利国。近来英、法、美、德、日先后在上海设立彼国邮局，其余各口岸亦于领事属内兼设邮局，侵我大权，攘我大利，实背万国通例。……务令各国将所设信局全撤，并与各国联会，彼此传递文函，互相联络。如果认真举行，各获在华所设信局必肯裁撤。此各国通行之办法，有利无弊，诚理财之大端，便民之要政也"[1]。光绪二十三年(1897)正月十九日正式开办邮政，北京邮政总局有办事员两名，局地址在东交民巷台基厂附近的一座庙内。另在隆福寺内、广济寺内、骡马市庙内和哈德门外蒜市口附近设分局 4 处。以后又设立多处支局，到宣统三年(1911)，北京邮政支局共 19 处，其中内城 9 处，外城 6 处，近郊区 4 处(当时称附京支局)。开办之初，业务量小，仅一间办公室和两名工作人员。到 1901 年由于邮件数逐渐增多，工作人员增加到 104 人，办公室也扩大，到 1907 年已设信柜 26 处，信筒 123 处，代售邮票 68 处。1918 年始置邮运汽车一辆，专为运送包裹之用。1920 年 5 月，第一次航空邮运成功。

北京邮政事业发展的过程，正是中国逐渐沦为半封建半殖民地的时候。发展现代邮政，一方面受到国内保守势力的阻挠，同时还有各帝国主义列强对我国的掠夺。从咸丰八年(1858)开始，有俄、英、德、意、法、美、日等国家在北京设立邮局，当时称之为客邮局，他们是 1858 年沙俄通过《天津条约》享有自恰克图至北京自行派遣信差运送邮件的特权。1860 年《北京条约》签订之后，俄驻华机构在北京设立邮政代办所，收寄其官方和商民信件，另外还建立了民信行，开辟从俄边境到北京的邮路。1870 年俄邮政当局接受了俄商开办的民信行，正式开办北京客邮局。1900 年八国联军侵入北京，意大利在北京设立使馆卫戍军邮局，次年正式成立军邮局。1901 年日本设立邮便局，并在日本驻华公使馆附近和通州建有两个出张所。1914 年 4 月直隶邮务管理局调查，日本在京设有邮局 1 处，代办邮票所 4 处，信箱 6 具；英国设有邮局 1 处，信箱 1 具；德国设有邮局 1 处，信箱 1 具；法国设有邮局 1 处；俄国设有邮局 1 处，信箱 1 具。这些客邮局到 1917 年以后逐渐撤销。先是 1917 年第一次世界大战期间，北京政府对德宣战，废除德国客邮局，1918 年意大利、奥地利在北京的客邮局撤销。1920 年 9 月 22 日北京政府下令裁撤俄在北京的客邮局，但俄只是局部服从，10 月交通部会同

---

[1]《清史稿·交通四》第十六册，中华书局，1998，第 4476—4477 页。

内务部京师警察厅准备强行裁撤，但因在东交民巷在使馆区内，难以执行。交通部再会同外交部和外交使团多次交涉，到 1921 年 3 月才最终撤销。1921 年 11 月 25 日，华盛顿会议后，美、英、法三国客邮局在 1922 年撤销，1923 年 1 月 10 日，在中国及美、英、法的坚决反对下，日本撤销在北京设立的客邮局。

清代末期的邮政事业在艰难中发展，也为我国邮政事业打下了基础，大清邮政时期经办的业务主要有：明信片、信函、新闻纸、印刷物、贸易契、书籍、货样、包裹、汇兑、快递、代货主收价、保险邮件等业务。还按照邮政总联盟的规定，与一些国家签订了双边协议开办国际业务。为了培养邮政人才，在北京开办了邮政学堂，并委托驻国外使节代购东西方各国有关邮政方面的书籍，建立图书馆。有派遣留学生赴奥地利学习邮政储金，使业务种类不断向国际邮政总联盟靠拢。

二、电报

北京近代的电信是从电报业开始的，其时为清同治年间。在此之前，从咸丰十一年(1872)后虽有俄、法等国使臣多次企图在北京架线通信，但均未获准。当时的保守势力以立杆架线会破坏风水为由，竭力阻止。同治十年和十二年，丹麦大北和英国大东两家电报公司的海底电缆先后在上海登陆，并在租界设局对外国使团和侨商开放国际和国内少数口岸的电报业务。此时北京清政府的总理各国事务衙门以海运、驿站、邮递方式，经沪接转与中国驻外使节互通国际官电，这是北京使用电报的开始。

光绪七年(1881)出于御敌之需，清政府建成津、沪电报干线。沿途设有天津、德州、济宁、清江、镇江、江苏和上海 7 个电报局，并在济宁设置电报帮电机。干线全长一千七百多公里。光绪九年(1883)中法战争爆发前夕，驻英、俄、法大使曾纪泽深感与京师通信联系的迫切性，建议把津沪线向北京延伸，才把电报线路延至通州。但仍感不便，再于第二年架设从通州到东便门的全长 27 里的线路，然后从东便门沿护城河底用水下电缆进城，最后改用红漆木杆架设铜线(此举纯粹为应付保守势力)。线路一端引入崇文门泡子河吕公堂，设专收官电的官电局，另一端引入外城的喜鹊胡同，设收发商民电报兼收官报的商电局。从此开办了沿线城市的国内电报和有沪外商水线经转的国际电报业务。这是北京自办直通电报的开始。

光绪十三年(1887),开始大规模建设电信网,当年架设北京到张家口的电线215公里,1889年张家口至恰克图(今属蒙古人民共和国)电线1200公里架设成功,并重造北京经天津至大沽的线路,还先后建成保定经太原、西安至嘉峪关的线路以及通州经古北口到承德府的线路。光绪十九年(1893)六月,将嘉峪关电线延伸到迪化(今乌鲁木齐),加上同时建成的京郑汉、沪浙闽粤、津山营旅及奉旅等线路,当时全国共有架空电报明线八十多条,总长达四万多华里。以北京为中心的电报通信网络基本建成。

初期的公众电报报文交换方式是:去报人工编码、人工拍发,来报人工听抄、人工译电。这些工作都是由电报局的专业人员来完成的。除了电报的发、收、转环节外,还包括去报文稿到营业窗口的交发和来报的缮封、投递到户等环节。到光绪二十四年(1898),官电业务增多,北京电报总局在各大部设立专门收发官电的报房14处,各省也相应建立官电局。同时还建立健全了保密制度,初步形成了能够保证政府机要通信的电报网和管理体制。后来业务进一步扩大,北京至津沪汉郑和太原等地的繁忙线路于光绪三十二年(1906)开始使用三柱人工凿孔、纸条发报的韦斯登快机工作。到1912年北洋政府时期,因战乱频仍,陆线常受阻,所以主要靠长波无线通信,1933年后平沈繁忙线路改用键盘凿孔、纸条发报的克利特快机工作。

三、电话

北京近代电话的出现始于光绪二十七年(1901),当时丹麦商人璞尔生趁八国联军侵入北京之机,在京津之间架设电话线路,将天津租界电话延伸至北京,在东城船板胡同设"电铃公司",在西城建立电话分局,擅自在城内和东交民巷使馆区架设电话线。其服务范围主要是东交民巷使馆区和个别衙署,采用百门级磁石交换机组成的只有用户线的单局制网。市内电话和长途电话一律采用人工立接制(接续期间主叫用户持机等待)、同台接续和月租制计费。1902年1月,慈禧太后和光绪皇帝回到北京,常驻于颐和园。璞尔生承包架设第一条清宫专用的从北京城内的外务部至西郊万寿山的电话线路,到1902年10月26日竣工,成为慈禧太后指挥外务部及清廷军队的专用电话。

光绪二十九年(1904)十一月,由北京电报局兼办的第一个官办电话局开通,这是我国自己办电话之开始，开局时为 100 门磁石交换机，主要开通各部衙署以及朝廷大臣、亲王权贵的住宅电话，这是当年督办电政大臣袁世凯根据北京电报局总办黄开文的建议呈准试办的，并邀请日本技术人员设计，分别向美国、日本筹购机器和材料。电话局位于东单二条，聘请两名日本技术人员协助工作。开始时市内电话只有一个电话局，用户只需以用户线与电话局相连构成只有用户线的单局制网。用户线只能供一个用户使用，利用率很低，而且不能太长。光绪三十年(1904)六月设总机于帅府园姜桂题军统营，光绪皇帝曾传旨从皇宫到电灯公所安设“德律风”(即电话)，但因慈禧太后不准而未能安装。光绪三十年七月以后，相继建成电话一分局、二分局、电话总局，局间中继线两两相连组成多局制电话网。中继线可以分时供多对用户通话，提高了效率。当时的线路主要是木杆、木担、双导线的明线，仅在某些特殊场合使用 25 对至 50 对的小容量架空电缆。架空明线一般是线径 1.6 毫米铜线获 1.5 毫米铁线，杆高近 10 米。以后相继成立 5 个磁石人工局，又于 1905 年以 5 万两白银买断电铃公司及京津间长途电话线路，从此京津两地室内及长途电话全部由中国自行经营。又新建京津、京保长途电话线，用户扩大到商号和民用用户。

光绪三十一年(1905)，北京创立“京师华商电灯公司”，为安装千门级共电式人工交换机提供了供电条件。宣统二年(1910)二月，紫禁城内安装 10 门用户交换机，在后宫的建福宫、储秀宫和长春宫设专线电话 6 部。宣统三年(1911)，北京电话用户超过两千户，立接制小容量磁石交换机互联网的扩容受到很大限制，遂实行并局改制，外购共电式人工交换机，在北京内外城各建一个 1500 门共电制大局，与西苑、南苑两个磁石小局形成人工互联网。长途电话用磁石人工长途台分台接续，并改为先行挂号、挂机等待回叫的人工迟接制和按时间距离收费的计次制。

总的看来，清后期电信事业的出现给北京地区以后的发展打下了基础，但是发展比较缓慢，它是在与保守势力的斗争中艰难前进的。初期多数阻力来自迷信和愚昧，例如光绪三十年七月，在崇文门外打磨厂电报分局后院安装磁石式人工交换机，设电话一分局，后因局址偏东，架设线路有碍皇帝“跸路”的“风水”，将局址迁至李铁拐斜街，并入南分局。光绪三十年六月，光绪皇帝虽然已经下令将电话接入皇宫，只是因为慈禧太后不准在皇宫安装而未能实施，这自然也是出于风水方面的考虑。所有这些都是造成现代科学技术发展缓慢的原因，只有推翻了皇帝的封建统治、结束了闭关锁国政策时，才能较好地发展现代的科学技术。

第三节　电力和自来水

一、电力

北京是中国用电较早的城市之一，始于光绪十四年(1888)，但是仅仅是用于宫廷内部的皇室照明用电。当时重修西苑（今中南海）三海工程即将完成，李鸿章为了减小洋务运动的阻力，特建议在禁苑安装铁轨和电灯等西洋设施。此举虽然规模不可能太大，但影响是大的，因为在封建社会皇宫首先使用西洋设施，对在全国推广就可减少许多阻力。第一个发电厂设在西苑，规模很小，只有20马力。1890年正式发电照明，命名为“西苑电灯公所”。与此同时，又在颐和园东宫门外建设发电厂，专供颐和园的照明，称为“颐和园电灯公所”。当时的设备全部由德国进口。

光绪二十九年(1903)，德国商人在东交民巷安装三台80马力的卧式煤气引擎发动机，成立“电灯公司”，向东交民巷的外国使馆供电。光绪三十一年，清政府官吏筹集资本创办京师华商店等股份有限公司，并于当年在北京建设前门西城根电厂，这是北京的第一座公用发电厂。次年，两台150千瓦交流发电机组竣工发电，并开始对外供电营业。这是北京地区公用电力事业的开始，也为以后的电力建设打下了基础。到1912年，前门西城根电厂已经三次扩建，装机七台，总容量已达3035千瓦，其中两台1000千瓦机组为华北地区首次出现的低压汽轮发电机组①。

二、自来水

北京地区本乏水源，尤其供市民饮用的水井多为苦水，这一方面是城市污染所致，另一方面也与水质本身有关。只有京西玉泉山的水质较好，是专供清宫廷饮用的水源。城内各街巷遍布水井，光绪十一年(1885)北京内外城十二个地区

---

①《北京志·电力工业志》，北京出版社，2001，第9页。

共有水井1245眼(不包括私人庭院中的水井),因此至今还有许多胡同名称与井有关。但多数是苦咸水。皇宫御茶房设专用水车每天从玉泉山取水供皇宫使用。自来水的出现比较晚,光绪三十四年,农工商部大臣溥颋、熙彦、杨士琦向慈禧太后和光绪皇帝奏本陈述:"京师自来水一事,于卫生、消防关系最要……为京师地方切要之途,亟宜设示筹办。"十天之内即获批准,并立即着手筹建京师自来水股份有限公司。采用招商集股的办法,集资30万股,洋银300万元。工程由德商天津瑞记洋行总承包,该行聘请德国、丹麦工程师负责设计、施工,由沧州同义成施工队承担土建及管道工程。经22个月,于宣统二年(1910)建成。当时的水源取自孙河(今温榆河),在孙河建取、净水厂,在东直门建配水厂以及部分配水管道,正式向京城供水。从取、净水厂到东直门距离比较远,先于孙河至取水厂建造宽1400毫米、高2460毫米的取水方涵,全长160米。再铺从净水厂经由北阎、赵家店、东坝河到配水厂的直径400毫米的输水干管14公里。设计该厂日供水能力为3300立方米,日供水量1613立方米。当时的净水工艺简单,只是将孙河水抽取到沉淀池,然后经若干小时的自然沉淀,再经砂滤池过滤后送入东直门配水厂。由于水质净化设施简陋,水处理工艺不完备,致使水的浊度偏高,细菌、大肠杆菌等超标也时有发生。但这毕竟是北京市用自来水的开始。

开始向市民供水时,实行"放水奉赠,不取分文"的政策,北京开始有部分居民饮用自来水。但是,有人怀疑自来水是"洋胰子水",再加上安装费用昂贵,因此极少有用户安装水管进家,绝大多数居民都是在街上放水龙头取水,然后挑回家中饮用。所以用水人口仅三千人。

在管理制度方面,从一开始就有考虑。宣统元年,为了保护水源地,农工商部上奏皇帝,请求将孙河上游的两条河流即沙河和清河两岸加以保护:由步军统领衙门及顺天府责成统管地面官,严谕居民认真防护堤岸,培植树木,以养水源,并严禁侵害作践及倾倒污秽。同年该公司在"用人办事章程"中还规定专人每天化验水质,不过并未认真执行,所以初期水质并不好。后来由于孙河水水量不大,加上城市发展和人口增加,到1942年行将枯竭,所以北京自来水开始以地下水为主要水源。

第四节　西方建筑的出现

中国传统建筑自成体系，其主要特征是：1. 建筑结构以木材为主，不善于使用石材，这是与西方建筑在结构方面最大的区别。2. 既然以木材为主，由于木材的特性，就决定了我们的"梁柱式建筑"的基本构架。即先立柱四根，在上面加上称之为梁、枋的横木，前后为枋，左右为梁，这样就形成了一"间"。3. 以斗拱为结构之关键。斗拱不仅仅为美观，更重要的是力学方面的作用。它以伸出之拱承受上部结构之载荷，转移至下部立柱，所以是大型建筑所必需。4. 在外形轮廓上有独特的造型，例如大屋顶、台基、院落组织等。大屋顶形成的各种曲线，壮丽而柔和，还可以达到保护下面台基的作用。台基的高度是随等级的高低而不同的，也有严格规定。由一个个单体建筑合围而成的院落，具有轴对称的特点，而且对称轴在北京多为南北方向。5. 严格的等级制度。中国传统建筑的规模、式样，是纳入礼制规范的，因此有严格的等级制度，平民如果建造了与自己身份不相称的居所，就如同触犯法律一样要受到惩罚的。6. 木构架的装饰彩绘也是一大特色。西方用石料建造建筑的基础结构，石料自身的颜色和纹理即可作为装饰，而木材与石材相比更怕风雨侵蚀，因此表面的髹漆彩绘就不仅是为了美观，更重要的是为了防腐。当然，色彩和纹样也是有严格的规定的。明清北京城的建筑几乎包括了中国所有的传统建筑式样：皇宫、王府、平民住宅、祭坛、寺庙、园林、商铺等等，形成了以紫禁城为中心、周围有大量的以四合院为基本布局的王府和民宅，在成片的四合院之间形成了大小街道和胡同，这是旧北京城的基本格局。外来建筑虽然早在元代就有，如尼泊尔式的白塔，但并不多见。自清代初期西方建筑开始进入北京城，清初的康乾盛世国力充足，主动引进西方的建筑式样和营造技术，如著名的圆明园的各种建筑大多是中西结合的，但当时的西式建筑并不多。清晚期随着帝国主义列强的强行进入，北京也出现了许多欧洲建筑，包括外国使领馆、教堂、学校、医院等，以至于影响到平民的住宅，在四合院中也开始融入某些西方建筑元素，例如四合院的大门，就在广亮、金柱、蛮子、如意门的基础上又增加了一种西洋门。之所以形成这样的局面，主要是当时学习西洋之风大盛，某些国人鄙夷国粹，以西洋为时尚，甚至在房间内的陈设上也是如此。

《红楼梦》中刘姥姥进大观园遇到的自鸣钟就是例子，这架自鸣钟当时售银 560 两，可见只有达官贵人才使用得起，也说明西洋货在中国社会上层的影响。然而当时的西式建筑，仅仅是学习了一些表面的形式，并没有多少精品。在北京的西式建筑中，最为突出的是各类教会为了传教而建设的教堂。除了教堂之外，许多民国初期成立的教会学校（包括大学和中学）以及医院，也都属于西式建筑，如协和医学院，既是医院，也是大学。不过清末最先进入北京的西式建筑还是各国的使馆，这些西洋楼群在紫禁城边拔地而起，它打破了北京城千篇一律四合院的格局，是帝国主义列强入侵中国的产物，也是中国走向半封建半殖民地的信号，它标志着北京已经不再单纯是封建王朝的京师。

一、清早期引进的西式建筑——圆明园的西洋楼

将西洋古典园林引入中国，始于乾隆时期在长春园仿建的一组西洋楼群。通过当时供职于清廷的传教士郎世宁与蒋友仁等，欧洲的建筑艺术被介绍到中国。这些西洋楼群的建筑在艺术造型和装饰上十分丰富，包括希腊罗马古典柱式、法国柱式和当时流行于欧洲的巴洛克和洛可可样式。其中包括：谐奇趣、花园、养雀笼、五竹亭、方外观、海晏堂、观水法、大水法、远瀛观、西牌楼、线法山、东牌楼、方河、线法墙等，历时十四年完工。这是皇家园林中大规模采用西方建筑形式和技术的例子，在一大片中式园林建筑中点缀一些西式建筑是皇帝的兴趣所在，参与设计和施工的传教士中大多数是画家，因此从建筑物的外貌看，吸收了大量的欧洲建筑元素，同时也是中西相结合的。在西洋楼群中使用西方物理学知识建造的是西洋水法，传教士蒋友仁负责此项工程，他是法国籍耶稣会士，青年时受过良好的科学教育。利用流体力学原理设计的喷泉，在欧洲是希腊罗马时的技术，中国古代也有非常出色的水利工程，但用在造园方面的并没有，所以当乾隆在西洋画册上见到喷泉时，感到新奇，于是经郎世宁推荐，由刚来华的蒋友仁负责此项工作。

长春园最先建成的西洋楼是谐奇趣，在其南面弧形石阶前及北面双跑石阶前设有喷泉和水池，喷泉是铜鹅和铜鸭造型，并在西洋楼的西北处建有蓄水楼。以后又建造了海晏堂、远瀛观、大水法的西式水法机械装置。其中海晏堂的水利装置是一座“水钟”，由十二只动物组成，这十二只动物就是中国传统的十二生

肖，用来与十二个时辰相配。每只动物按照时辰每天喷水两小时，喷出的水流呈抛物线落入池中央。海晏堂内安装有戏法水利机械，楼的东西两侧为水车房，两水车房之间建有蓄水池，因蓄水池壁由锡板包装以防漏水，故称锡海，水车房中的龙尾车将水提升到蓄水池，再经铜管引向喷泉。这在当时是比较先进的技术，建造过程中的困难相当多，蒋友仁为此也付出了艰苦的努力，过度劳累影响了他的健康，于 1774 年因患中风病故。他在中国工作了三十年，在其他方面也有所贡献。

圆明园的西洋楼不过是作为中国皇帝宫廷生活的一种点缀而已，在中国士大夫眼里，这些西洋建筑和西洋钟表一样，无非是一些新奇的技艺。我们对于欧洲人的生活一无所知，所以当有人给康熙皇帝介绍欧洲建筑时，他还以为欧洲一定是一个极其贫穷的小国家，所以百姓才不得不居住在空中。当时中国皇帝的心态完全是居高临下的，对于具体的建筑技术并不关心，在清廷中供职的传教士们也是为皇帝服务的臣民。

二、东交民巷的使馆区

明清两代在东交民巷设有中央政府的办公衙署，逐渐形成了中国和各国以及国内各民族交往频繁的地区。咸丰十年(1860)，英法联军攻入北京，胁迫清政府签订了《北京条约》，规定英法等国遣使来京，设馆常驻。两国分别在东交民巷一带选定两座府第，经整修后进驻，这是帝国主义列强在中国首都建立常驻机构的先例。此后十二年间，俄国、德国、美国、意大利、比利时、西班牙、荷兰、奥国、日本等九国，先后在东交民巷租房建立使馆，形成了最初的使馆区。光绪二十六年(1900)，八国联军侵占北京，第二年又强迫清政府签订了《辛丑条约》，规定各国派兵进驻使馆，在各国使馆内自行防守，中国人不得在界内居住。这个条约还具体划定了使馆区的界限，东起崇文门大街，西至宗人府、户部、礼部，南至城墙，北至东长安街以北 80 米，面积达到原有使馆占地面积的二十倍。各国使馆开始按照西洋模式设计建造使馆和兵营，剩下的地面租给外国商人。到民国初年，各国所建银行、洋行、邮局、饭店、医院等已有九十多家。

使馆区的建筑不同于清初圆明园的西洋楼，西洋楼是外国传教士为了满足中国皇帝的喜好而设计的西式建筑，其中尽可能考虑的是如何结合中国传统模式，并且引进皇帝喜欢的西洋建筑元素。而东交民巷使馆区建筑的功能不同于西洋楼，它是纯粹为了西方人自己使用的，所以是以西式建筑风格、建筑艺术和建筑模式修建的。即使从中可以找到一些中国的元素，也仅仅是装饰而已。

三、西式教堂及相关建筑

清末北京内城的天主教教堂主要有位于西什库的天主教北堂、顺治门内的天主教南堂、西直门内的西堂和东华门外的东堂。其中北堂始建于康熙年间，地址在西苑中海蚕池口，康熙四十二年(1703)建成。以后的一百多年间，由于东西方文化差异引起的矛盾，发展到了教皇与中国皇帝的冲突，北堂于道光七年(1827)被收入官。咸丰十年(1860)英法联军攻入北京，根据《北京条约》规定，清政府归还北堂，重新修建。到光绪十三年(1887)迁到今天的西什库新址。南堂建于明万历二十九年(1601)，最初为利玛窦的寓所。清初汤若望在此居住、传教，由于汤若望受到清廷的重用，顺治七年(1650)又赐给汤若望空地修建新教堂，1652 年，一座高 20 米的巴洛克式教堂伫立在宣武门内。西直门天主堂始建于雍正元年(1723)，为意大利式建筑风格。东堂原是意大利传教士利类思和葡萄牙传教士安文思的住所，是顺治二年(1655)赐给两位传教士的宅院，汤若望的晚年也住在这里。后来几经变乱，多次损毁、重修，今日所见的东堂是 1905 年重建的，为罗马式建筑。天主堂在北京的命运是随着形势的发展而变化的，开始时由于皇帝的爱好，传教士受到很好的礼遇，因此教堂发展迅速，传教活动也顺利。后来随着教皇与中国皇帝间矛盾的激化，教堂或被没收或被损毁，传教活动也因受到阻碍或制约而不再顺利。鸦片战争以后，教堂又开始迅速发展，但这是一系列不平等条约签订的后果。

这些教堂在建筑风格上具有明显的欧洲特征，而且包括了欧洲不同时期、不同地域的多种风格，使得北京城在建筑物造型上丰富多彩，打破了原有的单一的传统模式。同时在建筑技术以及使用的建筑材料也与传统中国建筑不同，丰富了北京地区的建筑类型。不过由于这些西洋建筑是在中国首都北京建造的，所以不可避免地融入某些中国元素。例如西什库天主堂在建造初期，由于康熙皇帝对西方文化的喜好，曾亲笔为教堂题写匾额，并题写楹联。匾额和楹联虽是中国建筑固有的装饰元素，但在纯西洋建筑上使用，也能起到很好的效果。东堂大门和内部供奉圣像处均有中式对联，今天的人们到了王府井还可以很容易地见到东堂正门处的一幅对联，上联：庇民大德包中外，下联：尚父宏勋冠古今，横批：惠我东方。可以想象，撰写这幅对联的人，一定是既有中国传统国学功底又对天主教教义非常了解。一幅纯粹中国式的对联镶嵌在欧洲古典风格的建筑物上，居然结合得如此巧妙、和谐，可见设计者是下了很大功夫的。

教会建筑的设计者，为了更接近中国人以便于更顺利地传教，在设计建筑时尽可能地贴近中国传统，这一“中国化”的指导思想一直影响到民国初年的建筑设计。如协和医学院，这是一座中西合璧的建筑，结构采用西方的技术，内部空间的布局足以满足当时先进的医学设备的需求，而外表却是使用中国传统建筑元素，使得这座新建筑与周围的原有建筑融为一体，以便更能够为中国人所接受。设计者非常认真地捕捉中国古典宫殿的外部特征，单体建筑最高为三层，用汉白玉栏杆连接起来形成一个三合院的布局，砖混结构，磨砖对缝的墙面，七开间的重檐庑殿式屋顶，屋顶的优美曲线以及瓦饰都是仿故宫太和殿的。入口处的门廊采用了卷棚式歇山顶抱厦的处理方法，大红色的圆柱顶端配以模仿得惟妙惟肖的雀替，彩绘也是中国传统式样。但是在屋顶的处理上略显不足，为了在多层建筑上表现重檐的效果，设计者在两层之间架了一圈类似雨棚的小屋檐，这样一来两层屋檐的距离比中国传统重檐的层距大了许多，显得很不协调。另外在墙壁与屋顶的交界处上的处理也不够理想，设计者没有使用斗拱，而是加大圈梁的尺寸以造成额枋的式样，并在圈梁上加以彩绘，然后再从额枋上单挑出斜梁。墙身和开窗方式为西式，台基和屋顶为中式，二者结合得比较勉强。尽管如此，这座建筑高标准的选料和精细的施工，为北京城增添了一道美丽的风景。设计者毕竟是西方人，他尽管在建筑物外表上模仿中国宫殿，但在不经意中也流露出西方文化的传统因素。另一个突出的例子是位于大门内的圆形平台的设计，这个由多圈扇形石板组成的圆形平台很像天坛内圜丘，只是尺寸小了许多，而且只有一层。但我们仔细比较两个圆形平台时会发现它们的差别，即扇形石板的数目，圜丘各圈石板数均为九的倍数，而协和医学院的却是七的倍数。从数学角度看，把一个园等分为七分是困难的，而正七边形或七角星又是非常漂亮，所以西方人以能把园七等分为能事，而在中国，数字九是最大的阳数，由此可见对于“数”的理解，东西方之间的差异有多大。北京的另一所教会学校辅仁大学，它的外形也是努力模仿中国宫殿的建筑。辅仁大学原为庆王府旧址，靠近故宫，占地面积不大，在设计上参考了中国建筑中的城墙、城门和城楼，所以设计成了一座中国皇宫式的封闭城堡。而内部空间是仿西方修道院的形制，四面合围并以中间的楼房分割成两个小庭院，东西南北四角各矗起一座角楼的造型，墙体厚重，檐口也设计成箭垛形状。屋顶为重檐歇山顶，在正门入口处是汉白玉拱门，门的上面挑出阳台并配以中国式样的栏杆，木制红漆大门用铜钉装饰。该建筑使用了斗拱，但是用于装饰并非出于力学的考虑，其实这种使用方法在中国早已有了，北京先农坛的斋宫就是用琉璃做成的斗拱进行装饰的。

北京地区还有许多由教会开办的学校，这些学校或利用原有建筑或新建，给北京城市景观增添了许多新奇的看点。同时，受西方思想、文化的影响，北京人的住宅也开始融入了一些西洋风格，今天还可以见到某些遗迹，可见影响是巨大的。古代中国在建筑工程方面的成就是伟大的，但是由于传统文化的原因，真正的建筑技术研究并没有受到应有的重视，因为社会上层人物是不屑于此的，那是"匠人"的事情。相反的是，在建筑领域更重视的是和封建礼制相关的规定，于是，便有了宋代的《营造法式》和清代的《工程做法则例》。这是国家标准，无论建造什么房屋，只需查标准即可，工匠们可以施展其才华的仅仅是在装饰等方面，房间的尺度和结构是绝对不能改变的。而西方则不同，他们对建筑物的结构和外表造型的关注更多，所以出现了不同时期的多种建筑风格，有些王公贵族甚至也参与其中。不同的文化背景，造就了迥然不同的建筑风格，而这样不同的风格终于在清代结合在一起了。

总之，清代后期北京的工程技术有了相当可观的进步，这主要是西风东渐的结果。各类现代技术不断的采用，并逐渐融入人民的生活之中，这无疑是一种进步。但这种进步的取得是艰难而且曲折的，从中可以看到两种不同的文化碰撞和交流的过程。其开始时是在完全平等的情况下进行的，后来随着国力差距的逐渐明显，这种交流对于中国来说，几乎是被迫的，当然这也加快了北京向现代化前进的步伐。

结束语

科学技术史本来是以自然科学中各门学科的历史为起点的，但对于各个科学分支的历史研究尚不足以形成一门独立的学科，只是在科学通史诞生的时候，以科学史命名的独立学科才真正形成。而科学史与地方学的结合，便产生了专门研究某个特定地理区域之内的科学技术历史的课题了。从总体上看，科学技术史是自然科学与人文科学两大领域的学者携手的产物。

为什么会出现科学史这一学科？这是由于自然科学自身发展之需。也就是说，各门学科的学者在进行科学研究的时候，它必须了解本学科的历史，所以最早的科学史研究者就是这样一批自然科学家。这也是进行科学研究必经的过程，每一项研究总是在前人已经取得的成果的基础上，继续有所发展的。同时，总结前辈的经验和教训，也有助于后续研究工作的顺利进行。同样的，从人文科学角度看，科学史的研究成果，对于任何一个国家来说，在社会、经济、文化等方面都会起到越来越重要的指导和借鉴作用。因此对于科学史的专门研究才受到更多的重视。另外，人类开始学术研究之初，本来是没有自然科学和人文科学之分的，只是随着研究的不断深入，才开始有了学科的划分，并且划分得越来越细。其实不论是人文科学或自然科学，其研究方法应该是有共同之处的，因此将人文科学和自然科学结合是必然的趋势。这一趋势将促成一些科学共同体的形成，人类认识客观世界和主观世界的深度和广度也必将以更快的速度前进。

把自然科学和技术放在社会结构中去研究，也就是说从社会学的角度去研究历史上的科学技术，是自然科学家和人文科学家的共同成果。这个研究领域的出现也有其必然性，因为科学技术的发展，是与社会的结构密不可分的。马克思曾在《资本论》一书中以蒸汽机为例，说明科学技术对于社会的影响。由于蒸汽机（一项新的科学技术成果）的发明，出现了许多"小屋工厂"，这些小屋工厂仍然分属于各小业主。业主的蒸汽机所提供的动力，可以连续供应几个纺纱机或织布机小屋。但是后来在小屋工厂和真正工厂之间的斗争持续了十二年之后，三百家小屋工厂完全破产了。这个例子说明了科学技术（蒸汽机）的作用是怎样在经济（资本）的运行中实现，而技术又怎样导致新的社会结构（工厂制度）的形成。

当然，社会制度也会影响科学技术的发展。但是总体上的趋势是科学技术在不断向前发展，尽管进步的速度时缓时快。每一项新的科技成果都会在一定程度上促进社会变革和从更深层次上影响着人们的思想，这说明科学技术是推动各种变革的强大因素，它不但改变了世界，也改变了人类自身。

北京的科学技术发展史，离不开中国文化的大背景，特别是在成为多民族统一国家的首都之后，北京的科技水平基本上可以代表当时中国的科学技术状况。华夏文明是世界上四大文明发祥地之一，而且是唯一流传至今没有间断的文明。由于受到地理环境的限制，也由于在本区域内和邻近地区相比始终保持着领先的地位，因此形成了与西方文明迥异的发展轨迹。就华夏文明内部而言，北京地区尽管早在七十万年前就有人类的祖先活动，但由于地处北部边缘，所以自有文字记载以来，和中原腹地相比，在科技方面是发展较慢的。从辽代开始，北京逐步成为多民族统一封建帝国的首都，成为全国的文化、政治中心，这里汇集了全国各地区、各民族的优秀学者，因而在科学技术的许多领域是国内领先的。

在中国科学技术发展史中，有一个始终为人们关注的问题，那就是为什么古代在相当长的一段时间内处于世界先进之列的中国科技，到了近代反而落后了呢？我们知道，这个变化开始于欧洲近代科学诞生之时，但当时的中国并没有发生这样波澜壮阔的科学革命，于是欧洲的科学技术得到了迅速的发展，而我们还是按照原有的模式缓慢前行，结果是我们落后了。其中的原因是多方面的，这与中国古代知识分子对于自然的认识、认识方法和价值观念有密切关系，当然这些都是在中国传统文化大背景的影响之下形成的。就北京地区而言，科学技术除了受这些因素的影响之外，还由于京师的地位，会最先受到中央政府政策的影响,具体地说就是最高统治者皇帝的影响。在封建社会里,皇帝是至高无上的,他的思想倾向能够左右全国,因此北京受其影响就更直接、更大。

首先,从对自然的认识进行分析。用古希腊作一对比可以发现,我国古代科学思想大约与古希腊是产生于同一时期的,即春秋战国时期。但是从一开始两个地区的科学家探索自然的出发点就不同,春秋战国时期,产生于百家争鸣中的早期科学思想,主要是从人在生产、生活中与大自然的关系出发去认识自然的。而古希腊的学者则不同,他们从一开始就把研究的重点放在了探索宇宙本体和万物之源的自然哲学上。在我国"自然"一词始见于先秦时期的道家,不过那时这个词的提出是与"人为"相对的,道家主张"自然无为",代表着这一派学者的人生态度和世界观。真正将"自然"理解为英文 nature 大约是在宋元时期,此时的学者开始探索"自然之理"了,也就是说把自然运行的概念与"规律"这个概念联系起来,开始将自然作为客体来考察、研究。正如大家都知道的,宋元时期我国的科学技术发展是比较快的,也取得了一批世界公认的优秀成果和科学家。

春秋战国共经历五百多年,在欧洲历史上正是由古希腊城邦国家形成到罗马人入侵希腊的时期。这一时期两地的科学技术发展速度大体上是差不多的,但是科学思想,即推测大自然的法则与出发点却大不相同。我们的学者更关心与生产生活相关的学问,从而形成了一种积极进取的求实、务实的传统。而古希腊的亚里士多德学派曾被称为是"逍遥学派",该派学者据说经常是在林荫或河畔边散步边讨论学问的。这大概和当时古希腊奴隶社会正处在繁荣时期不无关系。而同时代的中国学者却处在社会变革时期,百家争鸣所探讨的也大多是社会何去何从的问题。因此那时的科学思想基本上是与社会变革的方向相适应的,学者们既能考虑如何把从自然界探求到的知识运用于生产生活实际,又能将对于生产和自然的研究与社会改革的理想相结合。正因为如此,《考工记》把工、农的作用列于"国有六职"之中。不过遗憾的是,当时形成的以《考工记》所开创的由技术向科学发展的途径,以及《墨经》中有关科学认识方法的探讨,到了儒学取得封建社会正统思想地位后,都被统治者冷落了。这使得中国的科学技术沿着不同于欧洲的模式发展。

其次,从认识方法上分析。我国春秋战国时期的墨家学派对于自然的认识方法本来与古希腊学者有某些类似之处。不过在其后的若干世纪中,随着儒家正统地位的确立，墨家被摈为“异端”难以继续发展。虽然在魏晋之际墨学也曾一度复兴，这有助于科学家逻辑思维的发展，但总的趋势是儒学一统天下，在科学的认识方法方面的确进展不大。即使在宋元时期科技发展较快，取得了许多重要成果，在认识方法上也有一些有益的探索，但始终未能整理出系统地探讨科学认识方法的著作。

从另外角度看，我国古代学术著作绝大多数是对前人的著作进行注释，在注释前人理论时阐发自己的心得。这一现象的出现与统治者的文化专制政策不无关系，特别是从清朝建立到鸦片战争的二百年中，统治者一方面承袭明代做法，尊崇程朱理学，推行八股取士制度，用以束缚知识分子的思想；另一方面在文化领域进行残酷镇压，大兴文字狱，使得知识分子人人自危，因而与之相应的科学思想领域也缺少创新。正在此时，由皇帝命令组织全国力量集体编纂的大型丛书与类书形成了一股潮流，特别是康熙到乾隆、嘉庆时期，对于古代学术著作的大规模整理，成绩显著。这些书籍的编纂也包括科学技术类的著作，而且占有相当大的比重，这对于科技发展应该说也是有一定作用的。例如在整理古代科技文献的基础上，开始了比较系统的古代科技史的研究，其代表成果是汉学大师阮元领衔编纂的《畴人传》。这些由皇帝命令编纂的书籍都是官书，书名常常冠以“御定”，是众多学者奉皇帝之命集体完成的。参与工作的知识分子奉命著述又“述而不作”，这是一条比较保险的道路，不但没有风险又可扬名。但是也正因为如此，限制了学者的创造性发挥，在科学技术方面进展不大。担任四库全书总裁官的纪昀，学识渊博、才思敏捷，然而一生中除了留下一些诗文和鬼怪笔记外，并无可称为一家之言的著作。这大概与他把毕生精力都投入《四库全书》的编写有关。长期的封建统治，禁锢了绝大多数学者的思想，特别是清代的文字狱，更是令广大的知识分子不敢创新，在学术研究方面出现的“述而不作”、“但言其当然而不言其所以然”的经学态度，对于科学技术的发展是相当有害的。

此外就科学本身来说，我国传统研究方法也不同于西方。以数学为例，我们古代的数学著作，都是十分实用的，但不论哪类问题都是只谈其算法而不讲这样计算的道理，也就是说没有推理和证明，因此我国古代的数学缺少从计算数学到分析数学的跨越。例如前面提到过的李冶的《测圆海镜》，这是在我国数学史上是占有重要地位的一部专著，主要论述勾股容圆问题，同时在论述中系统地总结和介绍了当时的最新数学成就:天元术。李冶认为对待数的正确态度应该是“推自然之理以明自然之数”,只有这样,才能掌握数学的规律并应用于实践。这说明李冶在研究过程中一定有一种推理的方法,但书中并无像近代数学那样的论证,所以我们也无法准确地知道当年他是如何证明这些算法的。而西方的数学则很早就建立了比较完整的公理体系和逻辑推理体系,这样的研究方法从古希腊时期即如此,因而较早地实现了这一跨越。其他领域也如此,直到明末,中西方在科技方面的差距开始显现。再加上资本主义制度的建立和现代工业的形成,科学技术在提高生产力方面的作用明显,使欧洲经济迅速发展、国力强大,这种优势终于在鸦片战争中表现出来了。

最后,从价值观方面分析。我国古代知识分子(士大夫阶层)更注重政治和伦理学研究,而对自然科学则不够重视,这些已经在前面的各章节中有所论述。之所以有这种现象出现,是和我国的社会现实有关的。我国科学思想基本形成的年代是春秋战国时期,由于社会动荡、战乱频繁,因此如何治国安邦就是当务之急,也吸引了众多有识之士各抒己见,形成了百家争鸣的局面。而后来成为治理国家主要指导思想的儒学,更是倡导知识分子以修身、齐家、治国、平天下为奋斗目标,于是对于自然科学的兴趣就越发淡漠了。真正致力于科学研究的学者,除少数人外往往在政治生活中不得意,因而社会地位并不高,这对科学进步当然是不利的。

就北京地区而言,科学技术是在这样的背景下缓慢前行的,其间也有过几度辉煌,如宋元时期所取得的成就,达到了世界先进水平。而元、明、清三朝的北京,由于处在京师的地位,受皇帝的影响巨大。尽管有几位皇帝个人爱好科学,如西学东渐时期的清代皇帝康熙和乾隆,他们对西学的兴趣都很大,对引进西方科学起到过积极作用,但并不能从根本上改变我们的科技落后局面。因为科学技术的进步,是与社会制度、经济结构有直接关系的,当生产力没有发展到一定程度时,就不会对科学技术提出更高的要求,这是明清以来我们的科技水平落后于欧洲的主要原因。认真总结历史经验和教训,在发扬我们的学术传统的同时,吸取西方先进国家的成果和经验,才是推进我们的科学技术进步的正确道路。